软物质物理学名著选译

表面、界面和膜的统计热力学

Biaomian、Jiemian he Mo de Tongji Relixue

Samuel A. Safran 著 张海燕 译

高等教育出版社·北京
HIGHER EDUCATION PRESS BEIJING

图字:01-2011-2122 号

STATISTICAL THERMODYNAMICS OF SURFACES, INTERFACES, AND MEMBRANES (FRONTIERS IN PHYSICS) by Samuel A. Safran

图书在版编目(CIP)数据

表面、界面和膜的统计热力学/(以色列)赛峰(Safran, S. A.)著;张海燕译. --北京:高等教育出版社, 2012.3

书名原文:Statistical Thermodynamics of Surfaces, Interfaces, and Membranes

ISBN 978-7-04-034347-2

Ⅰ.①表… Ⅱ.①赛…②张… Ⅲ.①统计热力学 Ⅳ.①O414.2

中国版本图书馆 CIP 数据核字(2012)第 011925 号

策划编辑 王 超　　责任编辑 王 超　　封面设计 张 志　　版式设计 余 杨

插图绘制 尹 莉　　责任校对 窦丽娜　　责任印制 朱学忠

出版发行	高等教育出版社	咨询电话	400-810-0598
社　　址	北京市西城区德外大街 4 号	网　　址	http://www.hep.edu.cn
邮政编码	100120		http://www.hep.com.cn
印　　刷	河北鹏盛贤印刷有限公司	网上订购	http://www.landraco.com
开　　本	787mm×1092mm　1/16		http://www.landraco.com.cn
印　　张	13.75	版　　次	2012 年 3 月第 1 版
字　　数	240 千字	印　　次	2012 年 3 月第 1 次印刷
购书热线	010-58581118	定　　价	59.00 元

物 料 号　34347-00

目录

序言

关于表面和界面的结构、相行为，以及动力学的研究是引人入胜的，因为二维界面“存在”并能扩展至三维世界，表现出在三维体材料中所观察不到的现象。从实用的观点来看，特制材料的工艺要求我们理解复杂的多分量体系及其内部存在的界面之行为。在新材料发展中很重要的复杂流体和固体不能用试错法来设计，因为其成分及参数都很多。既然有时可以按照微观混合物来分析这些材料，故把它们视为分散体系，并聚焦于其内部存在的界面性质是有益的。这能够大大简化我们对体系的理解与研究，因为不需研究复杂的三维混合物行为，而可以把问题约简为二维界面 (系综) 的研究。当然，只有在界面尺度远大于单分子单元尺度时，才可以应用此简化；否则最好还是把体系描述成一个体的、三维分子混合物。

此方法是支持本卷《表面、界面和膜的统计热力学讲义》的理论描述的基础。由于此讲义聚焦于这些体系的大尺度性质，故可作为胶体科学的传统教科书中关于表面、界面和膜的结构与热力学的许多出色处理方法的补充，以及描述尺度大于分子尺寸的体系性质的概念与理论工具。此描述为一组教学笔记 (包括正文、参考文献及图片所附带的非正式内容)，而关于材料与实验的更多细节，读者可查阅更传统的教科书与专著 (见第 1 章末的参考文献)。此书写给对构成这些体系宏观热力学性质基础的统计力学感兴趣的物理学家、物理化学家、化学工程师以及材料科学家。阅读本书者最好学过研究生程度的统计力学课程，但我们在第 1 章中会给出一些统计力学的简要复习，以及关于表面的微分几何与流体力学标记法形式的介绍性材料；一旦掌握了此介绍性材料，后面所有的推演几乎都是自相容的。根据经验，我发现一个学期的研究生程度课程可以覆盖本书中所讨论的大部分，但并非全部课题。本书还收录了一些现成的例子，而在每章末可以找到进一步的问题。

本书所用的方法是：首先给出这些问题的传统处理方法，然后研究体系的热涨落是如何影响此简单描述的。本书从头至尾都以此宗旨来处理胶体与界面科学领域里所研究体系的丰富多样性。重点通常在于流体 – 流体或流体 – 蒸气界面，因为这些体系服从简单的连续描述，而固体 – 蒸气界面则放在粗糙化与润湿的背景中讨论。我们从第 2 章中单个孤立界面的性质开始，其中把表面/界面张力与相分离分量的成分分布联系起来。在第 3 章中考察涨落，那里我们讨论表面的毛细波动，及其对粗糙化相变的影响。界面不是孤立存在的，故在第 4 章中考察三相接触的效应，其中讨论了润湿，并探讨了接触线的涨落。很多兼具实际与科学意义的体系都是许多界面构成的系综，界面的行为受到它们之间相互作用的影响。第 5 章描述了刚性界面之间的相互作用。在关于范德瓦尔斯作用、静电作用与溶质诱导的相互作用 (有时称为排空相互作用) 的讨论中，给出了直接效应与涨落诱导的效应。第 6 章中讨论了柔性界面 (液体膜) 的性质与相互作用，重点在于涨落及弯曲能所产生的影响。第 5 章和第 6 章处理的是小数目界面或表面之间的相互作用，第 7 章和第 8 章则讨论了许多界面构成的系综的热力学性质。第 7 章处理了胶体悬浮液；胶体粒子之间的主要相互作用是经由其表面发生的。在表面 (以及胶体粒子) 结构确定的意义下问题可以简化，此时感兴趣的是系综的合作行为。第 8 章考察了自组装体系；单个界面的性质并不像它们在类固体的胶体粒子中那样确定，而是随着热力学条件变化而改变。

虽然本书主要聚焦于胶体和界面科学中的重要体系，但一个更普遍的目标却是给读者介绍几种统计力学在材料中应用的有用理论方法。因此，在第 2 章中介绍了寻找适合一个给定体系的最佳“平均场”理论的普遍变分方法。第 3 章中讨论了把此方法推广到涨落占优的体系以及粗糙化相变。第 5 章是关于表面相互作用的，介绍了应力张量及其与被介质分开的表面间相互作用之关系的普遍讨论。这一观念同样用于第 6 章中，把材料的弯曲弹性模量与其内部应力分布相联系，而这种分布可以由微观模型计算出来。本书没有论述重正化群理论，因为它的读者群通常比我们的目标读者群要小很多。幸运的是，这里讨论的许多有趣物理性质可以通过聚焦于自由能和高斯型涨落的理论来理解；对于这些较简单的处理方法失效的情形，我们给出了很多参考文献。出于类似的原因，本书主要聚焦于在相对简单体系中界面的平衡态性质。尽管书中给出了润湿与毛细不稳定性的动力学，但关于动态不稳定界面的许多丰富而多变的行为超出了本书范围。本书没有论述与液晶材料中界面相关的有趣并在技术上重要的问题；在各章末的一些问题和在关于胶体稳定性的一章中讨论了界面处的聚合物。大体上，我们对课题的选择以及描述的程度受到本卷应达到覆盖各学科的更广读者群之意图的影响。因此，希望本书所涵盖的深度和广度将把凝聚态物理学家引入胶体科学，并为那些可能已经熟悉这些基本现象的物理化学家或材料科学家提供一个更现代的理论观点。

我想感谢以下这些阅读过并与我讨论过此讲义的同事和学生 S. Alexander, D. Andelman, R. Bar Ziv, X. Chatellier, N. Dan, E. Frishman, W. Helfrich, J. F. Joanny, J. Klein, T. Lubensky, R. Menes, P. Pieruschka, P. Pincus, U. Steiner, Z. G. Wang, A. Weinstein 以及 T. Witten, 他们的评论对我特别有益。我还要

感谢 M. Cymbalista 帮助打字和排版, 以及 Aspen 物理中心的热情好客。我曾将此讲义用在 Weizmann 研究所研究生的课程上并最终正式成文, 在此过程中, 通过与 Exxon Research and Engineering 的前同事们进行的富有启发性的相互交流, 我对界面与膜的物理性质有了更深入的理解。最后, 我要感谢 Marilyn 以及我们的孩子们, 他们在本书写作过程中表现出了耐心与理解, 也感谢这些年来我父母与岳父母的鼓励。

Rehovot, 以色列
1994 年春

在编辑本书平装版的过程中, 我修正了文字以及方程中的印刷错误, 为了清楚起见, 还在文字方面加入了些小小的改动。我很感谢 S.Komura 教授, 他为了准备本书的日文译本, 对原版本进行了仔细地阅读, 也感谢他提出的一些建议。

Rehovot, 以色列
2002 年春

第 1 章

混合物与界面

1.1 引言

在本章中, 我们首先介绍复杂材料和界面在技术和科学方面的重要性, 从而激发起读者对界面和表面性质的研究兴趣. 然后复习一些在后面对于界面和膜的统计热力学讨论中将用到的物理和数学方法. 有关这些内容更充分地讨论可以在参考文献及本章各部分中找到. 我们首先复习经典统计力学[1-4], 包括对围绕平衡的涨落的描述, 以及关于二分量混合体系的描述. 接着给出对于界面的数学描述[5] (仅用到矢量微积分), 并表述了计算具有任意形状界面的面积和曲率的方法. 最后, 我们以一个关于流体力学的简略综述[6] 来结束本章.

1.2 复杂材料和界面

复杂材料指复合固体或流体悬浮液, 其中各类分子组成 (与原子或单分子的尺度相比) 具有较大空间尺度 (几十 Å 到几 μm) 的结构. 这些材料[7-8] 包括[9-10] 固体胶体悬浮液 (见图 1.1), 高分子聚合物[11-12] 以及诸如胶团, 囊泡, 及微乳液之类的自组装两亲物[13-15], 它们不仅在技术应用方面很重要, 而且作为生物体系的通用模型也很重要. 牛奶、血液、涂料、肥皂和清洁剂是我们所熟悉的例子, 分别用到了复杂材料的分散、封装以及净化的性质. 如果说对于简单流体或固体这样的单分量系统的研究聚焦于体行为的话, 那么, 为了认真考虑复杂流体的多分量特性[16], 我们就需要认识与理解材料之间的界面. 于是分散体系所特有的性质常常可以由界面行为决定. 这就使得我们在对体系进行研究和理解时可以作相当大的简化, 因为我们不需要分析一个复杂的三维混合物的行为, 而是可以把问题约简为对二维界面的研究. 当然, 只有在界面的尺度远大于单分子单元时才能用这样的简化, 其他情况下最好还是把系统描述成一种体的、三维的分子混合物.

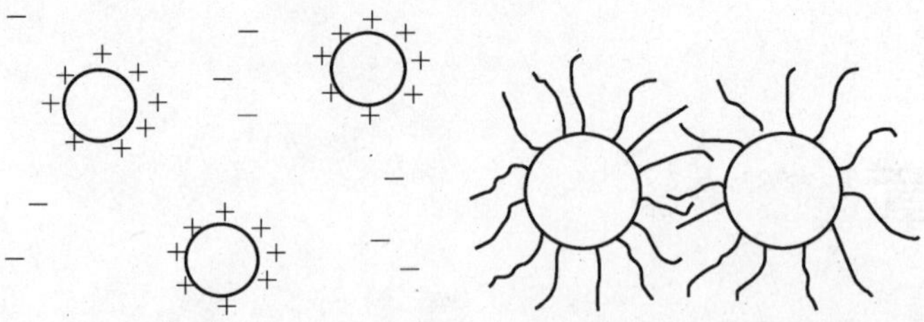

图 1.1　胶体颗粒在溶液中, 由于表面电荷而产生的静电排斥作用 (左边) 或植入长链聚合物分子的空间排斥作用 (右边), 而形成稳定的悬浮液.

这种体系最简单的例子就是处于一个半无限大的体系统和真空 (或者此系统自己的稀薄汽相) 之间的界面; 这种界面通常被称为**表面**. 而当这块半无限大的材料与另一个凝聚相共存时, 把两者分开的表面则被称为**界面**. 此外, 组成界面的材料也可以与其两边的系统都不同. 典型例子包括由两亲 (皂类) 分子组成的表面涂层和膜 (见图 1.2), 它们可以在水和油两个体区域之间延展开来. 有关单个表面或界面的问题蕴含了非常有趣而又丰富的物理含义, 因为其二维特性大大增强了热涨落在界面统计热力学中所起的作用[17]. 另外, 对单个界面的理解在很多应用中都很重要, 例如催化作用 (即在表面或界面上发生的化学反应), 涂层 (例如, 往金属表面上涂薄薄一分子层的半导体或绝缘层), 以及摩擦和损耗 (此情况下两表面或界面之间的力很重要).

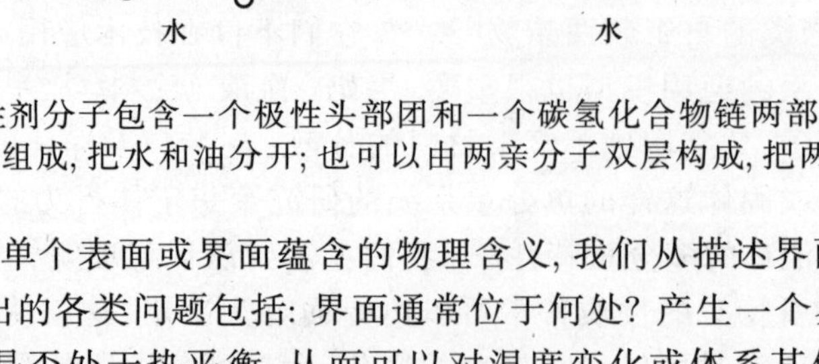

图 1.2　表面活性剂分子包含一个极性头部团和一个碳氢化合物链两部分. 薄膜可以由两亲分子单层组成, 把水和油分开; 也可以由两亲分子双层构成, 把两块水域分开.

为了研究单个表面或界面蕴含的物理含义, 我们从描述界面形状的特征开始. 人们提出的各类问题包括: 界面通常位于何处? 产生一个界面需多大的自由能? 界面是否处于热平衡, 从而可以对温度变化或体系其他参数的变化做出反应, 并因此改变其结构或成分? 或者, 一个界面是否被抑制在某个确定的结构或成分处? 对处于热平衡的体系, 热涨落是会使其表面变得粗糙呢? 还是使得界面从分子层面上来说变得平滑? 如果要描述表面涂层的效果, 分子尺度上的粗糙度这一概念同样重要. 这些涂层的结构与它们的功能紧密相关, 并提供给我们有关二维物理和化学方面的有趣例子. 当这些涂层的厚度达到准宏观 (即许多单层) 尺度时我们就可以谈论表面或界面的可湿性 (见图 1.3). 举例来说, 对于液体润湿固体衬底的情形, 几个重要的问题是: 液体是在固体上延展开 (完全润湿) 还是 "形成液珠"? 小液滴延展开的时候呈现什么形状? 这些润湿层的稳定性如何?

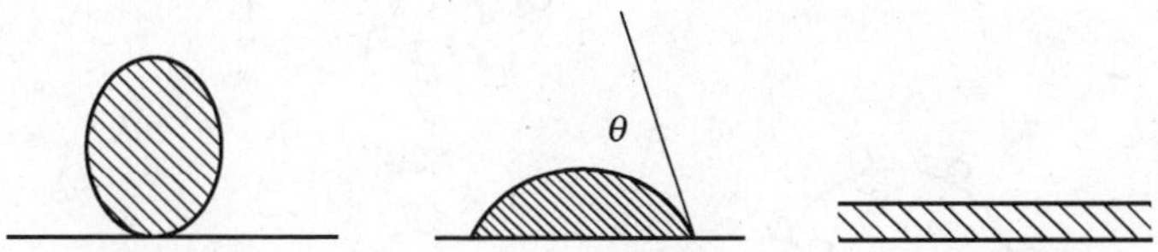

图 1.3 由液体层置于固体衬底之上形成的汽–液–固界面的不同构型, 分别表示不润湿、部分润湿以及完全润湿.

当然, 在许多应用中, 单个 "干净" 界面的行为不足以描述体系的特性. 在诸如提高石油回收技术 (这种情况下水和油在岩石小裂缝中的行为很重要)、墨水和颜料、洗涤剂以及化妆品这些应用中都用到胶体悬浮液 (例如, 大小尺寸从 10 Å 到 10000 Å (1 μm) 的固体颗粒或液体微滴在液体中形成的悬浮体系). 对于这些体系的结构、动力学和流变学 (流动性质) 的认识[9−10] 都归结到两个 (或多个) 界面之间的相互作用, 因为胶体 "颗粒" 主要是通过其表面进行相互作用的. 与粒子间的距离相比较, 这些接触通常是短程的; 然而在带电体系中, 静电相互作用则是相当长程的, 从而使体系表现出一些反常的特性. 另一方面, 这些表面占优的相互作用有时又可能是相对弱的, 因此为了预测体系的结构、相行为或流变学就必须把热能 (会引起颗粒的布朗运动) 也考虑进去. 一些有意义的特殊问题包括: 表面之间有哪些重要的相互作用[18]? 由于强吸引作用会驱使颗粒表面粘在一起, 从而导致胶体悬浮液不稳定, 那么, 给体系加入某些可吸附类物质, 比如植入聚合物, 会不会有助于把相互作用从吸引变成排斥, 从而使悬浮液稳定下来? 在静止和运动两种情况下, 这些表面之间的相互作用如何? 胶体悬浮液的相行为与表面处理的函数关系是怎样的?

最后, 有一类更丰富的现象和应用与自组装胶体的行为有关, 如图 1.4 所示. 在这些通常由 (皂类) 分子散布于溶液所形成的系统中[13−15], 胶体 "颗粒" 不是刚性的; 影响其尺寸和形状的力之大小与颗粒之间的相互作用可比拟, 从而可以通过改变温度、溶剂或表面活性剂的分子化学来进行 "微调". 表面活性剂分子由两部分组成, 其一是易存在于高介电常量的介质 (如水) 中的极性部分, 另一个是相对不溶于水的碳氢化合物部分. 因此, 这些分子倾向于以确定的取向在空气 – 水界面或者油 – 水界面处聚集: 极性部分在水中, 而碳氢化合物部分在油中. 这样聚集而形成的结构会表现出各种各样不同的形状和特性, 从胶团的有序阵列 (例如, 表面活性剂分子形成的球状聚集体, 其极性部分位于球的表面, 可溶于水) 一直变化到无序、双连续的微乳液 (见图 1.5) (水和油组成的悬浮液, 其中表面活性剂单层处于水域和油域之间的界面上).

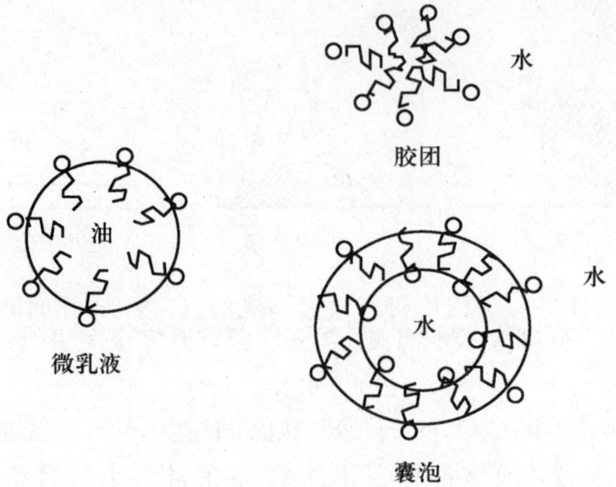

图 1.4 两亲分子自组装成胶团、囊泡和微乳液

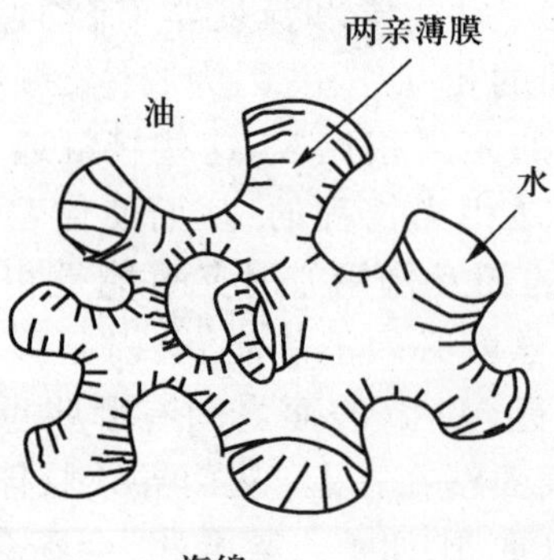

图 1.5 表示双连续微乳液的一种海绵状结构,
由分开油域和水域的表面活性剂单层组成

除了短链 ($\leqslant$ 20 个碳氢化合物团) 的表面活性剂之外, 长链的聚合物有时也可以表现出类似于表面活性剂的行为. 这样的例子[19] 包括一端系着极性团的聚合物, 以及由两种或多种不相容聚合物以化学键相连接的嵌段共聚物 (见图 1.6). 表面活性剂和嵌段共聚物都可以作为描述像细胞壁、膜以及肺的

衬里材料这些生物结构的重要模型系统. 另外, 对于自组装胶体所形成的微结构的了解也有助于为制药工业设计出巧妙的微胶囊[20]. 与这些系统相关的重要概念性问题包括: 自组装聚集体的形状和尺寸分布, 其相行为与温度和溶剂特性的函数关系, 及其动力学和流变学性质.

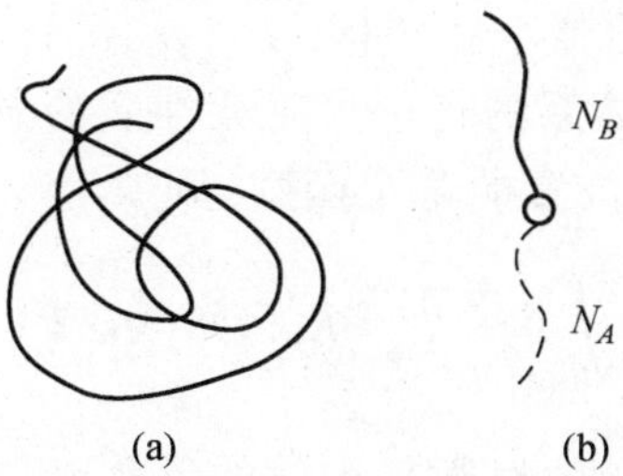

图 1.6 (a) 在良溶剂中的长链聚合物分子; 其链式构型与无规行走相似. (b) 嵌段共聚物分子; 其中 N_A 和 N_B 分别代表以化学键 (用空心圆圈表示) 相连接的两种嵌段的分子量.

本书各章节将给出一些理论讨论, 内容包括单个表面和界面的结构及热力学性质, 在胶体科学中非常重要的相互作用刚性界面, 以及由表面活性剂和聚合物构成的自组装界面的知识. 在对复杂流体物理性质的这些研究中, 重点是体系在 “介观” 长度尺度上 (从几十到几千 Å) 的行为, 我们将谈到热涨落、关联、随机性和长程相互作用对体系性质的影响. 在我们对界面和胶体的讨论中将反复提到一个方法, 即先研究平均构型 (平均场), 然后探讨围绕这些平均结构的涨落所产生的效果. 为了简单起见而又不失普遍性, 我们将聚焦于液 – 液、液 – 固和液 – 汽界面的讨论. 尽管本书给出了关于界面和膜的结构与相行为的理论概述, 其引出的问题却与实验研究密切相关, 这些研究应用中子散射、光散射和 X 射线散射, 电子显微术, 或实空间核反应分析技术, 以测量界面和膜这类材料的结构、相行为和动力学.

1.3 经典统计力学复习

本节中, 我们对多粒子体系的经典平衡态统计力学作一概述, 这些粒子由它们的位置矢量 $\boldsymbol{q}$ 和动量 $\boldsymbol{p}$ 描述. 首先复习熵的定义, 给出玻尔兹曼分布的推导, 并讨论围绕体系最概然状态的涨落效应. 然后举出一些现成的例子来说明近理想气体的热力学以及涨落的高斯型概率分布.

1.3.1 概率分布和熵

在经典的多粒子系统中, 以 i 标记的任一粒子由其动量 $\boldsymbol{p}_i$ 和位置矢量 $\boldsymbol{q}_i$ 描述, 对此体系作统计描述最关键的要素是**概率分布函数** $P(\{\boldsymbol{p}_i, \boldsymbol{q}_i\})$. 此

分布是所有粒子动量和位置的函数, 并进行了归一化——即, 在所有可能的动量和位置状态找到一个粒子的概率总和为 1:

$$\int \mathrm{d}\boldsymbol{p}_i \int \mathrm{d}\boldsymbol{q}_i \, P(\{\boldsymbol{p}_i, \boldsymbol{q}_i\}) = 1, \tag{1.1}$$

这里积分区域遍及体系的整个相空间. $P(\{\boldsymbol{p}_i, \boldsymbol{q}_i\})$ 的重要性在于, 一旦此量已知, 我们就可以计算出体系的任一可观察性质的系综平均值, 记作 $\langle\cdots\rangle$. 因此, 假如 A 是粒子动量和位置的某个函数, 则

$$\langle A\rangle = \prod_i \int \mathrm{d}\boldsymbol{p}_i \int \mathrm{d}\boldsymbol{q}_i \, A(\boldsymbol{p}_i, \boldsymbol{q}_i) \, P(\{\boldsymbol{p}_i, \boldsymbol{q}_i\}), \tag{1.2}$$

而熵 S 定义为 $P(\{\boldsymbol{p}_i, \boldsymbol{q}_i\})$ 的对数平均值的负数, 用来度量体系所有可以取的微观态数目:

$$S = -\prod_i \int P(\{\boldsymbol{p}_i, \boldsymbol{q}_i\}) \log[P(\{\boldsymbol{p}_i, \boldsymbol{q}_i\})] \, \mathrm{d}\boldsymbol{p}_i \, \mathrm{d}\boldsymbol{q}_i. \tag{1.3}$$

无论处于怎样的约束条件下, 体系在热平衡时所对应的最概然分布就是使得熵取极大值的分布. 这些结果可以很容易地推广到另一些并非必须以位置和动量为自由度的体系——比如二态体系. 为简单起见, 接下来的讨论, 我们考虑自由度取为位置和动量的情形. 同样为简单起见, 我们去掉下标 i, 而考虑用矢量 $\boldsymbol{p}$ 和 $\boldsymbol{q}$ 来标记所有粒子的位置和动量: 例如, $\boldsymbol{p} = (p_{x,1}, p_{y,1}, p_{z,1}, p_{x,2}, p_{y,2}, p_{z,2}\cdots)$, 其中 $1, 2, \cdots$ 是各个粒子的记号.

1.3.2 吉布斯分布

如果一个体系与一个热库处于平衡, 那么通过与热库之间的相互作用, 体系具有确定的温度. 如果把体系和热库放在一起考虑, 总能量是守恒的. 因此, 在体系加热库的总能量守恒这个约束条件下, 平衡态概率分布应该使得体系的熵极大化. 为此, 我们考虑亥姆霍兹自由能 F, 其定义为 $F = U - TS$, 这里温度 T 是常量. 我们通常采用玻尔兹曼常量 k_B 为 1 的单位制. 平均内能记作 U; 由体系哈密顿量的系综平均给出: $U = \langle H\rangle$, 其中 $H(\boldsymbol{p}, \boldsymbol{q})$ 是体系的哈密顿量 (即能量作为所有粒子坐标和动量的函数),

$$U = \langle H\rangle = \frac{\displaystyle\int \mathrm{d}\boldsymbol{p}\,\mathrm{d}\boldsymbol{q} H P(\boldsymbol{p}, \boldsymbol{q})}{\displaystyle\int \mathrm{d}\boldsymbol{p}\,\mathrm{d}\boldsymbol{q} P(\boldsymbol{p}, \boldsymbol{q})}, \tag{1.4}$$

S 为体系的熵, 由 (1.3) 式给出. 为了确定体系的最概然分布, 我们注意到 S 和 U 以及 F 都是概率分布函数的泛函. 于是, 我们可以通过求体系和热库的熵

相对于函数 $P(\boldsymbol{p},\boldsymbol{q})$ 的极大值, 来确定这个分布函数, 其应该满足的限制条件为 (i) 体系加热库的总能量固定以及 (ii) 概率分布归一化 ((1.1) 式). 我们想象热库比体系大得多, 所以不受体系的影响. 另外, 我们同样忽略体系能量的涨落, 并且把总能量固定这一约束条件用体系的平均能量 U 保持不变来代替. 写出关系式 $-F/T = S-(1/T)U$, 可以看到对熵取极大值等价于对自由能 F 取极小值 (因为联系 F 和 S 的公式里有一负号), 其中 $1/T$ 是考虑了能量守恒这一条件而出现的拉格朗日乘子. 利用式 (1.3, 1.4), 可以证明 $\delta F/\delta P = 0$ 意味着概率分布满足玻尔兹曼关系式:

$$P(\boldsymbol{p},\boldsymbol{q}) \sim \mathrm{e}^{-H(\boldsymbol{p},\boldsymbol{q})/T}, \tag{1.5}$$

这里 H 为体系的哈密顿量. 比例常数可以通过归一化条件 (1.1) 式求得.

1.3.3 配分函数

对于三维空间中的一个单粒子系统, **配分函数** Z 定义为

$$Z = \int \frac{\mathrm{d}\boldsymbol{p}\,\mathrm{d}\boldsymbol{q}}{(2\pi\hbar)^3}\,\mathrm{e}^{-H/T}, \tag{1.6}$$

其中 $(2\pi\hbar)^3$ 是考虑了[1] 量子力学不确定性原理之后的 Z 的正规化因子; 这样得到的 Z 是无量纲的. 由于所有的物理可观察量都涉及对概率分布函数的平均, 当我们使用归一化分布函数进行计算时, 这个因子可以消掉; 因此在非常大的体系中, 任意可观察量在热力学极限下的表达式中都不会出现这个因子. 为了把这个因子考虑进去, 我们定义相空间为:

$$\mathrm{d}\varLambda = \frac{\mathrm{d}\boldsymbol{p}\,\mathrm{d}\boldsymbol{q}}{(2\pi\hbar)^3}. \tag{1.7}$$

对于一个包含 N 个全同粒子的体系[2], 我们明确写出其配分函数为

$$Z = \frac{1}{N!}\int \mathrm{d}\varLambda\,\mathrm{e}^{-H[\boldsymbol{p},\boldsymbol{q}]/T}. \tag{1.8}$$

由于这些粒子的全同性[2] 上式中出现了因子 $1/N!$, 而对 $\boldsymbol{p}$ 和 $\boldsymbol{q}$ 的积分则取遍所有粒子的坐标:

$$\mathrm{d}\varLambda = \prod_{i=1}^{N}\frac{\mathrm{d}\boldsymbol{p}_i\,\mathrm{d}\boldsymbol{q}_i}{(2\pi\hbar)^3}. \tag{1.9}$$

从上述定义以及 (1.3, 1.4) 式出发, 可以证明[2] 自由能为

$$F = -T\log Z. \tag{1.10}$$

类似地, 还可以证明熵的表达式为

$$S = -\frac{\partial F}{\partial T}, \tag{1.11}$$

而内能为

$$U = \frac{\partial(F/T)}{\partial(1/T)}. \tag{1.12}$$

以上这些表达式都假设体系中粒子总数是固定不变的. 如果一个系统包含的粒子数在热力学意义上可以看作非常大的话 ($N \to \infty$, 故粒子数的涨落可以忽略), 我们也能在平均粒子数固定的约束条件下求自由能极小值. 因此, 考虑由下式给出的巨热力学势 G,

$$G = F - \mu\bar{N}, \tag{1.13}$$

其中 μ 是化学势——使体系平均粒子数 $\bar{N}$ 保持不变的拉格朗日乘子, $\bar{N}$ 由下式给出:

$$\bar{N} = \sum_{M=1}^{\infty} \int M P_M(\boldsymbol{p}, \boldsymbol{q})\,\mathrm{d}\Lambda, \tag{1.14}$$

这里求和是对体系可能取的所有粒子数进行的, 而 P_M 表示一个含 M 个粒子体系的概率分布函数:

$$P_M(p, q) \sim \frac{1}{M!}\mathrm{e}^{-H_M(\boldsymbol{p},\boldsymbol{q})/T+\mu M/T}, \tag{1.15}$$

其中的拉格朗日乘子能够保证平均粒子数等于 $\bar{N}$ 的要求. 修正后的配分函数 $Z_{\bar{N}}$ 为

$$Z_{\bar{N}} = \sum_{M=1}^{\infty} \frac{1}{M!} \int \mathrm{e}^{-H_M(\boldsymbol{p},\boldsymbol{q})/T+\mu M/T}\,\mathrm{d}\Lambda. \tag{1.16}$$

通过对 $(\boldsymbol{p}, \boldsymbol{q})$ 积分并对全部 M 求和可以计算出物理量的平均值. 化学势可以通过要求满足 (1.14) 式来确定, 也可写成

$$\bar{N} = \frac{T}{Z_{\bar{N}}}\frac{\partial Z_{\bar{N}}}{\partial \mu} = -\frac{\partial G}{\partial \mu}. \tag{1.17}$$

注意到对于经典体系, 动量 $\boldsymbol{p}$ 和位置 $\boldsymbol{q}$ 的自由度是退耦的. 所以, 我们可以把动量部分积分掉, 而得到仅仅依赖于 $\boldsymbol{q}$ 的有效配分函数. 于是为了确定体系的平衡行为我们仅需考虑位置自由度. 从下面的例子中可以清楚地看到这一点, 在开始时我们同时考虑了动量和位置, 但对动量积分后的结果只是在自由能中加上一个常数项. 因此在本书多数章节中 (主要见第 3 章和第 4 章), 我们将不考虑体系的动能.

1.3.4　例子: 近理想气体

考虑一个近理想气体系统, 气体非常稀薄, 因此其自由能可以展开成密度 n 的幂级数. 如果粒子间以势 $U(\boldsymbol{r}-\boldsymbol{r}')$ 相互作用, 请推导出自由能取至 n 二

阶项的表达式. 为了推导出这个展开式, 考虑巨热力学势:

$$G = F - \mu \bar{N}, \tag{1.18}$$

其中化学势 μ 用以确定粒子数 $\bar{N}, (\partial G/\partial \mu = -\bar{N})$. 对于一个具有确定 μ 的体系, 可以通过对状态变量的积分 (位置 $\boldsymbol{q}$, 动量 $\boldsymbol{p}$) 以及对所有粒子数的求和来得到 G, 即

$$G = -T \log \left\{ \sum_{M=0}^{\infty} \frac{1}{M!} \mathrm{e}^{\mu M/T} \int \mathrm{e}^{-H_M(p,q)/T} \, \mathrm{d}\Lambda \right\}, \tag{1.19}$$

这里 H_M 是一个含 M 个粒子体系的能量哈密顿量, 而能量 E_M 为

$$E_0 = 0, \tag{1.20a}$$

$$E_1 = p^2/2m, \tag{1.20b}$$

$$E_2 = p_1^2/2m + p_2^2/2m + U(\boldsymbol{r}_1 - \boldsymbol{r}_2). \tag{1.20c}$$

因为仅当体系中有两个或多个粒子时相互作用势才会起作用. 相空间因子 $\mathrm{d}\Lambda$ 由 (1.9) 式定义.

为了把级数展开继续下去, 我们假设气体非常稀薄, 并考虑一个体积 V, 它比原子间距对应的体积大得多, 但与系统的总体积相比很小; 因此我们考虑体积为 V 且平均粒子数很小的一块区域. 由于气体很稀薄, 粒子又是全同的, 把许多此类区域的自由能贡献简单相加就构成了系统的总自由能; 这是因为自由能是一个广延量. 使用这个记号, 并保留到 $M = 2$ 阶项, 可以得到取至 $\xi = \mathrm{e}^{\mu/T}/v_0$ 二次项的展开式, 其中

$$v_0 = \left(\frac{2\pi\hbar^2}{mT} \right)^{\frac{3}{2}} \tag{1.21}$$

是一个对动量积分之后得到的特征体积. 于是:

$$G = -T \log \left[1 + \xi V + \frac{\xi^2}{2} \int \mathrm{e}^{-U(r-r')/T} \, \mathrm{d}\boldsymbol{r} \, \mathrm{d}\boldsymbol{r}' \right]. \tag{1.22}$$

对于理想气体, ξ 正比于密度, 所以我们把自由能对低密度作展开, 即把自由能对数展开至 ξ 的二阶项. 从前面提到的约束条件出发求解化学势 μ, 可以得到自由能取至密度二阶项的展开式:

$$G = -TV \left[\xi - \frac{1}{2} \xi^2 a \cdots \right], \tag{1.23}$$

其中

$$a = \int \mathrm{d}\boldsymbol{r} \left(1 - \mathrm{e}^{-U(\boldsymbol{r})/T} \right), \tag{1.24}$$

我们得到

$$n \approx \xi - a\xi^2; \quad \xi \approx n(1 + an). \tag{1.25}$$

于是, 仅保留到 n^2 项, 并把式中的 ξ 替换掉, 我们求出自由能 $F = G + \mu\bar{N}$ 为:

$$F = T\bar{N}\left[(\log[nv_0] - 1) + \frac{1}{2}an\right], \tag{1.26}$$

$$F = TV\left[n(\log[nv_0] - 1) + \frac{1}{2}an^2\right], \tag{1.27}$$

自由能中的第一项来源于理想气体的熵, 而第二项则考虑了粒子间的相互作用以及体系构型的熵.

这里的常数 a 称为**位力系数**. 在自由能展开成密度函数的表达式中, 它是计入了粒子间相互作用的最低阶项系数. 当 $a > 0$ 时相互作用主要是排斥的, 而当 $a < 0$ 时吸引相互作用占优. 我们注意到对自由能作这样的 "位力展开" 在低密度情形是正确的, 因为此展开仅取至 n 的二次项.

1.3.5 密度泛函理论

通过对一个均匀的近理想气体系统自由能的推导过程, 使我们想到, 对具有空间不均匀性 (比如表面附近的空间不均匀性) 的相互作用粒子, 可以用如下的启发式处理方法. 对于密度的 "很小的" 不均匀性, 或者更确切地说是缓慢变化的不均匀性, 我们可以把自由能写成与体系空间位置有关的密度 $n(\boldsymbol{r})$ 的泛函, 并通过求自由能对于 $n(\boldsymbol{r})$ 的泛函极小来确定处于平衡态的密度分布形态. 假定自由能作为 $n(\boldsymbol{r})$ 函数的形式可以与均匀系统中作为密度函数的自由能相联系; 随后, 在如何把不均匀性引入系统方面, 边界条件将起主导作用, 而互作用势的非定域性会主导此效应的传播方式. 因此, 对于一个近理想的、局域密度由 $n(\boldsymbol{r})$ 描述的体系, 可以写出:

$$F = T\int \mathrm{d}\boldsymbol{r} n(\boldsymbol{r})[\log[n(\boldsymbol{r})v_0] - 1] + \frac{1}{2}T\int \mathrm{d}\boldsymbol{r}\,\mathrm{d}\boldsymbol{r}' n(\boldsymbol{r})n(\boldsymbol{r}')U_{\mathrm{e}}(\boldsymbol{r} - \boldsymbol{r}'), \tag{1.28a}$$

其中有效势 U_{e} 为

$$U_{\mathrm{e}}(\boldsymbol{r} - \boldsymbol{r}') = [1 - \mathrm{e}^{-U(\boldsymbol{r}-\boldsymbol{r}')/T}], \tag{1.28b}$$

在均匀极限情况下它能使自由能简化为非理想气体自由能形式 (1.27). 如果 $|U|/T \ll 1$, 则熵和能量项可以分开, 且有

$$F = T\int \mathrm{d}\boldsymbol{r} n(\boldsymbol{r})[\log(n(\boldsymbol{r})v_0] - 1] + \frac{1}{2}\int \mathrm{d}\boldsymbol{r}\,\mathrm{d}\boldsymbol{r}' n(\boldsymbol{r})n(\boldsymbol{r}')U(\boldsymbol{r} - \boldsymbol{r}'). \tag{1.29}$$

为了确定平均密度, 我们便忽略涨落, 而在总密度保持不变的约束条件下求自由能对密度 $n(\boldsymbol{r})$ 的极小. 注意到相互作用项中包含 $n(\boldsymbol{r})$ 的 "二次" 项, 我

们得到有关密度的非局域方程:

$$T\log[n(\boldsymbol{r})v_0] + \int \mathrm{d}\boldsymbol{r}' n(\boldsymbol{r}')U(\boldsymbol{r}-\boldsymbol{r}') = \mu, \tag{1.30}$$

其中 μ 是保证总密度不变的化学势.

如果相互作用是短程的, 我们可以把 $n(\boldsymbol{r}')$ 展开成围绕 $n(\boldsymbol{r})$ 的级数. 注意到 U 对于 $\boldsymbol{r}$ 和 $\boldsymbol{r}$ 通常是对称的, 因此有

$$\int \mathrm{d}\boldsymbol{r}'(\boldsymbol{r}-\boldsymbol{r}')U(\boldsymbol{r}-\boldsymbol{r}') = 0. \tag{1.31}$$

在 $n(\boldsymbol{r})$ 的展开式中, 我们需保留至二阶项. 于是求极小值的方程可以写成

$$\bar{U}n(\boldsymbol{r}) + \log[n(\boldsymbol{r})v_0] - \xi_0^2\nabla^2[n(\boldsymbol{r})v_0] = \mu', \tag{1.32}$$

这里 μ' 是一个与空间位置无关的常数, 而

$$\xi_0^2 = -\frac{1}{2Tv_0}\int \mathrm{d}\boldsymbol{r}\boldsymbol{r}^2U(\boldsymbol{r}), \tag{1.33}$$

其中 $\bar{U} = \int \mathrm{d}\boldsymbol{r}U(\boldsymbol{r})/T$, 它不一定为零. 对于吸引相互作用势, $\xi_0 > 0$. 由于对称性的缘故相互作用势的线性矩都为零. 长度标尺 ξ_0 称为互作用势的裸关联长度. 举例来说, 如果互作用势以指数形式衰减, 衰减长度为 λ (即 $U \sim \exp(-r/\lambda)$), 则关联长度 ξ_0 正比于 λ.

然而, 仅在很低密度极限情况下把 U 等价为裸相互作用势是正确的. 在较高密度情形, 自由能表达式中的势 U 必须计入相距甚远的粒子对之间的间接相互作用. 与之相关的量是与体系的对分布函数相联系的有效势. 通过详细的微观模型可以把这些思想应用到液体和液体表面上, 参考文献 [21] 对此做了统一的讨论. 本节的处理, 我们是着重介绍一个更唯象化的方法.

1.3.6 热力学平均与涨落

现在我们考虑关于位置和动量的各种函数的热力学平均值及涨落的计算. 如同 (1.2) 式那样, 我们定义算符 $A(\boldsymbol{p},\boldsymbol{q})$ 的平均值为

$$\langle A\rangle = \frac{1}{Z}\int \mathrm{d}\Lambda\, \mathrm{e}^{-H(\boldsymbol{p},\boldsymbol{q})/T}A(\boldsymbol{p},\boldsymbol{q}), \tag{1.34}$$

其中 $A(\boldsymbol{p},\boldsymbol{q})$ 是关于位置和动量的任意函数, 而积分是对于由 (1.9) 式给出的相空间 $\mathrm{d}\Lambda$ 进行的. 关于算符 A 的简单例子有 $\boldsymbol{q}$、$\boldsymbol{p}$ 以及位置或动量的方均值. 此外, 在由一组位置 $(\boldsymbol{q}_i, i=1,\cdots,N)$ 和动量 $(\boldsymbol{p}_i, i=1,\cdots,N)$ 描述的多粒子体系中, 我们可能还会对两个不同粒子的位置关联函数感兴趣, 如 $\langle \boldsymbol{q}_i\cdot\boldsymbol{q}_j\rangle$.

为了计算出这类期望值, 我们考虑增广的分布函数,

$$P(\boldsymbol{p},\boldsymbol{q},\lambda) \sim \mathrm{e}^{-H(\boldsymbol{p},\boldsymbol{q})/T-\lambda A(\boldsymbol{p},\boldsymbol{q})/T}. \tag{1.35}$$

于是由 (1.6) 式就可推导出自由能为 λ 的函数. A 的平均值由下式给出

$$\langle A\rangle=\left(\frac{\partial F}{\partial\lambda}\right)_{\lambda=0}. \tag{1.36}$$

而 A 对于其平均值 $\langle A\rangle$ 的方均偏离由下式给出

$$\chi=\left\langle(A-\langle A\rangle)^2\right\rangle=\left\langle A^2\right\rangle-\langle A\rangle^2=-T\left(\frac{\partial^2 F}{\partial\lambda^2}\right)_{\lambda=0}, \tag{1.37}$$

式中的导数在 $\lambda=0$ 处取值.

为了得到算符 $A(\boldsymbol{p},\boldsymbol{q})$ 取一个特定值 A_0 的概率分布, 我们把所有其他自由度都积分掉:

$$P[A(\boldsymbol{p},\boldsymbol{q})=A_0]=\frac{1}{Z}\int\delta(A(\boldsymbol{p},\boldsymbol{q})-A_0)\,\mathrm{e}^{-H/T}\,\mathrm{d}\Lambda. \tag{1.38}$$

这里 $\delta(x)$ 为狄拉克 δ 函数. 把 (1.38) 式对所有 A_0 值积分, 得到结果为 1, 从而我们看出这个概率分布表达式是正确的. 在对此公式的实际应用中, 把 δ 函数表示成下述关系式:

$$\delta(x)=\frac{1}{2\pi}\int_{-\infty}^{\infty}\mathrm{d}\omega\,\mathrm{e}^{\mathrm{i}\omega x} \tag{1.39}$$

很有用, 因为这里的指数可以与玻尔兹曼因子中出现的指数结合起来.

1.3.7 谐振子

作为一个简单的例子, 考虑处于平衡状态的谐振子. 其哈密顿量由 $H=p^2/2m+\frac{1}{2}K(q-q_0)^2$ 给出. 由此可导出高斯分布函数. 利用方程 (1.34, 1.37), 我们求出位置的平均值和方均涨落分别为 $\langle q\rangle=q_0$ 和 $\left\langle(q-q_0)^2\right\rangle=T/K$. 由 (1.38) 式我们看到: 系统出现在其平均位置 q_0 以外的地方的概率, 即 $P[q=q_0+\delta q]$, 由下式给出

$$P[q=q_0+\delta q]\sim\mathrm{e}^{-\delta q^2/2\sigma^2}, \tag{1.40}$$

其中 $\sigma^2=T/K$.

1.3.8 例子: 高斯分布

把谐振子推广为一个具有许多空间自由度的体系, 称为高斯模型. 在其最简单的形式中, 以变量 $-\infty<h(\boldsymbol{r})<\infty$ 来描述自由度——例如, 它可以在空间漂移的界面的位置——而哈密顿量可写成

$$H=\frac{1}{2}\int\mathrm{d}\boldsymbol{r}\int\mathrm{d}\boldsymbol{r}'h(\boldsymbol{r})G(\boldsymbol{r}-\boldsymbol{r}')h(\boldsymbol{r}'). \tag{1.41}$$

那么, 变量 $h(\boldsymbol{r})$ 的方均涨落是多少呢?

这里不能直接应用 (1.37) 式, 因为位置 $\boldsymbol{r}$ 和 $\boldsymbol{r}'$ 处的自由度是相互耦合的, 所以积分算不出来. 然而, 对于具有平移不变性的系统, 此耦合仅与位置差 $\boldsymbol{r}-\boldsymbol{r}'$ 有关, 故哈密顿量在傅里叶空间中能够被对角化. 因此可以考虑作如下变换:

$$h(\boldsymbol{r})=\frac{1}{\sqrt{L^d}}\sum_{\boldsymbol{q}}h(\boldsymbol{q})\,\boldsymbol{e}^{-\mathrm{i}\,\boldsymbol{q}\cdot\boldsymbol{r}}, \tag{1.42a}$$

$$h(\boldsymbol{q})=\frac{1}{\sqrt{L^d}}\int \mathrm{d}\boldsymbol{r}h(\boldsymbol{r})\,\mathrm{e}^{\mathrm{i}\,\boldsymbol{q}\cdot\boldsymbol{r}}. \tag{1.42b}$$

在我们定义耦合 $G(\boldsymbol{r}-\boldsymbol{r}')$ 的傅里叶变换式时, 没有包含因子 $\sqrt{1/L^d}$; 对于具有平移不变性的系统, 此耦合是单个距离变量的函数, 所以写成

$$G(\boldsymbol{q})=\int \mathrm{d}\boldsymbol{r}G(\boldsymbol{r})\,\mathrm{e}^{\mathrm{i}\,\boldsymbol{q}\cdot\boldsymbol{r}}. \tag{1.43}$$

对于具有反演对称性的体系, $G(\boldsymbol{q})$ 是 $\boldsymbol{q}$ 的偶函数. 如果把具有空间维数 d 及尺寸 L 的体系分成 N^d 个格子, 其波矢 $\boldsymbol{q}$ 将取为一系列离散值; 每个格子的尺寸为 a, 由 $a=L/N$ 给出, 其中 d 是与变量 h 有关的空间维数 (例如, 对于表面坐标系, $d=2$). 利用周期边界条件, 我们发现这一系列值确定了波矢的各个分量 (例如, 对于表面而言, $\boldsymbol{q}=(q_x,q_y)$), 它们满足

$$\{q_m a\}=\left\{\frac{2\pi m}{N}\right\}_{m=-N/2,\cdots,N/2}. \tag{1.44}$$

在连续极限 $a\to 0$, 求和就转化成了对 $\boldsymbol{q}$ 的积分

$$\sum_{\boldsymbol{q}}=\left(\frac{L}{2\pi}\right)^d\int \mathrm{d}\,\boldsymbol{q}, \tag{1.45}$$

这里 d 是对应于 $\boldsymbol{q}$ 的空间维数. 把这些表达式用到哈密顿量中, 我们得到

$$H=\frac{1}{2}\sum_{\boldsymbol{q}}h(\boldsymbol{q})G(\boldsymbol{q})h(-\boldsymbol{q}). \tag{1.46}$$

除了 $\boldsymbol{q}$ 和 $-\boldsymbol{q}$ 之间的耦合以外, 此哈密顿量在傅里叶空间是对角化的. (下面证明此耦合将导致 H 仅依赖于振幅 $|h(\boldsymbol{q})|^2$ 的事实.) 因此, 可以验证 $\langle h(\boldsymbol{q})\rangle=0$, 而一个波矢为 $\boldsymbol{k}$ 的模式的方均涨落为

$$\langle|h(\boldsymbol{k})^2|\rangle=\prod_{\boldsymbol{q}}\int \mathrm{d}h(\boldsymbol{q})h(\boldsymbol{k})h(-\boldsymbol{k})P[h(\boldsymbol{q})], \tag{1.47}$$

其中

$$P[h(\boldsymbol{q})]=\frac{\mathrm{e}^{-H/T}}{\prod_{\boldsymbol{q}}\int \mathrm{d}h(\boldsymbol{q})\,\mathrm{e}^{-H/T}}. \tag{1.48}$$

这里 H 由 (1.46) 式给出. (1.47) 式中的连乘取遍所有的波矢 $\{\boldsymbol{q}\}$, 包括 $\boldsymbol{q}=\boldsymbol{k}$ 项.

为了处理 $\boldsymbol{q}$ 和 $-\boldsymbol{q}$ 之间耦合的情况, 注意到 $h(\boldsymbol{r})$ 是一个实数, 因为 $\boldsymbol{r}$ 是位置变量, 而 $h(\boldsymbol{q})$ 为复数, 其实部和虚部分别记作 $\mathrm{Re}[h(\boldsymbol{q})]$ 和 $\mathrm{Im}[h(\boldsymbol{q})]$. 利用傅里叶变换式的定义, $h(\boldsymbol{r})$ 为实数即意味着

$$\mathrm{Re}[h(\boldsymbol{q})]=\mathrm{Re}[h(-\boldsymbol{q})], \tag{1.49a}$$

以及

$$\mathrm{Im}[h(\boldsymbol{q})]=-\mathrm{Im}[h(-\boldsymbol{q})]. \tag{1.49b}$$

所以在 $\boldsymbol{q}$ 和 $-\boldsymbol{q}$ 两处的变换式不是相互独立的. 然而, 我们可以把 (1.47, 1.48) 式中的积分重新写成

$$\prod_{\boldsymbol{q}}\int \mathrm{d}h(\boldsymbol{q})=\int\prod_{\boldsymbol{q}>0}\mathrm{d}\,\mathrm{Re}[h(\boldsymbol{q})]\,\mathrm{d}\,\mathrm{Im}[h(\boldsymbol{q})] \tag{1.50}$$

(其中 $\boldsymbol{q}>0$ 表示 d 维波矢空间的上半部分), 并利用关系 $G(\boldsymbol{q})=G(-\boldsymbol{q})$ (对应于 $G(\boldsymbol{r}-\boldsymbol{r}')=G(\boldsymbol{r}'-\boldsymbol{r})$ 的情形), 可以写出:

$$\sum_{\boldsymbol{q}}h(\boldsymbol{q})G(\boldsymbol{q})h(-\boldsymbol{q})=\sum_{\boldsymbol{q}}G(\boldsymbol{q})\{\mathrm{Re}[h(\boldsymbol{q})]^2+\mathrm{Im}[h(\boldsymbol{q})]^2\}, \tag{1.51}$$

因此在 $\boldsymbol{q}>0$ 情形, 我们可以把对实部和虚部的积分分开计算. 于是, 我们写出

$$\langle|h(\boldsymbol{q})^2|\rangle=-\frac{2T}{G(\boldsymbol{q})}\left[\frac{\partial}{\partial\alpha}\log\int\mathrm{d}h(\boldsymbol{q})\exp\left[-\frac{1}{2T}\alpha G(\boldsymbol{q})|h(\boldsymbol{q})|^2\right]\right]_{\alpha=1}, \tag{1.52a}$$

并得到

$$\langle|h(\boldsymbol{q})^2|\rangle=\frac{T}{G(\boldsymbol{q})}. \tag{1.52b}$$

这就是关于多自由度系统的能量均分定理[1−2] 的另一种表述. 类似地, 很容易证明对应不同波矢值 $|\boldsymbol{q}|$ 的模式之间没有耦合, 故一般有:

$$\langle h(\boldsymbol{q})h(\boldsymbol{q}')\rangle=\frac{T}{G(\boldsymbol{q})}\delta_{\boldsymbol{q},-\boldsymbol{q}'}. \tag{1.53}$$

这里我们对离散波矢 $\boldsymbol{q}$ 的模式使用了克罗内克 δ 函数. 为了计算实空间中的方均涨落, 我们利用傅里叶变换式的定义, 以及 (1.53) 式 (它把对两个波矢值的双重求和变成了单重求和), 可以证明

$$\langle h^2(\boldsymbol{r})\rangle=\frac{1}{L^d}\sum_{\boldsymbol{q}}\langle|h(\boldsymbol{q})|^2\rangle=\left(\frac{1}{2\pi}\right)^d\int\mathrm{d}\boldsymbol{q}\frac{T}{G(\boldsymbol{q})}. \tag{1.54}$$

1.3.9 散射结构因子

在一个多粒子体系中, 密度涨落会引起辐射的散射: 光散射、中子散射和 X 射线散射. 密度涨落导致极化涨落, 从而引起散射[22−23]. 密度算符可以定义为

$$n(\boldsymbol{r}) = \sum_i \delta(\boldsymbol{r} - \boldsymbol{r}_i), \tag{1.55}$$

其中求和遍取以 i 标记的各粒子位置 $\boldsymbol{r}_i$. 散射强度 $I(\boldsymbol{q})$ 是散射波矢 $\boldsymbol{q} = \boldsymbol{q}_{\text{out}} - \boldsymbol{q}_{\text{in}}$ 的函数:

$$I(\boldsymbol{q}) = \tilde{I}_0 \int \mathrm{d}\boldsymbol{r}\, \mathrm{d}\boldsymbol{r}' \, \langle n(\boldsymbol{r}) n(\boldsymbol{r}') \rangle \, \mathrm{e}^{-\mathrm{i}\, \boldsymbol{q}\cdot(\boldsymbol{r}-\boldsymbol{r}')}, \tag{1.56}$$

这里 $\tilde{I}_0$ 是一个取决于散射机制的常数 (与 $\boldsymbol{q}$ 无关). 有关散射强度的另一个有用公式为

$$I(\boldsymbol{q}) = I_0 \, \langle n(\boldsymbol{q}) n(-\boldsymbol{q}) \rangle, \tag{1.57}$$

其中 I_0 正比于 $\tilde{I}_0$, 而 $n(\boldsymbol{q})$ 是密度的傅里叶变换式:

$$n(\boldsymbol{q}) = \frac{1}{\sqrt{L^d}} \int \mathrm{d}\boldsymbol{r} n(\boldsymbol{r})\, \mathrm{e}^{-\mathrm{i}\, \boldsymbol{q}\cdot\boldsymbol{r}}. \tag{1.58}$$

在本章末, 我们讨论了由一个无相互作用小球体系发出的散射以及由一个聚合物 (长的链状分子) 体系发出的散射的问题.

1.4 二分量混合体系中的相分离

1.4.1 相分离和界面

前一部分复习了统计力学的基本内容, 这些内容对于我们思考表面、界面和膜的结构、涨落和相行为是很重要的. 在本节中, 我们考虑这些概念的一个重要应用, 就是二分量体系的相分离问题. 这个问题与其他类型的相变相似, 比如伊辛磁体中的相变[2]. 理解相分离这个具体问题很重要, 因为正是这一现象导致了两个共存态之间的平衡, 从而自然地引起界面的存在.

1.4.2 混合物体系

为了描述两种成分之间的界面 (或者一种物质与其蒸气或真空之间的表面), 我们首先从体系统的哈密顿量和自由能开始. 不失普遍性, 我们考虑由两种成分组成的二分量混合物; 这两部分可以是原子及空位, 适于描述液体或固体与其蒸气处于平衡的系统, 或者就像在二分量混合物中那样, 可能是两种不同遍取的分子. 由于我们感兴趣的是远大于分子尺寸的长度尺度上的热力学性质和结构特性, 通过把两种分子放在格点上, 格点标记为 $i = 1, \cdots, N$, 我们可以把分子硬核之间的体斥相互作用考虑进来. 为简单起见, 我们再次考虑两

种分子大小相同的情形, 这样问题中出现的就是单一尺寸的格点了. 在此"格气"模型中, 我们用变量 $s_i = 1$ 表示"B"类 (溶质) 占据了格点 i; 如果格点被"A"类分子 (溶剂) 占据, 则记 $s_i = 0$. 为简单起见, 我们考虑两类分子之间只有二体相互作用的情形. 我们用 J_{ij}^{AA} 表示相距 $|\boldsymbol{R}_i - \boldsymbol{R}_j|$ 的两个"A"分子之间的相互作用能量. 类似地, 两个"B"分子之间的相互作用能量记作 J_{ij}^{BB}, 而一对 AB 分子之间的相互作用能量可写成 J_{ij}^{AB}. 因此微观哈密顿量就写成所有这些能量的总和:

$$H = -\frac{1}{2}\sum_{ij} K_{ij}, \tag{1.59a}$$

其中

$$K_{ij} = [J_{ij}^{AA}(1-s_i)(1-s_j) + J_{ij}^{BB} s_i s_j + J_{ij}^{AB}[(s_i(1-s_j) + s_j(1-s_i))]]. \tag{1.59b}$$

负号表示这些相互作用是吸引的; 各 J_{ij} 都为正数, 是吸引相互作用大小的量度. 只有当 s_i 和 s_j 皆为 0 时第一项才不为零, 表示两个"A"分子占据在相距 $|\boldsymbol{R}_i - \boldsymbol{R}_j|$ 的两个格点上; 类似的思考可以应用于第二和第三项.

我们可以把所有的占据变量 $\{s_i\}$ 乘起来, 并把这些项按照 $\{s_i\}$ 的幂次集中起来. 运算结果会导致: 一个常数项, 其实就是再一次定义了体系的能量零点, 以及线性项 $\sum_i s_i$, 即溶质分子的平均体积分数 (它要么是固定的, 要么由化学势确定), 还有一个二次项. 把线性项 $\sum s_i$ 相加减, 体系的净相互作用可以写成

$$\frac{1}{2}\sum_{ij}\left[J_{ij}^{AA} + J_{ij}^{BB} - 2J_{ij}^{AB}\right] s_i(1-s_j). \tag{1.60}$$

所以, 如果 AA 对和 BB 对之间的吸引相互作用大于 AB 对之间的吸引相互作用, 体系会倾向于相分离, 使得两个共存相中 AA 对和 BB 对数目分别达到最大化. 于是我们定义

$$J_{ij} = [J_{ij}^{AA} + J_{ij}^{BB} - 2J_{ij}^{AB}], \tag{1.61}$$

并把相互作用哈密顿量写成

$$H = \frac{1}{2}\sum_{ij} J_{ij} s_i(1-s_j). \tag{1.62}$$

为了计算配分函数, 我们把化学势包括进来以保证"B"类粒子数守恒 (这里包括了 $\{s_i\}$ 中的所有其他线性项). 约束配分函数 Z_μ 为

$$Z_\mu = \prod_k \sum_{\{s_k=0,1\}} \mathrm{e}^{-H'/T}, \tag{1.63}$$

其中

$$H' = H - \sum_i \mu s_i, \tag{1.64}$$

而 (1.63) 式中的乘积运算是对 $s_k = 0,1$ 的各种取值之和进行的. 由于所有格点之间都通过相互作用耦合, 故一般情况下无法求出配分函数的解析解, 尽管在一维和二维情形对于相互作用矩阵 J_{ij} 的简单形式有解析解[1-2]. 下面部分中我们用平均场近似或无规混合近似对体系进行讨论. 可以证明这个近似在无限长程相互作用极限下是精确的. 关于平均场近似的更严格推导将在第 2 章中从变分原理出发给出.

1.4.3 平均场理论

如果所有的 J_{ij} 值都是正的, 则体系倾向于相分离, 我们可以考虑一个格点与其周围环境处于平均相互作用之中的能量. 在数学上, 就是允许把体系相互作用项退耦到只包含单一格点的情形. 因此我们取如下近似: $J_{ij}s_is_j \to J_{ij}s_i\phi + J_{ij}s_j\phi$, 其中 $\phi = \langle s_i \rangle$ 是 "B" 类粒子的平均体积分数. 现在 (1.63) 式中的求和可以算出来了, 因为格点是退耦的, 我们把 Z_μ 近似为

$$Z_\mu = (1 + \exp\left[\phi J/T + (\mu - J/2)/T\right])^N . \tag{1.65}$$

由于在一个包含 N 个格点的无限大体系中的相互作用具有平移不变性, J_{ij} 仅与两个格点的指标之差有关. 于是我们定义 $J = \sum_j J_{ij}$, 故 $J\phi$ 是一个溶质分子与溶剂以及其他溶质分子组成的背景之间的平均相互作用 (即平均场). 巨热力学势当然就可以写成: $G = -T\log Z_\mu$, 而亥姆霍兹自由能 (见 (1.13) 式) $F = G + N\mu\phi$ 为

$$F = -TN\log\left(1 + \exp\left[\phi J/T + (\mu - J/2)/T\right]\right) + N\mu\phi. \tag{1.66}$$

化学势由约束条件 $\langle s_i \rangle = \phi$ 确定, 并可导出

$$\mathrm{e}^{\mu/T} = \left(\frac{\phi}{1-\phi}\right)\exp\left[-\frac{1}{2}J(2\phi - 1)/T\right], \tag{1.67}$$

因此每个格点的平均亥姆霍兹自由能 $f = F/N$ 为:

$$f = T\left[\phi\log\phi + (1-\phi)\log(1-\phi)\right] + \frac{J}{2}\phi(1-\phi). \tag{1.68}$$

由于每个格点上只有一个分子 (可以是 "A" 或 "B"), 我们也可以认为 f 是每个分子的平均自由能.

这个自由能可以与近理想气体的自由能 (1.27) 式作比较; 在两种情形中, 自由能都包含一个熵项——对无相互作用系统计算出来的——以及一个相互

作用项. 在 (1.68) 式中, 第一项代表无相互作用系统的熵; 在不同种类粒子的占有率没有关联的情形, 这个熵就与 “B” 粒子占据体积分数为 ϕ 的格点的方式数相联系. 第二项是在无规混合近似下, 体积分数为 ϕ 的 “B” 粒子与体积分数为 $(1-\phi)$ 的 “A” 粒子之间的相互作用能量. 这套程序可以很容易地推广, 来处理在无规混合近似下包含任意数目的相互作用成分的情形.

1.4.4 两个共存相的自由能极小值

我们现在考虑对一个总体积固定的系统求自由能极小的问题, 并忽略其分子压缩. 在相图中的二相区, 系统包含两个共存相 $(i=1,2)$, 其各相中的 “B” 粒子体积分数为 ϕ_i. 除了体积分数之外, 我们还应该确定每个宏观相所占据的格点数 (即不可压缩系统中的体积), 把它记为 N_i. 由于不可压缩系统中的总格点数 N 是固定的, N_1 和 N_2 由下式限定:

$$N_1 + N_2 = N. \tag{1.69}$$

类似地, 系统中的 “B” 粒子平均体积分数限定为 ϕ:

$$N_1\phi_1 + N_2\phi_2 = N\phi, \tag{1.70}$$

其中 $N_i\phi_i$ 是各相中的 “B” 粒子总数.

因此我们必须考虑在两个约束条件 (1.69, 1.70) 式下对两个共存相的总自由能求极小值. 于是, 我们对整个体系建立其吉布斯自由能 G:

$$G = [N_1 f(\phi_1) + N_2 f(\phi_2)] - \mu[N_1\phi_1 + N_2\phi_2] + \varPi[N_1 + N_2]v_0, \tag{1.71}$$

这里包括了对于各相中粒子数以及体积的约束. 在 (1.71) 式中, 带括号的第一项来源于每个分子的平均自由能, 即由 (1.68) 式定义的 f, 而 μ 和 $\varPi$ 是能令约束条件成立的拉格朗日乘子. 化学势 μ 保证了 “B” 粒子数守恒, 而渗透压 $\varPi$ 保证了此不可压缩体系的体积守恒. 式 (1.71) 中的因子 v_0 代表一个分子体积, 故 $\varPi$ 具有压强的量纲 (单位体积的能量).

求 G 关于各变量 ϕ_i 和 N_i 的极小, 意味着处于热平衡的各相的化学势和渗透压相等, 故有:

$$\frac{\partial f(\phi_1)}{\partial \phi_1} = \frac{\partial f(\phi_2)}{\partial \phi_2} = \mu, \tag{1.72}$$

和

$$\varPi = \frac{\phi_1^2}{v_0}\left(\frac{\partial f(\phi_1)/\phi_1}{\partial \phi_1}\right) = \frac{\phi_2^2}{v_0}\left(\frac{\partial f(\phi_2)/\phi_2}{\partial \phi_2}\right). \tag{1.73}$$

可以把 (1.72, 1.73) 式看成用来确定平衡共存的 ϕ_1 和 ϕ_2 值的两个代数方程, 从而它们能够确定作为 T 和 ϕ 函数的共存曲线. 在几何上, 这两个条件可以

结合起来产生一个关于自由能的 "共切" 构造, 因此有

$$\mu = \frac{f(\phi_1) - f(\phi_2)}{\phi_1 - \phi_2}. \tag{1.74}$$

可以用这个条件给出两个共存相的图解, 并由此确定如图 1.7 所示的共存曲线. 然而, 经常更容易做的是: 把有界的体积分数 ($0 \leqslant \phi \leqslant 1$) 固定并根据 (1.72) 式来确定化学势; 平衡共存的 ϕ_1 和 ϕ_2 值能够使得两相具有相同的 μ 和 Π.

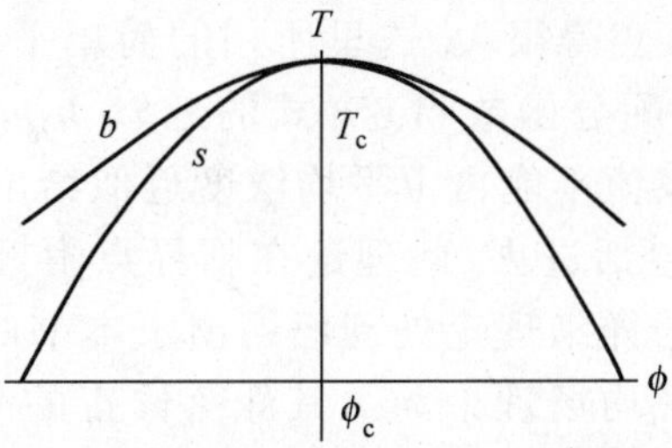

图 1.7 作为体积分数 ϕ 和温度的函数的平衡共存曲线或双节曲线 (标记为 b 的曲线) 以及失稳界线 (标记为 S, 如文中那样, 定义为均匀相的稳定性极限的曲线) 的示意图. 在标记为 b 的曲线下方的整个区域, 体系不再处于单相.

1.4.5 不稳定性和发生相分离的临界点

临界点定义为平衡相图中两个共存相成分相同的那个点 (ϕ_c, T_c): $\phi_1 = \phi_2 = \phi_c$. 由 (1.72) 式, 并把 ϕ_1 和 ϕ_2展开为 $\phi_1 = \phi_c + \delta$ 和 $\phi_2 = \phi_c - \delta$, 我们看到, 对于很小的 δ 值, 化学势相同意味着

$$\left[\frac{\partial^2 f}{\partial \phi^2}\right]_{\phi_c} = 0. \tag{1.75}$$

临界点是 (ϕ, T) 平面中一条特定曲线上的一个特殊点, 在这一曲线上单相体系不稳定——即 $f - \mu\phi$ 不再是关于 ϕ 的极小值, 而临界温度是发生这种不稳定情况的最高可能温度. 失稳界线确定了这个曲线, 由 (ϕ, T) 平面中满足条件

$$\frac{\partial^2 f}{\partial \phi^2} = 0 \tag{1.76}$$

的曲线给出.

在临界点 (ϕ_c, T_c), 共存曲线 (或双节曲线) 和失稳界线相交切. 特别应注意的是, 当体系处于热平衡, 这个失稳界线在物理上是永远达不到的 (除了临界点本身), 因为在此之前, 体系已经实现了由 (ϕ, T) 平面中的共存曲线描述的一级相分离. 共存曲线把处于热平衡的单相和二相区分开, 而动理学效应会允许亚稳态存在——即, 我们可以使得体系在双节曲线下方的区域存在, 而且

在一个相当长的时间内仍能观察到仅有单相存在. 相反地, 失稳界线下方的区域是不稳定的, 甚至很小的热涨落也能推动系统朝着热平衡发展. 失稳界线代表了浓度 ϕ 涨落很大的一条线, 因为使 ϕ 偏离其极小值而产生涨落所需耗费的自由能由 (1.72) 式决定, 正比于 $\partial^2 f/\partial\phi^2$; 如果这个值很小, 则发生涨落的概率就很大[1]. 因此这条线指示了散射很大的一个区域. 然而, 能够达到失稳界线的体系还包括不处于热力学平衡的体系; 比如, 通过把处于单相区域的系统急冷降温至失稳界线下方来做到.

因为在临界点涨落变得很大, 这里所用的简单平均场理论就失效了. 涨落很大意味着用来简化配分函数 (1.65) 式的近似 $J_{ij}s_is_j \to J_{ij}s_i\phi + J_{ij}s_j\phi$ 不再成立, 因为浓度的局域值不能再由平均浓度近似给出. 即使把这些涨落当做平均场近似的 "修正" 包括进去, 此理论在临界点附近也是定量上不准确的. 有关这些 "临界现象" 的详细理论处理已超出了本书的范围 (例如, 可看参考文献 [24]). 然而, 简单平均场理论加上其涨落修正的分析包含了大部分重要的物理, 并提供了在非常接近临界点处所必须包括进去的更复杂处理方法的指导.

1.4.6 自由能在临界点附近的朗道展开

不管是对于格气 (伊辛模型) 还是非理想气体的平均场自由能, 我们都会预期在临界成分附近可以把自由能对成分作解析的泰勒级数展开. 这个方法叫做自由能的**朗道展开** (见图 1.8 及图 1.9), 在关于体系统和界面的相变理论中起着重要作用. 考虑一个体系, 其平均成分由临界成分 ϕ_c 给出. 于是问题就变成: 体系是保持为 $\phi = \phi_c$ 的稳定单相态, 还是会相分离成两个共存相 (其中各相所占的相对体积能使平均成分仍然为 ϕ_c)? 假定当成分接近一个给定值 ϕ_0 时, 我们可以把单位体积的自由能看作解析函数而对小量 $\eta = \phi - \phi_0$ 展开. (在非常接近临界点处平均场理论失效, 所以这个方法不成立[24].) 单位体积的自由能 f 可以写成关于 η 的泰勒级数展开:

$$f = h\eta - \frac{\epsilon}{2}\eta^2 + \frac{b}{3}\eta^3 + \frac{c}{4}\eta^4 + \cdots . \tag{1.77}$$

线性项的系数为 $h = (\partial f/\partial\phi)_{\phi_0}$. 而这其实就是对应于体积分数 ϕ_0 的化学势 μ_0. 现在 $\mu_0 = (\partial f/\partial\phi)_{\phi_0}$, 故如果我们令化学势等于这个值, 则巨热力学势 $g = f - \mu\eta = f - h\eta$ 没有 η 的线性项:

$$g = -\frac{\epsilon}{2}\eta^2 + \frac{b}{3}\eta^3 + \frac{c}{4}\eta^4 + \cdots . \tag{1.78}$$

计算 g 关于 η 的极小值就能给出两个共存相的成分, 画出 g 随 η 变化的图像对研究是有益的. 当 $b \neq 0$ 时, 随 ϵ 变化发生一级相变: 对于大的负 ϵ 有 $\eta = 0$, 当 ϵ 增大时 η 跳到值 η_0 处. 在二相区 (即 η 为非零) 两种共存成分的差

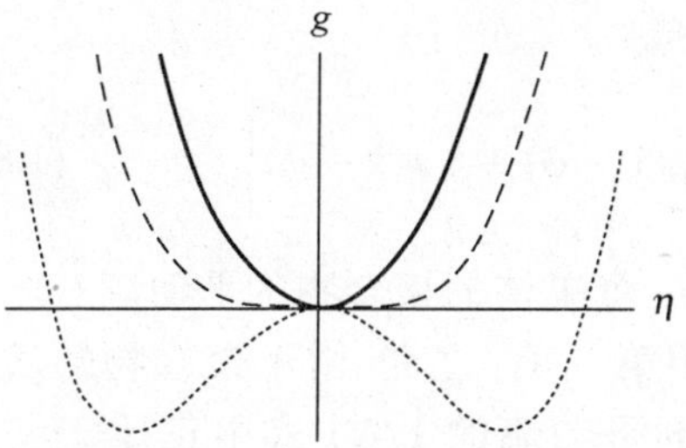

图 1.8 对于二级相变, 自由能 g 作为序参量 η 的函数; 实线对应 $\epsilon<0$, 虚线对应 $\epsilon=0$, 而点虚线对应 $\epsilon>0$.

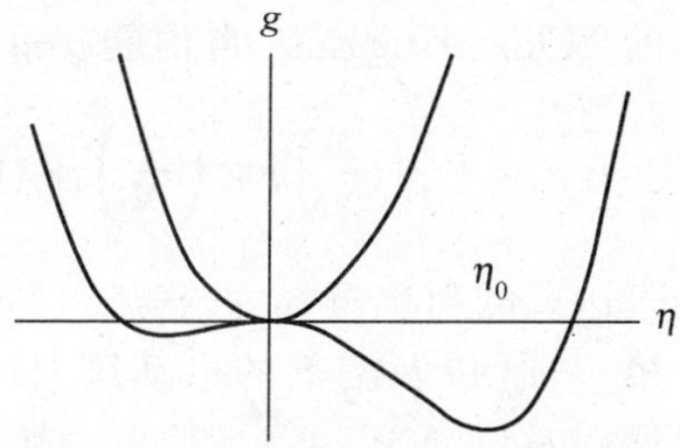

图 1.9 对于一级相变, 自由能 g 作为序参量 η 的函数, 使 g 取极小值的 η 从 (当 ϵ 为大的负数值时的) $\eta=0$ 跳到 (当 ϵ 很小时的) η_0 值.

值不会平滑地趋于 0. 另一方面, 当 $b=0$ 时 (见图 1.8), 在临界点处 $\eta\to 0$ 以及 $\epsilon\to 0$, 两个共存相成分之差趋于 0, 这一点可以通过在 $b=0$ 时求方程 (1.78) 的极小来得到. 当 $\epsilon=0$ 时对应 $b=0$ 的成分值 ϕ_0 记作临界成分 ϕ_{c}. 于是在此特定值处, 对于 $\mu=\mu_{\mathrm{c}}$, 把自由能在 $\phi_0=\phi_{\mathrm{c}}$ 附近展开将导致如方程 (1.78) 形式的自由能, 只是取 $b=0$. 此外, 当化学势等于临界值 μ_{c} (故平均成分等于 ϕ_{c}), g 取极小值即意味着 $\eta_1=-\eta_2$; 这符合两相渗透压相等的情况, 因此把 g 极小化就可以确定两相共存, 即双节曲线.

由于方程 (1.77, 1.78) 来源于自由能的级数展开, 这与我们以前提到的临界点认证条件

$$\epsilon=\left(\frac{\partial^2 f}{\partial\phi^2}\right)_{\phi_{\mathrm{c}},T_{\mathrm{c}}}=0 \tag{1.79a}$$

相一致. 一般地, 因为 ϵ 和 b 是温度 (或者由相互作用强度标度过的温度) 的函数, 故由两个条件: (1.79a) 式以及

$$\left(\frac{\partial^3 f}{\partial\phi^3}\right)_{\phi_{\mathrm{c}},T_{\mathrm{c}}}=0 \tag{1.79b}$$

可以确定临界值 ϕ_{c} 和 T_{c}. 验证条件 (1.79) 式的另一个等价方法是注意到: 在临界温度 $T=T_{\mathrm{c}}$ 和 $\epsilon=0$ 处自由能取极小值这一条件即意味着 $b=0$ 以及 $c>0$.

1.4.7 聚合物溶液中的相分离

前面的讨论在微观上起源于混合物的格气理论, 可以应用到由大小相当的致密分子组成的混合体系. 为了处理长链的柔性聚合物在小分子溶剂中形成的混合物, 我们必须修正前面描述过的平均场理论, 以把聚合物与溶剂分子大小不同的事实及聚合物为柔性大分子的事实都考虑进去. 由此导出[11,25] 各

单体的 "Flory-Huggins" 自由能 f_{FH} 可以写成

$$f_{\mathrm{FH}} = T\left[\left(\frac{\phi}{N}\right)\log\left(\frac{\phi}{N}\right) + (1-\phi)\log(1-\phi) + \chi\phi(1-\phi)\right]. \tag{1.80}$$

对此表达式的简单解释为, 它是每条链含有 N 个单体的聚合物的平动熵 ((1.80) 式中第一项) 以及溶剂的平动熵 ((1.80) 式中第二项) 之和. 由于聚合物的质心每次同时移动 N 个单元, 其平动熵只有溶剂平动熵的 $1/N$. 式中正比于 χ 的项代表聚合物各段之间的吸引相互作用. 如果 χ 足够大, 则体系会经历相分离, 与前面描述过的二分量混合物情形相似. 然而, 由于上面出现了因子 $1/N$, 当分子量很大时临界浓度出现在体积分数很小处: $\phi_{\mathrm{c}} = 1/(1+\sqrt{N})$. 这是因为: 由于因子 $1/N$ 的减缩作用, 熵仅在体积分数很小时才与相互作用能量相当. 在长链情形, 临界点的 χ 值 (对应于简单混合物情形中的 T_{c}) 仅微弱地依赖于 N, 而有 $\chi_{\mathrm{c}} \approx 1/2$.

1.5 表面的微分几何

相分离现象会自然地导致界面产生, 而关于界面的研究是后面章节的重点. 本节中, 我们讨论界面或 (零厚度) 表面的数学定义[5], 并指出如何计算一般表面的面积和曲率. 在关于表面、界面与膜的统计物理中这些概念特别有用, 因为能量中经常会出现与面积有关的项 (如表面张力) 和/或曲率有关的项 (如弯曲能). 当然物理问题更加复杂, 因为界面的形状和尺寸通常并非已知而是由体系自洽地确定的. 于是我们经常问的是: 哪些表面具有给定的面积或曲率. 另一复杂之处在于: 一些重要的表面通常并非确定性的而是相当随机的; 必须把表面的热涨落 (表面熵) 考虑进去, 如同在表面和膜的涨落章节中描述的那样.

1.5.1 空间曲线

如图 1.10 所示, 空间中的一条曲线由位置矢量 $\boldsymbol{r} = \boldsymbol{R}(u)$ 描述, 其中 u 是用简单的一维方式来指示沿曲线上各点的参数 —— 例如, u 可以标记一条聚合物链上的各单体. 无限小的弧长 $\mathrm{d}u$ 为沿着链的轮廓上标记为 u_1 和 u_2 的两点之间距离 (在极限情形 $u_1 \to u_2$). 空间中这两点之间的真实距离记作 s. 对于离散点: $\Delta s = |\boldsymbol{R}(u_1) - \boldsymbol{R}(u_2)|$, 在 $u_1 \to u_2$ 的极限下即为

$$\mathrm{d}s = \left|\frac{\partial \boldsymbol{R}}{\partial u}\right| \mathrm{d}u. \tag{1.81}$$

单位切向矢量 $\hat{t}(u)$ 定义为

$$\hat{t} = \frac{\mathrm{d}\boldsymbol{R}}{\mathrm{d}s} = \frac{\mathrm{d}\boldsymbol{R}/\mathrm{d}u}{\mathrm{d}s/\mathrm{d}u} \tag{1.82}$$

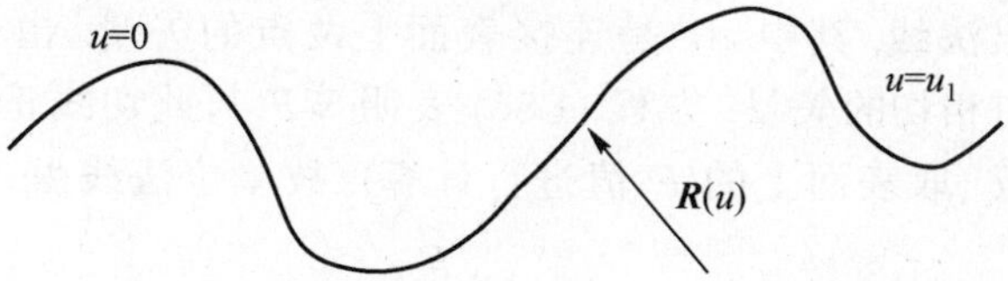

图 1.10 一条空间曲线, 以坐标 u 描述沿曲线的弧长; $\boldsymbol{R}(u)$ 是曲线上弧长为 u 的点的位置.

利用方程 (1.81) 可以证明 $\hat{t}$ 确实是单位矢量. 切线的变化速率可以通过

$$\frac{\mathrm{d}\hat{t}}{\mathrm{d}s}=\kappa\hat{n}_{\mathrm{c}}=\frac{\mathrm{d}^2\boldsymbol{R}}{\mathrm{d}s^2} \tag{1.83}$$

与曲率 κ 及法线 $\hat{n}_{\mathrm{c}}$ 联系起来.

1.5.2 表面

表面可以通过参数形式 $x=f(u,v), y=g(u,v)$, 以及 $z=h(u,v)$ 来描述, 它们确定一个矢量 $\boldsymbol{r}(u,v)$, 也可以用隐式形式 $F(x,y,z)=0$ 来描述. 参数形式的一个简单例子是 u 和 v 分别取为 x 和 y, 而 "高度" 为 $z=h(u,v)=h(x,y)$. 这叫做对一个表面的**蒙日参数化** (Monge parameterization), 如图 1.11 所示. 表面的位置由

$$\boldsymbol{r}=(u,v,h(u,v))=(x,y,h(x,y)) \tag{1.84}$$

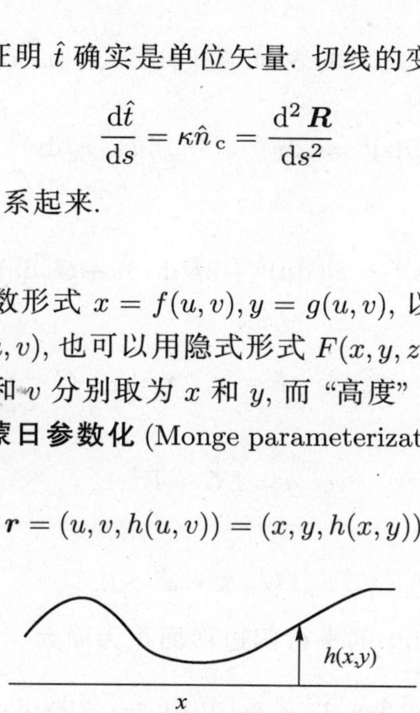

图 1.11 位于 xy 平面上方的一个表面, 表面的 z 坐标由 $h(x,y)$ 给出.

给出. 另一个例子是单位球上的球坐标系, 故 u 和 v 分别为 θ 和 ϕ. 在表面上定义两个切向矢量 $\boldsymbol{r}_u=\partial\boldsymbol{r}/\partial u$ 和 $\boldsymbol{r}_v=\partial\boldsymbol{r}/\partial v$. 这些矢量不一定是单位矢量, 也不必是正交的. 这两个矢量定义了一个切平面. 平面方程由 $\mathrm{d}\boldsymbol{r}\cdot\hat{n}=0$ 给出, 其中 $\hat{n}$ 是 "位置" (u,v) 处的表面法线. 法线由叉积给出:

$$\hat{n}=\frac{\boldsymbol{r}_u\times\boldsymbol{r}_v}{|\boldsymbol{r}_u\times\boldsymbol{r}_v|} \tag{1.85}$$

如果利用表面的隐式形式, 则 $F(x,y,z)=0$, 在蒙日表示中即 $F(x,y,z)=z-h(x,y)=0$. 对于一般的隐式形式, 如果意识到表面上的 F 为常数, 即 F 的全微分为零:

$$\mathrm{d}F=\mathrm{d}\boldsymbol{r}\cdot\nabla F=0 \tag{1.86}$$

就可以据此求出法线, 其中 $\mathrm{d}\boldsymbol{r}$ 是连接表面上两点的矢量. 由于 $\mathrm{d}\boldsymbol{r}$ 是与表面上某个确定方向相切的矢量, 方程 (1.86) 表明 ∇F 与此切线正交; 因此法向矢量就与 ∇F 平行 (取表面上的 F 值进行计算). 故单位法线由

$$\hat{n} = \frac{\nabla F}{|\nabla F|} \tag{1.87}$$

给出.

1.5.3 表面的度规

考虑一个由 $\boldsymbol{r}(u,v)$ 定义的表面. 空间中两点 (u,v) 和 $(u+\mathrm{d}u, v+\mathrm{d}v)$ 之间的路程 $\mathrm{d}s$ 由

$$(\mathrm{d}s)^2 = (\mathrm{d}\boldsymbol{r})^2 = (\boldsymbol{r}_u\,\mathrm{d}u + \boldsymbol{r}_v\,\mathrm{d}v)^2 \tag{1.88}$$

给出. 把上式写成

$$(\mathrm{d}s)^2 = E(\mathrm{d}u)^2 + 2F\,\mathrm{d}u\,\mathrm{d}v + G(\mathrm{d}v)^2, \tag{1.89}$$

其中

$$E = \boldsymbol{r}_u^2; \qquad F = \boldsymbol{r}_u \cdot \boldsymbol{r}_v; \qquad G = \boldsymbol{r}_v^2. \tag{1.90}$$

度规 g 定义为

$$g = EG - F^2 \tag{1.91}$$

这是一个正定量, 因为

$$g = (\boldsymbol{r}_u \times \boldsymbol{r}_v)^2 > 0. \tag{1.92}$$

一个两条边为 $\mathrm{d}\boldsymbol{r}_u$ 和 $\mathrm{d}\boldsymbol{r}_v$ 的平行四边形面积为面元 $\mathrm{d}A$, 由

$$\mathrm{d}A = |\boldsymbol{r}_u \times \boldsymbol{r}_v|\,\mathrm{d}u\,\mathrm{d}v = \sqrt{g}\,\mathrm{d}u\,\mathrm{d}v \tag{1.93}$$

给出. 关于蒙日规范我们写出 $\boldsymbol{r}_u = \boldsymbol{r}_x = (1,0,h_x), \boldsymbol{r}_v = \boldsymbol{r}_y = (0,1,h_y)$, 其中下标表示微商 (如 $h_x = \partial h(x,y)/\partial x$). 这样我们就可以计算出面元:

$$\mathrm{d}A = \mathrm{d}x\,\mathrm{d}y\sqrt{1 + h_x^2 + h_y^2}. \tag{1.94}$$

其法线由

$$\hat{n} = \frac{\hat{z} - h_x\hat{x} - h_y\hat{y}}{\sqrt{1 + h_x^2 + h_y^2}} \tag{1.95}$$

给出.

如果利用表面的隐式形式 $F(x,y,z) = 0$, 并注意到表面即满足 $F = 0$ 的点的轨迹, 就可以求出面元. 于是我们得到等价于 (1.93) 式的方程为

$$\int \mathrm{d}A = \int \mathrm{d}^3\boldsymbol{r}\boldsymbol{\delta}(F)|\nabla F|. \tag{1.96}$$

对于 $F(x,y,z) = z - h(x,y)$ 的情形可以清楚地验证上式; 计算出对变量 z 的积分就能导出由方程 (1.94) 表示的局域面元. 既然我们总能够用这种参数化方法来局域地定义表面, 由方程 (1.96) 来表示面元就是普遍有效的.

1.5.4 表面的曲率

考虑表面上一条特定曲线, 其经过的距离 $\mathrm{d}s$ 由方程 (1.89) 给出. 此曲线的法向曲率定义为

$$\kappa = \boldsymbol{r}'' \cdot \hat{n}, \tag{1.97}$$

其中撇号表示对 s 的微商 (如 $\boldsymbol{r}' = \mathrm{d}\boldsymbol{r}/\mathrm{d}s$) 而 $\hat{n}$是法线. 注意到上式与方程 (1.83) 定义的线的曲率类似, 但并不完全相同, 因为这里选择了表面法线为相关方向; 此时, 曲线在表面内部的曲率是不重要的. 在有些特殊情形, 可以选择 $\hat{n} = \hat{n}_{\mathrm{c}}$, 但一般来说这是不正确的. 现在, $\boldsymbol{r}''$ 通过 u 和 v 的微商来给出, 即

$$\boldsymbol{r}'' = u''\boldsymbol{r}_u + v''\boldsymbol{r}_v + (u')^2\boldsymbol{r}_{uu} + (v')^2\boldsymbol{r}_{vv} + 2(u'v')\boldsymbol{r}_{vu}, \tag{1.98}$$

和前面一样, 其中的撇号表示对空间距离 s 的微分运算. 把方程 (1.89, 1.98) 用到 (1.97) 式中, 并依据关系式 $\hat{n} \cdot \boldsymbol{r}_u = \hat{n} \cdot \boldsymbol{r}_v = 0$ (由方程 (1.85) 而来), 我们得到曲率为

$$\kappa = \frac{L(\mathrm{d}u)^2 + 2M\,\mathrm{d}u\,\mathrm{d}v + N(\mathrm{d}v)^2}{E(\mathrm{d}u)^2 + 2F\,\mathrm{d}u\,\mathrm{d}v + G(\mathrm{d}v)^2}, \tag{1.99}$$

其中

$$L = \hat{n} \cdot \boldsymbol{r}_{uu}; \qquad M = \hat{n} \cdot \boldsymbol{r}_{uv}; \qquad N = \hat{n} \cdot \boldsymbol{r}_{vv}. \tag{1.100}$$

我们注意到有关系式 $\hat{n} \cdot \boldsymbol{r}_u = \hat{n} \cdot \boldsymbol{r}_v = 0$, 它来源于法线与切向矢量的正交性. 对这些关系式进行微分, 可以定义:

$$L = -\hat{n}_u \cdot \boldsymbol{r}_u; \qquad M = -\hat{n}_v \cdot \boldsymbol{r}_u = -\hat{n}_u \cdot \boldsymbol{r}_v; \qquad N = -\hat{n}_v \cdot \boldsymbol{r}_v, \tag{1.101}$$

其中 $\hat{n}$ 的下标表示微分 (如 $\hat{n}_u = \mathrm{d}\hat{n}/\mathrm{d}u$). 从这个关系出发, 我们看到曲率方程 (1.99) 也能够写成

$$\kappa = -\frac{\mathrm{d}\boldsymbol{r} \cdot \mathrm{d}\hat{n}}{\mathrm{d}\boldsymbol{r} \cdot \mathrm{d}\boldsymbol{r}}. \tag{1.102}$$

所以表面上的每个方向 $\mathrm{d}\boldsymbol{r}$ 都有一个对应的曲率值.

关于表面上曲线曲率的这个形式也可以这样来导出: 从表面的隐式形式 $F(x,y,z) = 0$ 出发, 考虑沿着表面行进时由方程 (1.87) 定义的法向矢量的变化. 因此, 如果沿表面移动了距离 $\mathrm{d}\boldsymbol{r}$, 则法线 $\hat{n}$ 的变化量为:

$$\mathrm{d}\hat{n} = \mathrm{d}\boldsymbol{r} \cdot \boldsymbol{Q}, \tag{1.103}$$

其中 $\boldsymbol{Q}$ 是一个张量, 其各分量在笛卡儿坐标系中的表示可通过对方程 (1.87) 取微分来给出:

$$Q_{ij} = \frac{1}{\Upsilon}\left[F_{ij} - \frac{F_i \Upsilon_j}{\Upsilon}\right], \tag{1.104}$$

这里 $\Upsilon = |\nabla F|$ 以及 $F_i = \partial F/\partial r_i$, 其中 $\boldsymbol{r} = (x, y, z)$, 关于 Υ_i 的记号与此类似. 通过计算方程 (1.103) 与 $\mathrm{d}\boldsymbol{r}$ 的点积, 可以得到沿给定方向的曲率表达式, 其与方程 (1.102) 类似. 把这两个表达式进行比较, 可以证明曲率 κ 正比于张量 $\boldsymbol{Q}$ 的迹. 因此, 曲率就与沿着表面移动时法线的变化联系起来. 由于法线和沿着表面的方向都是矢量, 曲率一般是张量.

1.5.5 曲率张量的不变量: 平均曲率和高斯曲率

一个有用的方法是用曲率张量的不变量来描述曲率张量, 因为当转动用于描述表面的坐标系时, 这些量保持不变; 不变量是表面的内禀性质. 对于表面的隐式表示 $F(x,y,z) = 0$, 沿一般方向的曲率与方程 (1.104) 定义的张量 $\boldsymbol{Q}$ 联系起来. 在三维情形, $\boldsymbol{Q}$ 是一个 3×3 的矩阵, 有三个本征值. 利用方程 (1.104) 及 $\Upsilon = |\nabla F|$, 通过直接的计算可以证明, $\boldsymbol{Q}$ 的行列式和一个本征值为零. 其余两个本征值是表面的两个主曲率; 对于任意 F 它们都能够从 $\boldsymbol{Q}$ 直接计算出来.

三维张量 $\boldsymbol{Q}$ 在相似变换 (包括转动) 下有三个不变量: 其迹, 主子式 (即分别把三个对角元所在的行与列划掉之后形成的三个子式的行列式) 之和, 以及其行列式 (证明请见后面的例子). 直接的计算可以证明 $\boldsymbol{Q}$ 的行列式为零. $\boldsymbol{Q}$ 的两个本征值具有长度倒数的量纲, 称为主曲率 (另一个本征值为零). 对应于非零本征值的本征矢称为表面的主方向; 沿着这些方向的曲率张量是对角的. 其迹为本征值 (即主曲率) 之和, 是平均曲率 H 的两倍; 这两个量都具有长度倒数的量纲. 张量 $\boldsymbol{Q}$ 的另一个不变量是主子式之和, 具有长度倒数平方的量纲, 称为高斯曲率 K, 等于两个主曲率 ($\boldsymbol{Q}$ 的本征值) 之积. 利用方程 (1.104) 我们得到平均曲率的表达式:

$$H = \frac{1}{2\Upsilon^3}\left[F_{xx}(F_y^2 + F_z^2) - 2F_xF_yF_{xy} + \mathrm{Perm}\right], \tag{1.105}$$

这里的 **Perm** 项表示应该考虑每一项的另外两个变换项——其一为 $(x,y,z) \to (z,x,y)$ 而另一个为 $(x,y,z) \to (y,z,x)$——其中

$$\Upsilon = \sqrt{F_x^2 + F_y^2 + F_z^2}. \tag{1.106}$$

高斯曲率由

$$K = \frac{1}{\Upsilon^4}\left[F_{xx}F_{yy}F_z^2 - F_{xy}^2F_z^2 + 2F_{xz}F_x(F_yF_{yz} - F_zF_{yy}) + \mathrm{Perm}\right] \tag{1.107}$$

给出. 在 F 由蒙日参数化 $F = z - h(x, y)$ 描述的情形, 这些表达式被大大简化, 在下面的讨论以及本章结尾处的问题中就可以看到.

1.5.6 例子: 张量的不变量

证明: 对于一般的 3×3 矩阵 $\boldsymbol{A}$, 其迹、主子式 (即分别把三个对角元所在的行与列划掉之后形成的三个子式的行列式) 之和, 以及其行列式在相似变换下是不变量.

考虑由

$$P(\lambda) = \det(\boldsymbol{A} - \lambda \boldsymbol{I}) \tag{1.108}$$

给出的 $\boldsymbol{A}$ 的特征多项式, 其中 I 是单位矩阵. 我们首先证明[26] $P(\lambda)$ 在相似变换 $\boldsymbol{A} \to \boldsymbol{C}^{-1}\boldsymbol{A}\boldsymbol{C}$ 下为不变量. 把行列式写成 $\det \boldsymbol{A} = |\boldsymbol{A}|$, 我们得到

$$\begin{aligned} P'(\lambda) &= |\boldsymbol{C}^{-1}\boldsymbol{A}\boldsymbol{C} - \lambda \boldsymbol{I}| = |\boldsymbol{C}^{-1}\boldsymbol{A}\boldsymbol{C} - \lambda \boldsymbol{C}^{-1}\boldsymbol{C}| \\ &= |\boldsymbol{C}^{-1}(\boldsymbol{A} - \lambda \boldsymbol{I})\boldsymbol{C}|. \end{aligned} \tag{1.109}$$

利用关系式 $|\boldsymbol{X}\boldsymbol{Y}| = |\boldsymbol{X}||\boldsymbol{Y}|$, 可以发现

$$P'(\lambda) = |\boldsymbol{C}^{-1}|\,|\boldsymbol{A} - \lambda \boldsymbol{I}|\,|\boldsymbol{C}|. \tag{1.110}$$

最后, 利用关系式 $|\boldsymbol{C}^{-1}| = 1/|\boldsymbol{C}|$, 我们得到 $P'(\lambda) = P(\lambda)$; 特征多项式在转动或其他相似变换下是不变量.

现在, 通过对 3×3 矩阵 $\boldsymbol{A}$ (矩阵元为 A_{ij}) 的特征多项式进行直接计算可以推导出

$$P(\lambda) = |\boldsymbol{A}| - \lambda \sum_{i-1,2,3} M_i + \lambda^2 \sum_{i=1,2,3} A_{ii} - \lambda^3, \tag{1.111}$$

其中 M_i 为分别把每个对角元所在的行与列划掉之后形成的主子式. 因此, 正比于 λ^2 的项是迹, 而正比于 λ 的项是三个主子式之和. 由于 $P(\lambda)$ 是相似变换下的不变量, 而 λ 是任意的, 故方程 (1.111) 中的每一项都必须是相似变换下的不变量. 因此, 行列式、迹以及主子式之和都是关于 3×3 矩阵的不变量.

1.5.7 参数表示: 平均曲率和高斯曲率

我们现在利用表面的参数形式 $x = f(u, v)$, $y = g(u, v)$ 及 $z = h(u, v)$ 来推导平均曲率和高斯曲率的表达式. 我们将证明, 两个主曲率是过表面上一个给定点的所有可能曲率的极值. 考虑表面上的一个单位矢量 $\hat{a} = \ell \boldsymbol{r}_u + m \boldsymbol{r}_v$. 由于 $a^2 = E\ell^2 + 2F\ell m + Gm^2 = 1$, 沿此单位矢量的曲率由方程 (1.99) 给出, 为

$$\kappa = L\ell^2 + 2M\ell m + Nm^2. \tag{1.112}$$

我们要在单位矢量的约束条件下, 找到极值曲线——即能使曲率为极大或极小的 (ℓ, m) 值. 引入拉格朗日乘子 λ 并寻找 $\tilde{\kappa}$ 的极值

$$\tilde{\kappa} = L\ell^2 + 2M\ell m + Nm^2 - \lambda(E\ell^2 + 2F\ell m + Gm^2). \tag{1.113}$$

设 $\partial\tilde{\kappa}/\partial\ell = \partial\tilde{\kappa}/\partial m = 0$, 我们得到两个方程. 可以证明乘子 λ 满足 $\lambda = \kappa$, 此 κ 由方程 (1.112) 给出. 通过找出使 $\tilde{\kappa}$ 取极值的变量 ℓ 和 m 值, 并把这些值代入方程 (1.112) 中, 我们可以得到曲率 κ 的极值. 这些值由二次方程确定:

$$\kappa^2(EG - F^2) - \kappa(EN + GL - 2FM) + (LN - M^2) = 0. \tag{1.114}$$

此方程有两个根: κ_a 和 κ_b, 它们通过下面两式确定了平均曲率 $H = \frac{1}{2}(\kappa_a + \kappa_b)$, 以及高斯曲率 $K = \kappa_a\kappa_b$:

$$H = \frac{EN + GL - 2FM}{2(EG - F^2)}, \tag{1.115}$$

$$K = \frac{LN - M^2}{EG - F^2}. \tag{1.116}$$

对以上所描述程序的另一种理解为: 沿着表面上任意方向 $\hat{a} = \ell\boldsymbol{r}_u + m\boldsymbol{r}_v$ 的曲率是 ℓ 和 m 值的二次函数. 在 $\hat{a}$ 为单位矢量的约束下把此二次式对角化, 在数学上等价于对 κ 求极小值/极大值. 因此, 极值曲率 κ_a 和 κ_b 由 ℓ 和 m 的极值确定, 我们记作 l^* 和 m^*. 在表面上靠近这些极值的方向, 曲率关于 $(\ell - \ell^*)$ 和 $(m - m^*)$ 的展开式中没有线性项, 因为 ℓ^* 和 m^* 为极值; 在这个意义上, 局域曲率是对角化的二次式.

1.5.8 主方向

其曲率为极值的两个方向称为主方向. 如果由方程 $\partial\tilde{\kappa}/\partial\ell = \partial\tilde{\kappa}/\partial m = 0$ 中消去乘子 λ 而得到

$$(EM - FL)\ell^2 + (EN - GL)\ell m + (FN - GM)m^2 = 0, \tag{1.117}$$

则可以证明这两个方向是正交的, 此方程关于比值 (ℓ/m) 有两个解, 曲率由 κ_a 和 κ_b 给出 (见方程 (1.115, 1.116)). 方程 (1.117) 的这两个解, $(\ell/m)_1 = \mu_1$ 和 $(\ell/m)_2 = \mu_2$, 其根的和与积分别满足

$$\mu_1 + \mu_2 = -\frac{EN - GL}{EM - FL}, \tag{1.118}$$

$$\mu_1\mu_2 = \frac{FN - GM}{EM - FL} \tag{1.119}$$

(这些关系式来源于二次方程理论.) 现在, 这两个方向的单位矢量为 $\hat{a}_1 = m_1(\mu_1\boldsymbol{r}_u + \boldsymbol{r}_v)$ 和 $\hat{a}_2 = m_2(\mu_2\boldsymbol{r}_u + \boldsymbol{r}_v)$. 利用方程 (1.118, 1.119) 可以证明它

们满足正交化条件 $\hat{a}_1 \cdot \hat{a}_2 = 0$. 因此表面上的主方向是相互正交的, 并确定了曲率的极值.(正交性条件要求 $F=0$.) 另外, 如果用这些曲线来参数化地定义表面——即, 如果它们定义了参数 u 和 v, 那么参数曲线 $\mathrm{d}u=0$ 和 $\mathrm{d}v=0$ 就意味着 $\ell=0$ 或 $m=0$. 由方程 (1.117), 这个要求和正交化条件 $F=0$ 一起, 也就意味着 $M=0$. 所以沿着主方向的两个曲率满足 $\kappa_a = L/E$ 和 $\kappa_b = N/G$.

1.5.9 例子: 在蒙日表示中的曲率

如果一个表面由 $z=h(x,y)$ 表示, 那么平均曲率和高斯曲率作为 h 对 x 和 y 微商的函数是怎样的? 当斜率很小、且在最后公式中可以忽略 $h_x = \partial h(x,y)/\partial x$ 及 h_y 项时, 这些表达式的极限形式如何?

利用方程 (1.115, 1.116) 以及方程 (1.90, 1.100) 中的定义, 由 $\boldsymbol{r} = x\hat{x} + y\hat{y} + h(x,y)\hat{z}$ 可以计算出曲率. 法线由方程 (1.95) 给出, 而 $E = r_x^2 = 1 + h_x^2$, $G = 1 + h_y^2$, 以及 $F = h_x h_y$. 类似地, $L = h_{xx}/\Upsilon$, $M = h_{xy}/\Upsilon$, 以及 $N = h_{yy}/\Upsilon$, 其中 $\Upsilon = \sqrt{1+h_x^2+h_y^2}$. 于是曲率可以写成:

$$H = \frac{(1+h_x^2)h_{yy} + (1+h_y^2)h_{xx} - 2h_x h_y h_{xy}}{2\sqrt{(1+h_x^2+h_y^2)^3}}, \tag{1.120}$$

$$K = \frac{h_{xx}h_{yy} - h_{xy}^2}{(1+h_x^2+h_y^2)^2}. \tag{1.121}$$

在近乎平直的表面上, $h_x \ll 1, h_y \ll 1$; 平均曲率和高斯曲率能够近似地写成

$$H \approx \frac{1}{2}(h_{xx} + h_{yy}), \tag{1.122}$$

$$K \approx h_{xx}h_{yy} - h_{xy}^2. \tag{1.123}$$

1.5.10 曲率的物理意义

沿着这些主方向, 可以把位置矢量在给定位置 (u_0, v_0) 附近展开成泰勒级数. 位置在法向矢量上的投影 $(\boldsymbol{r} \cdot \hat{n})$ 给出表面的"高度" z (见图 1.12), 由于法向矢量和切向矢量的正交性, $u-u_0$ 和 $v-v_0$ 的一阶项消失. 此外, 把主方向当做参数曲线即意味着如前所述的 $M=0$, 故 $\hat{n} \cdot \boldsymbol{r}_{uv} = 0$, 且展开式中没有含 $(u-u_0)(v-v_0)$ 的项. 于是, 表面方程可以由:

$$z = \hat{n} \cdot \boldsymbol{r}(u,v) = \boldsymbol{r}(u_0,v_0) \cdot \hat{n} + \frac{1}{2}(u-u_0)^2(\hat{n} \cdot \boldsymbol{r}_{uu}) + \frac{1}{2}(v-v_0)^2(\hat{n} \cdot \boldsymbol{r}_{vv}) \tag{1.124}$$

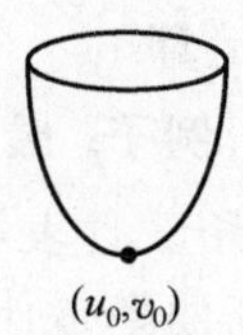

图 1.12 在两个曲率都为正的情形, 位于 (u_0, v_0) 点的曲率. 当一个曲率为正而另一个为负, 就得到鞍形区域.

来局域地给出. 因此沿着主方向, 表面局部位置的二次项是对角的. 写出 $z_0 = \boldsymbol{r}(u_0, v_0)\cdot\hat{n}$, 并注意到 $M=0$ 即意味着此项正比于 $\boldsymbol{r}_{u,v}=0$, 我们得到

$$z = z_0 + \frac{1}{2}L(u-u_0)^2 + \frac{1}{2}N(v-v_0)^2. \tag{1.125}$$

变换到直角坐标系 (我们已经选择 $\hat{z}$ 方向为沿着法线), 有 $\boldsymbol{x} = u\boldsymbol{r}_u$ 和 $\boldsymbol{y} = v\boldsymbol{r}_v$. 按照 E 和 G 的定义, 以及沿主方向的曲率值, 我们得到

$$z = z_0 + \frac{1}{2}\kappa_a(x-x_0)^2 + \frac{1}{2}\kappa_b(y-y_0)^2. \tag{1.126}$$

因此, 主曲率与给定点附近表面的局域展开相关联. 在一般方向, 法向曲率是 κ_a 和 κ_b 的组合.

1.5.11 平行表面

考虑一个局部平的表面 (如, 在蒙日规范中 $|\nabla h| \ll 1$) 并想象沿着法线方向把此表面平移距离 $\delta > 0$ 以得到一个平行表面, 其位置为

$$\boldsymbol{r}' = \boldsymbol{r}(u,v) - \hat{n}(u,v)\delta. \tag{1.127}$$

把平行表面上的面元 ($\mathrm{d}A'$), 平均曲率 (H') 及高斯曲率 (K') 与原表面上的面元 $\mathrm{d}A$, 及曲率 H 和 K 进行比较, 可以得到如下关系

$$\mathrm{d}A' = \mathrm{d}A[1 + 2H\delta + K\delta^2], \tag{1.128}$$

$$H' = \frac{H + K\delta}{1 + 2H\delta + K\delta^2}, \tag{1.129}$$

$$K' = \frac{K}{1 + 2H\delta + K\delta^2}, \tag{1.130}$$

而其法线当然是相等的, 最多差一个符号. 这些关系式对于理解有限厚度的表面性质很重要.(其证明是直接却冗长的, 但是如果把曲率线取作参数曲线则可以简化运算.)

1.5.12 例子: 最小表面——欧拉 – 拉格朗日方程

利用蒙日表示来证明最小面积表面具有零曲率. 两个曲率之间的关系如何? 高斯曲率是什么?

在表面的蒙日表示中, 我们从方程 (1.94) 得到, 在 xy 平面上方高度为 $h(x,y)$ 的表面总面积 A 为

$$A = \int \mathrm{d}x\,\mathrm{d}y\sqrt{1 + h_x^2 + h_y^2}, \tag{1.131}$$

这里积分是对表面在 xy 平面上投影的固定面积来取的. 此面积是 $h(x,y)$ 各微商的函数, 我们用变分学中的欧拉 – 拉格朗日方程[27], 来计算 A 对于所有

可能的表面形状 (即 $h(x,y)$ 的所有可能函数形式) 的极小值. 欧拉 – 拉格朗日方程可以用来确定一个函数, 而此函数的给定积分取极小值. 举例来说, 如果积分 $I=\int f[\psi(\boldsymbol{r}),\nabla\psi(\boldsymbol{r})]$ 依赖于函数 $\psi(\boldsymbol{r})$ 及其一阶微商, 则用以确定积分为极小的 $\psi(\boldsymbol{r})$ 的欧拉 – 拉格朗日方程为

$$\frac{\delta I}{\delta\psi(\boldsymbol{r})}=\frac{\partial f}{\partial\psi(\boldsymbol{r})}-\nabla\cdot\frac{\partial f}{\partial\nabla\psi(\boldsymbol{r})}=0. \tag{1.132}$$

对于函数 $\psi(\boldsymbol{r})$ 在积分边界固定的情形这是正确的; 如果 $\psi(\boldsymbol{r})$ 在给定边界是自由的, 可以证明[27] 极小化即意味着边界条件为:

$$\hat{n}\cdot\frac{\partial f}{\partial\nabla\psi(\boldsymbol{r})}=0, \tag{1.133}$$

这里 $\hat{n}$ 为边界上的法线, 而微商是对自由边界计算出的. 在我们的情形中, $\psi=h(x,y)$, 而 $f=\sqrt{1+h_x^2+h_y^2}$ 只是各微商的函数. 于是方程 (1.132) 成为

$$\frac{\partial}{\partial x}\frac{h_x}{\sqrt{1+h_x^2+h_y^2}}+\frac{\partial}{\partial y}\frac{h_y}{\sqrt{1+h_x^2+h_y^2}}=0. \tag{1.134}$$

此表达式可以写成

$$\frac{(1+h_x^2)h_{yy}+(1+h_y^2)h_{xx}-2h_xh_yh_{xy}}{\sqrt{(1+h_x^2+h_y^2)^3}}=0. \tag{1.135}$$

从方程 (1.120) 我们看到, 这就等价于在蒙日表示中的平均曲率 H 为零. 因此, 最小面积表面的平均曲率为零; 即两个曲率大小相等但符号相反, 意味着高斯曲率为负. 因此这些表面是鞍形的, 而不具有球或椭球的拓扑 (它们具有正的高斯曲率).

1.6 对流体力学的复习

虽然这里处理的大部分主题只包含界面和膜的静态性质, 但很多有趣而且在技术上重要的问题会包括界面的运动 (如固体表面被液体润湿). 在这些问题中, 界面的微观性质被归并成诸如界面张力等的若干参数, 而流体则由其与时间有关的局域密度 $\rho(\boldsymbol{r},t)$ 和速度 $\boldsymbol{v}(\boldsymbol{r},t)$ 来描述. 界面的运动与整个流体的运动相耦合, 表现为: 界面位置的时间微商等于界面上流体的速度. 通常由于固体边界的存在, 会使流体 "黏附" 其上 (所谓**无滑移**边界条件) 而速度为零, 因此在流体中产生速度梯度而引起耗散, 这样界面和表面就自然地出现在流体力学问题中. 这里我们着重于对研究流体中的界面运动很有用的主要概念与方程[6]. 第 4 章中会举出几个例子来讨论润湿的动力学.

1.6.1 物质守恒

物质守恒通过连续性方程来表示

$$\frac{\partial \rho}{\partial t} + \nabla \cdot (\rho \boldsymbol{v}) = 0, \tag{1.136}$$

这里 ρ 为密度, 而 $\boldsymbol{v}(\boldsymbol{r}, t)$ 是速度. 对于不可压缩流, ρ 是常数, 故 $\partial\rho/\partial t = 0$, 而连续性方程意味着

$$\nabla \cdot \boldsymbol{v} = 0. \tag{1.137}$$

1.6.2 全微商

在讨论粒子的力和运动时, 我们用到牛顿定律, 此定律表明粒子的加速度正比于作用到其上的力. 如果用 $\mathrm{d}\boldsymbol{v}/\mathrm{d}t$ 来标记一个给定流体粒子在空间运动中的速度变化率, 则牛顿方程变成

$$\rho \frac{\mathrm{d}\boldsymbol{v}}{\mathrm{d}t} = \boldsymbol{f}, \tag{1.138}$$

这里 $\boldsymbol{f}$ 是单位体积的力. 然而, 在讨论连续流体时, 更方便的是考虑不同流体粒子流过空间一个固定点的速度场. 于是, 在 $\mathrm{d}t$ 时间内速度 $\boldsymbol{v}$ 的微分变化既包括 $\boldsymbol{v}(\boldsymbol{r} + \boldsymbol{v}\,\mathrm{d}t, t + \mathrm{d}t)$ 与 $\boldsymbol{v}(\boldsymbol{r}, t)$ 之差 (因为在点 $\boldsymbol{r}$ 处的给定粒子速度有一个直接的时间变化率), 也包括来自于粒子在 $\mathrm{d}t$ 时间内行经的相距 $\mathrm{d}\boldsymbol{r}$ 的两点速度变化的贡献, 即:

$$\mathrm{d}\boldsymbol{v} = \frac{\partial \boldsymbol{v}}{\partial t}\mathrm{d}t + (\mathrm{d}\boldsymbol{r} \cdot \nabla)\boldsymbol{v}. \tag{1.139}$$

所以加速度 $\mathrm{d}\boldsymbol{v}/\mathrm{d}t$写成

$$\frac{\mathrm{d}\boldsymbol{v}}{\mathrm{d}t} = \frac{\partial \boldsymbol{v}}{\partial t} + (\boldsymbol{v} \cdot \nabla)\boldsymbol{v}. \tag{1.140}$$

这个概念可以推广为全微商的定义, 即

$$\frac{\mathrm{d}}{\mathrm{d}t} = \frac{\partial}{\partial t} + (\boldsymbol{v} \cdot \nabla). \tag{1.141}$$

1.6.3 牛顿定律

考虑流体的一块体积. 作用在这块体积中所有粒子上的全部力之总和就是合力 $\boldsymbol{F}$, 其遵守牛顿定律:

$$\boldsymbol{F} = \int \mathrm{d}V \rho \frac{\mathrm{d}\boldsymbol{v}}{\mathrm{d}t}. \tag{1.142}$$

这里 $\mathrm{d}\boldsymbol{v}/\mathrm{d}t$ 是局域加速度, ρ 是局域密度, 而 V 就是体积. 接着考虑一块小体积, 作用在其表面上的力由应力张量 $\mathit{\Pi}$ 给出, 则表面力 $\boldsymbol{F}_\mathrm{s}$ 为

$$\boldsymbol{F}_\mathrm{s} = \int \mathit{\Pi} \cdot \mathrm{d}S = \int (\nabla \cdot \mathit{\Pi})\,\mathrm{d}V, \tag{1.143}$$

这里利用了散度定理来把面积分转换成体积分. 于是单位体积上的合力为

$$(\nabla \cdot \Pi) + \rho \boldsymbol{f} = \rho \frac{\mathrm{d}\boldsymbol{v}}{\mathrm{d}t}, \tag{1.144}$$

其中 $\rho \boldsymbol{f}$ 是单位体积的外部体力 (如重力或电场), 与密度成线性关系. 应力张量的散度给出了速度不是常量时分子间存在内力的原因. 应力张量可以唯象地写成

$$\Pi = -p\boldsymbol{I} + \eta \nabla \boldsymbol{v}, \tag{1.145}$$

其中 p 为压强, η 为黏度, 而 $\boldsymbol{I}$ 是单位张量 (关于如何用此张量的对称分量来更精确地定义这些量, 请见参考文献 [6]). 压强与体系内单位体积的作用力相联系. 应力张量的散度为

$$\nabla \cdot \Pi = -\nabla p + \eta \nabla^2 \boldsymbol{v}. \tag{1.146}$$

因此力和压强的梯度及速度的二阶微商联系起来. 把方程 (1.140, 1.144, 1.146) 结合起来就得到关于流体中力平衡的著名的纳维 – 斯托克斯方程:

$$\rho \left[\frac{\partial \boldsymbol{v}}{\partial t} + (\boldsymbol{v} \cdot \nabla) \boldsymbol{v} \right] = -\nabla p + \eta \nabla^2 \boldsymbol{v} + \rho \boldsymbol{f}. \tag{1.147}$$

对于 ρ 为常数的不可压缩流体, 需要求解的变量为 $\boldsymbol{v}$ (3 个分量) 与 p (1 个变量). 有四个方程可用: 方程 (1.137) 以及 (1.147) 的三个分量方程. 对于可压缩流体, 必须有一个状态方程来把密度变化与压强联系起来. 如果是为了研究润湿与表面性质, 大多数简单流体都可以很好地近似成不可压缩流体.

1.6.4 边界条件

为了求解流体的压强与速度方程, 我们必须指明边界条件. 通常假设流体黏附在固体墙上, 因此对于固体表面上的点 $\boldsymbol{r}$, 有 $\boldsymbol{v}(\boldsymbol{r}, t) = 0$. (这个非滑移边界条件在微观长度尺度上可能不完全准确.) 另一个常用的重要边界条件是无穷远处的流动不受边界的扰动. 最后, 法向力和切向力在表面或界面处都是连续的. 作用在表面上的力与应力张量的法向分量相关联, 即方程 (1.143); 单位面积上力的第 i 个分量, $\boldsymbol{f}_\mathrm{s} = \partial \boldsymbol{F}_\mathrm{s} / \partial S$, 满足

$$f_{\mathrm{s},i} = \Pi_{ik} n_k = -p n_i + \eta \frac{\partial v_k}{\partial x_i} n_k, \tag{1.148}$$

这里重复指标 (k) 表示求和. 正比于黏度的项是表面上的摩擦力. 在自由表面上没有切向力或法向力:

$$\Pi_{ik} n_k = 0. \tag{1.149}$$

最后,运动边界条件其实就是对以下事实的重新陈述: 界面处的流体速度等于界面位置对时间的全微商. 利用前面讨论过的对流项来表示全微商,我们发现界面位置由矢量 $\boldsymbol{R}$ 描述, 满足

$$\frac{\partial \boldsymbol{R}}{\partial t}+(\boldsymbol{v}_{\mathrm{s}}\cdot\nabla)\boldsymbol{R}=\boldsymbol{v}_{\mathrm{s}}, \tag{1.150}$$

其中 v_{s} 为表面或界面处的速度. 此方程可用来把流体中的流体力学流与界面位置的运动相联系.

1.6.5 雷诺数 ($\boldsymbol{Re}$)

雷诺数可以量度惯性项相对于摩擦 (黏度) 项的重要性. 其定义为 $Re=(\ell v\rho)/\eta$, 其中 ℓ 是一个特征长度尺度. $Re\ll 1$ 描述的是高黏性流 (层流). 若 $Re\gg 1$ 则是惯性项绝对占优 (势流). 理想流体满足 $\eta=0$ 故仅表现为势流. 在表面和界面问题中重要的是靠近墙的地方,其速度下降为零,故重要的是低雷诺数的区域.

1.6.6 处于定常态中的层流

当体系近似处于定常态而速度很小时,可以忽略方程 (1.147) 中的 $(\boldsymbol{v}\cdot\nabla)\boldsymbol{v}$ 项并假定为不可压缩流; 这叫做 "蠕变流". 在此极限下定常态 (其中惯性项 $\partial\boldsymbol{v}/\partial t$ 可以扔掉) 的速度场满足下式:

$$\eta\nabla^2\boldsymbol{v}=\nabla p. \tag{1.151}$$

1.6.7 例子: 通过管道的泊肃叶流

处于平衡时, 体系中的压强是均匀的; 故没有净力. 而体系中存在压强梯度就意味着体系未处于平衡——即有一个非零的速度 (见图 1.13). 因此可以说压强梯度引起流动. 关于此现象的一个特别简单例子可以由两块固体平板之间区域中的流场给出, 其边界条件为非滑移. 这里, 对称性要求速度场仅有一个 $\hat{x}$ 方向的分量, 它可以随 $\hat{y}$ 方向的空间位置变化: $v_y=v_z=0$, 以及 $v_x=v_x(y)$. 压强仅随 $\hat{x}$ 方向坐标而变, $p=p(x)$. 在定常态速度场很小, 方程 (1.151) 变成

$$\eta\frac{\partial^2 v_x}{\partial y^2}=\frac{\partial p}{\partial x}. \tag{1.152}$$

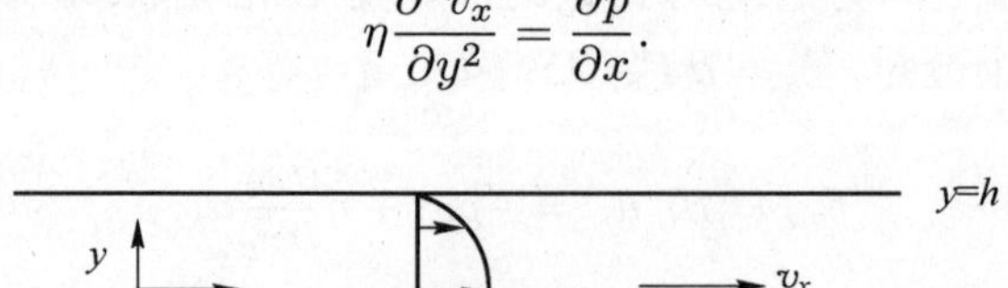

图 1.13 由压强梯度引起流经管道的流动. 在 $y=0,h$ 两处的墙上, 流体速度 $\boldsymbol{v}$ 为零.

由于其右边仅是 x 的函数, 而左边仅为 y 的函数, 所以方程 (1.152) 意味着每一边都是常数. 此常数由非滑移边界条件来确定: 在 $y=0$ 及 $y=h$ 两处 $v_x=0$. 作为压强梯度函数的速度解为

$$v_x=-\frac{1}{8\eta}\frac{\partial p}{\partial x}\left[h^2-4\left(y-\frac{1}{2}h\right)^2\right]. \tag{1.153}$$

速度分布形态是关于 y 的二次函数. 当压强梯度为负时速度 v_x 是正的; 这一点说明了如下事实: 如果在从 x 值小处向大处移动过程中压强减小, 则物质将沿着 $\hat{x}$ 正向流动.

1.6.8 例子: 剪切流

为了得到剪切流, 考虑在一个固定平面与另一个以给定速度运动的平面之间的流动, 如图 1.14 所示. 因此, 两面墙上的边界条件会给流体加上一个速度梯度. 这里, 我们取速度的边界条件为 $v(y=0)=0$ 以及 $v(y=h)=u$, 而 u 为常数. 压强梯度为零, 而 $\eta\dfrac{\partial^2 v_x}{\partial y^2}=0$. 方程 (1.152) 的解是线性流剖面, 其 $v_x=yu/h$.

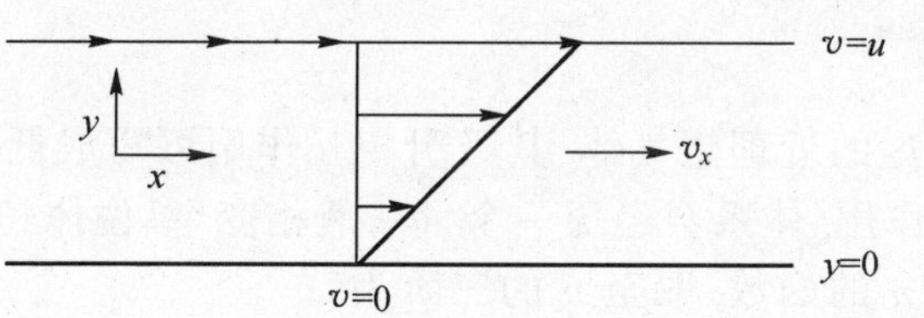

图 1.14 剪切流, 在 $y=0$ 处墙上的速度为零, 而在 $y=h$ 处墙上的速度固定为 $\boldsymbol{u}$.

1.6.9 例子: 具有自由表面的重力驱动流

在这里, 体力就是重力, $\boldsymbol{f}=\rho\boldsymbol{g}$. 在图 1.15 所示的参照系中, $\boldsymbol{g}$ 沿着平面的分量 (此方向定义为 $\hat{x}$ 方向) 为 $g\sin\alpha$, 故纳维 – 斯托克斯方程写成

$$\eta\frac{\partial^2 v_x}{\partial y^2}+\rho g\sin\alpha=0. \tag{1.154}$$

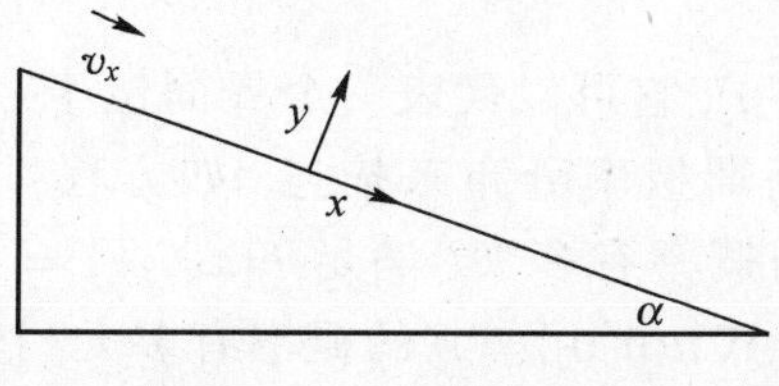

图 1.15 从倾角为 α 的斜面上往下的流.

在 $\hat{y}$ 方向没有流动, $v_y=0$, 压强梯度与重力平衡:

$$\frac{\partial p}{\partial y}=-\rho g\cos\alpha. \tag{1.155}$$

边界条件为: $y=0$ 处 $v_x=0$, 而位于 $y=h$ 处的自由表面上没有应力:

$$\varPi_{xy}=\eta\frac{\partial v_x}{\partial y}=0.$$

同时应力张量的 yy 分量是连续的, 故压强等于 $y=h$ 处的大气压 p_0. 关于速度和压强的解为

$$v_x=\frac{\rho g\sin\alpha}{2\eta}y(2h-y), \tag{1.156}$$

$$p=p_0+\rho g\cos\alpha(h-z). \tag{1.157}$$

这个处理方法没有把流体与衬底的相互作用考虑进去. 考虑润湿可以导致不寻常的表面轮廓以及流体力学不稳定性, 就像第 4 章中关于润湿动力学一节将要讨论的那样.

1.7 问题

1.7.1 近理想气体

考虑前面讨论过的近理想气体, 其吸引相互作用可写成低密度的展开式. 对于足够大的吸引作用, 体系会经历一个气 – 液相变. 单位体积自由能 f 的位力展开式作为密度 n 的函数, 取至 n 的三阶为

$$f=T\left[n(\log nv_0-1)+\frac{1}{2}an^2+\frac{1}{3}bn^3\right]. \tag{1.158}$$

系数 a 在前文中已讨论过, 而系数 b 可以通过自由能的更高阶展开得到. 把 a 当成一个可变的参数 (例如, 通过温度变化, 或通过化学势变化以改变微观相互作用), 并把 $b>0$ 看作固定的已知量, 计算发生相分离的临界密度 $n=n_{\rm c}$ 以及临界值 $a=a_{\rm c}$. 现在, 把自由能在临界点附近——即, $n\approx n_{\rm c}$ 及 $a\approx a_{\rm c}$ 处展开. 应用这种展开方法: (i) 证明在此展开式中, 三阶项为零. (ii) 气液两相共存时的密度为多少? (iii) 这些相处于平衡时的化学势为多少?

1.7.2 高斯概率分布

考虑涨落变量 $h(x,y)$, 它可以代表一个界面位于一给定平面上方的高度, 由其傅里叶变换式的高斯概率分布来描述, 如方程 (1.48). 那么, 变量满足 $h(x=0,y=0)=h_0$ 的概率有多大? 满足 $h(x_0,y_0)=0$ 的概率有多大? 满足 $h(x=0,y=0)=0$ 以及 $|\nabla h(0,0)|=\beta$ 的概率有多大? [注意: 只有在给出 $G(\boldsymbol{q})$ 的具体形式时, 所有这些概率才能表示成 $G(\boldsymbol{q})$ 的函数对 $\boldsymbol{q}$ 的求和.]

1.7.3 从球形粒子发出的散射

从无相互作用的有限尺寸胶体颗粒散射时, 散射强度退化为由各个颗粒散射的形状因子:

$$I(\boldsymbol{q}) = I_0 \langle n(\boldsymbol{q}) n(-\boldsymbol{q}) \rangle .$$

其中 $n(\boldsymbol{q})$ 是每个颗粒密度的傅里叶变换式. 对于从半径为 R 的球形胶体颗粒组成的无相互作用系统发出的散射, 推导其形状因子 $I(\boldsymbol{q})$ 的表达式.

假设散射强度仅来自于颗粒表面而非整体 (其与溶剂对比度匹配故无散射), 推导散射的表达式.

1.7.4 关联函数以及从聚合物发出的散射

推导出密度 – 密度关联函数的傅里叶变换表达式, 并由此求出从一个稀薄故无相互作用的聚合物体系发出的散射. 聚合物链由沿链各单体 s 的位置 $\boldsymbol{R}(s)$ 来描述. 对于一条具有 N 个单体的有限尺寸的链, 其一端为 $s=0$, 另一端为 $s=N$. 其密度与位置矢量的关系为

$$n(\boldsymbol{r}) = \int \mathrm{d}s \delta(\boldsymbol{r} - \boldsymbol{R}(s))$$

这样就计入了实空间位置 $\boldsymbol{r}$ 处的全部单体数. 为了计算关联函数, 我们可以利用高斯型无规行走应满足的关系式:

$$\left\langle (\boldsymbol{R}(s) - \boldsymbol{R}(s'))^2 \right\rangle = b^2 |s - s'|,$$

其中 b 是行走的步长. 还要用到一维高斯分布满足的关系式:

$$\left\langle \mathrm{e}^{\mathrm{i}qx} \right\rangle = \mathrm{e}^{-q^2 \left\langle |x|^2 \right\rangle /2}.$$

1.7.5 双节与失稳

对于二分量混合物, 推导其平均场自由能在临界点 (ϕ_c, T_c) 附近的朗道展开式, 临界点可通过自由能对 ϕ 的二阶与三阶微商皆为零来确定. 对此展开式求出双节曲线 (即 ϕ, T 平面中的共存曲线) 以及失稳界线.

对于聚合物溶液, 求出其临界成分及临界温度, 并说明这些量对聚合物分子量的依赖关系如何.

1.7.6 一级相变

在研究诸如凝固、磁性和其他有序 – 无序现象的相变时, 序参量可以是一个不守恒量, 通过对亥姆霍兹自由能求极小值, 很容易确定其处于平衡态的值. 考虑以下形式的亥姆霍兹自由能:

$$f = -\frac{\epsilon}{2}\eta^2 + \frac{b}{3}\eta^3 + \frac{c}{4}\eta^4 + ..., \tag{1.159}$$

其中 η 是序参量, b 为非零值, 而 $c > 0$. 把 f 对 η 求极小值, 就可以求出序参量作为 ϵ 的函数. 指出使得序参量从 $\eta = 0$ 跳到有限值的 ϵ 值.

1.7.7 绕转表面

表面的位置由

$$\boldsymbol{r} = g(u)\cos v\hat{x} + g(u)\sin v\hat{y} + f(u)\hat{z} \tag{1.160}$$

确定. 求出其切向矢量、法线及面元. 证明: 如果 $g(u) = u$ 及 $f(u) = u\cot\alpha$, 这就代表一个角度为 α 的锥体.

1.7.8 体积与表面积之间的关系

假定物体表面是闭合的, 推导其体积作为表面积与法线函数的表达式. [提示: 利用关系式 $\nabla\cdot\boldsymbol{r} = 3$ 以及散度定理.]

1.7.9 隐式表示中的曲率

利用表面的蒙日表示以及表面的隐式表示中的平均曲率与高斯曲率公式, 如方程 (1.105, 1.106), 推导由表面高度 $h(x,y)$ 的各微商表示的 H 和 K 表达式.

1.7.10 平行表面

把一个表面的法线平移距离 δ 而得到其平行表面, 推导这两个表面的面积元与曲率之间的关系:

$$\mathrm{d}A' = \mathrm{d}A[1 + 2H\,\delta + K\delta^2], \tag{1.161}$$

$$H' = \frac{H + K\delta}{1 + 2H\delta + K\delta^2}, \tag{1.162}$$

$$K' = \frac{K}{1 + 2H\delta + K\delta^2}. \tag{1.163}$$

1.8 参考文献

1. L. D. Landau and E. M. Lifshitz, *Statistical Physics*, 3rd Edition, revised and enlarged by E. M. Lifshitz and L. P. Pitaevskii (Pergamon, New York, 1980).
2. S. K. Ma, *Statistical Mechanics* (World Scientific, Philadelphia, 1985).
3. M. Toda, R. Kubo, and N. Saito, *Statistical Physics I* (Springer-Verlag, New York, 1982).
4. P. M. Chaikin and T. C. Lubensky, *Principles of Condensed Matter Physics* (Oxford Press, Oxford) in press.
5. Vector methods are discussed by C. E. Weatherburn, *Differential Geometry of Three Dimensions* (Cambridge University Press, Cambridge, 1939).
6. L. D. Landau and E. M. Lifshitz, *Fluid Mechanics* (Pergamon, New York, 1982).
7. A. W. Adamson, *Physical Chemistry of Surfaces* (Wiley, New York, 1990).

8. C. A. Miller and P. Neogi, *Interfacial Phenomena* (Marcel Dekker, New York, 1985).

9. R. D. Vold and M. J. Vold, *Colloid and Interface Chemistry* (Addison-Wesley, Reading, MA, 1983).

10. W. B. Russel, D. A. Saville, and W. R. Schowalter, *Colloidal Dispersions* (Cambridge University Press, Cambridge, 1989).

11. P. G. de Gennes, *Scaling Concepts in Polymer Physics* (Cornell University Press, Ithaca, New York, 1979).

12. M. Doi and S. F. Edwards, *Theory of Polymer Dynamics* (Oxford University Press, Oxford, 1988).

13. For an up-to-date survey of current research in surfactant science, refer to the series *Surfactants in Solution*, ed. K. Mittal (Plenum, New York); Volumes 1-11 have been published.

14. For a recent survey of the physics of amphiphilic systems, see *Physics of Amphiphilic Layers*, eds. J. Meunier, D. Langevin, and N. Boccara (Springer-Verlag, New York, 1987).

15. An up-to-date treatment of self-assembly can be found in *Micelles, Microemulsions, Membranes and Monolayers*, eds. W. Gelbart, A. Ben-Shaul, and D. Roux (Springer-Verlag, New York, in press).

16. For a survey of several areas in complex fluids see *Physics of Complex and Supermolecular Fluids*, eds. S. A. Safran and N. A. Clark (Wiley, New York, 1987), *Structure and Dynamics of Strongly Interacting Colloids and Supramolecular Aggregates in Solution*, eds. S. Chen, J. S. Huang, and P. Tartaglia (Kluwer, Boston, 1992).

17. D. Nelson, T. Piran, and S. Weinberg, *Statistical Mechanics of Membranes and Surfaces* (World Scientific, Teaneck, NJ, 1989).

18. J. N. Israelachvili, *Intermolecular and Surface Forces* (Academic Press, New York, 1992).

19. A. Halperin, M. Tirrell, and T. P. Lodge, *Adv. Polymer Sci.*, **100**, 31 (1991).

20. D. Lasic, *American Scientist* **80**, 20 (1992).

21. C. A. Croxton, *Statistical Mechanics of the Liquid Surface* (Wiley, New York, 1980); J. P. Hansen and I. R. McDonald, *Theory of Simple Liquids* (Academic Press, New York, 1990).

22. D. Forster, *Hydrodynamic Fluctuations, Broken Symmetry and Correlation Functions* (Benjamin (Addison-Wesley), Reading, MA, 1975).

23. Light scattering in complex fluids is discussed in *Light Scattering in Liquids and*

Macromolecular Solutions, eds. V. Degiorgio, M. Corti, and M. Giglio (Plenum, New York, 1980).

24. S. K. Ma, *Modern Theory of Critical Phenomena* (Benjamin (Addison-Wesley), Reading, MA, 1976); N. Goldenfeld, *Lectures on Phase Transitions and the Renormalization Group* (Addison-Wesley, Reading, MA, 1992).
25. P. J. Flory, *Principles of Polymer Chemistry* (Cornell University Press, Ithaca, New York, 1953).
26. F. M. Stein, *Introduction to Matrices and Determinants* (Wadsworth, Belmont, CA, 1967), ch. 6.
27. G. Arfken, *Mathematical Methods for Physicists* (Academic Press, New York, 1985).

第 2 章

界面张力

2.1 引言

有一种发展新材料的方法是着重于在分子水平上混合不同成分. 对此类混合物的研究包含了化学以及与微观相互作用有关的统计力学. 而另一种方法则是在介观尺度上 (即几十至几百 Å) 把材料结合起来; 对于固体, 这类混合物称为**复合材料**, 而对于液体, 则称其为悬浮液. 尽管其中大多数分子的局域环境仍为纯净的体成分, 但体系的宏观性质已经大大改变了. 要了解这种材料设计方法所包含的过程, 需要知道两种成分间界面的物理. 有时候, 我们并不想制作体悬浮液或复合材料, 而是要通过吸附另一种成分的单层或多层来改变一个给定材料的表面. 对此过程的理解包括表面物理——其结构和可能的相变——以及吸附的统计力学. 我们将用**表面**这个术语来指液体或固体与其处于平衡的蒸气 (或者当蒸气足够稀薄时, 即为真空) 之间的边界, 而用**界面**这个术语来指两种不同固体或液体之间的边界. 应注意到, 两种成分间的界面常常并不是存在于它们之间的一个尖锐的跃变; 通常界面的宽度至少为一个分子厚度. 在本章中, 我们考虑处于平衡的两个共存相之间的一个模型界面. 我们讨论界面张力的概念, 对于由一个相越过界面来到另一个相的过程, 计算其自由能与成分分布的形态. 我们还要讨论界面活性成分的存在会如何改变张力. 对于那些在两相之间表现出相当尖锐相变的剖面, 界面和表面是准二维的, 而且其物理性质常常会反映出此维数降低的效应 (如下一章将要讨论的, 相对大的热涨落使得界面或表面粗糙化).

2.2 表面和界面的自由能

2.2.1 表面或界面张力

把分子从体内移出并在两个共存相之间产生界面所需的每单位面积额

外自由能称为**表面或界面张力**[1], γ, 它具有单位面积能量 (erg/cm^2), 或是单位长度力 (dynes/cm) 的量纲. 分子在表面或界面上的能量和熵与在体内是不同的, 至少来说, 把分子限制在界面上, 则熵会减少. 对表面张力的力学解释为, 它是压强的二维类比, 是平行于界面的、单位长度上的力. 界面张力的典型值为, 水 – 蒸气: $\gamma \approx 73$ dynes/cm, 水 – 油: $\gamma \approx 57$ dynes/cm, 汞 – 水: $\gamma \approx 415$ dynes/cm.

2.2.2 例子: 对界面张力的量纲估计

估算界面张力的一个实用方法 (基于将要描述的计算) 为, 界面张力是把一个特征能量除以与界面区域尺寸有关的一个特征面积. 对于简单流体, 此能量在本质上源于熵并具有温度 T 的数量级. 若界面为微观尺寸, 如 3Å, 则 $\gamma \approx 40$ dynes/cm, 可与典型的水 – 油界面张力相比拟. 另一方面, 对于复杂流体, 相关的能量尺度仍然是 T 的量级 (例如, 与把一个粒子限制在界面上的熵减少有关, 是一个不依赖于粒子尺寸的数值), 但界面宽度可能比分子尺寸大得多. 例如, 当界面宽度为 100 Å, 则界面张力为 $\gamma \approx 0.04$ dynes/cm, 就是说, 当尺寸增大约 30 倍, 则张力减少 3 个数量级. 这种对尺寸的敏感性来源于 γ 对界面宽度平方的依赖关系, 如本章所示.

一个稳定二相体系的界面张力总是正的, 否则这两个相就会自发地混合在一起, 因为随着越来越多的界面被制造出来, 自由能将会降低. 所以, 在发生相分离的临界点附近, 两个共存相变得不可分辨, 我们会预期此两相之间的表面张力消失. 如果往一个具有相分离倾向的二分量混合物中加入第三种界面活性成分, 也会导致一个有效的负张力 (与第三种成分的化学势有关), 从而使两种成分自发地形成悬浮液, 其内部界面的数量与界面活性成分的数量相联系. 此类体系将在第 8 章中描述.

2.2.3 拉普拉斯压强

考虑一个弯曲界面, 其两侧 (比如液体与其蒸气处于平衡) 的压强不同, 如图 2.1 所示. 其自由能为

$$F = \gamma \int \mathrm{d}A - p \int \mathrm{d}V, \tag{2.1}$$

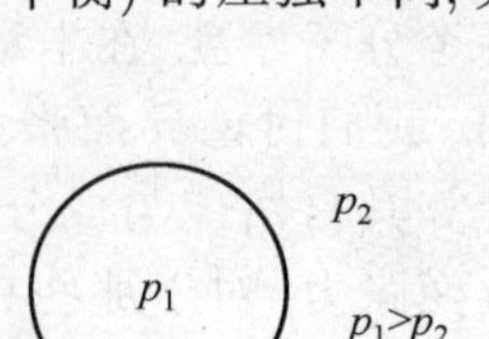

图 2.1 拉普拉斯压强维持着一个球形界面处于平衡.

其中 $\mathrm{d}A$ 为表面积元, $\mathrm{d}V$ 为体积元, 而 p 是压强 (即保持物质守恒的拉格朗日乘子). 因为气相非常稀薄, 为简单起见, 可取气相中的 p 小到可以忽略. 想象把平面沿着其法线方向移动一个量 δ. 然后利用平行平面的结果 (对于球, 取平均曲率 H 为负):

$$\mathrm{d}A(\delta) = \mathrm{d}A(0)(1 - 2\delta H + \delta^2 K), \tag{2.2}$$

以及关系式

$$dV(\delta) = dV(0) + \delta\, dA(0), \tag{2.3}$$

我们可以证明自由能取至 δ 一阶项的变化为

$$F(\delta) - F(0) = \delta \int dA(0)\, [-2\gamma H - p]. \tag{2.4}$$

在平衡时, 自由能关于界面位置的变分是定态的; 因此我们要求 $dF/d\delta = 0$. 这就给出关于 $\Delta p = p_1 - p_2$ 的普遍表达式:

$$\Delta p = -2\gamma H, \tag{2.5}$$

即把跨越界面两侧的压强差与界面曲率联系起来. 于是, 为了维持一个弯曲界面, 内侧的压强必须超过外侧的. 当然, 对于一个固定体积 (可以应用于我们所考虑的不可压缩二分量体系), 球形具有最小表面积以及最低表面能, 所以是平衡形状.

2.2.4 固体的表面张力

对于固体, 其表面张力是*各向异性的*——对不同晶面是不同的, 由它们的法线确定 $\hat{n}$: $\gamma = \gamma(\hat{n})$. 处于平衡的晶体形状不是球形, 而是由伍尔夫作图法来确定 (证明见参考文献 [2]):

$$(\boldsymbol{r} \cdot \hat{n}) = \lambda \gamma(\hat{n}), \tag{2.6}$$

其中 λ 是类似于压强的常数 (保持体积不变的拉格朗日乘子). 给定 $\gamma(\hat{n})$, 画出满足上述准则的矢量 $\boldsymbol{r}$, 就可以得到在绝对零度时处于平衡的晶体形状, 而 $\boldsymbol{r} \cdot \hat{n}$ 是从原点出发到表面上 $\boldsymbol{r}$ 点处切平面的垂直距离. 如果表面张力是各向同性的, 这就是球的方程.

2.3 表面/界面张力理论

2.3.1 界面形态

表面或界面张力是使界面得以形成的自由能, 因为除了界面之外, 体系各处都是均匀的. 在由 “A” 和 “B” 分子组成的二分量混合物 (或伊辛模型) 中, 可以想象体系由半空间的一个相 (如 “A” 富相) 与另半个空间的另一个相 (如 “B” 富相) 共存. 平衡成分由共存曲线给出 (见第 1 章), 而这两种成分代表了总成分固定的体系最小自由能状态. 从 “A” 富相到 “B” 富相的转变范围必然对应着较高能量, 因为从 “A” 富相到 “B” 富相的过程中必须越过高于体相的自由能对应的成分. 因此, 使成分形成一个光滑界面形态所需的自由能值就与表面张力联系起来. 为了定量地理解此效应, 即使从无规混合或平均场 (即忽略热涨落) 的意义上, 也必须超越第 1 章中的简单处理方法, 而考虑非均匀体系的物理, 以推导出空间分布形态及相应的自由能. 困难之一是, 在关于二分量的简单格气模型中, 微观成分变量是离散的: $s_i = 0, 1$. 然而, 我们关于成分分布形态的直觉则要求成分从 "A" 富相 (如 $\phi = \langle s_i \rangle$ 很小) 连续地转变到 "B" 富相 (如 $\phi \sim 1$). 因此, 我们用变分方法建立起把序参量对空间依赖性考虑在内的平均场理论. 这种方法 (在后面的章节中还会用到) 可用于计算界面形态与张力.

2.3.2 变分方法

考虑一个由精确哈密顿量 H 描述的体系. 由第 1 章我们知道, 体系的精确概率分布 P 由玻尔兹曼因子 $P \sim \mathrm{e}^{-H/T}$ 给出; 这来源于对以概率分布 P 为参量的总自由能取极小值:

$$\tilde{F} = T \int \mathrm{d}\Lambda P \log P + \int \mathrm{d}\Lambda P H, \tag{2.7}$$

其中 $\tilde{F}$ 是精确的自由能, 而 Λ 代表体系的相空间. 对于真实玻尔兹曼权重以及自由能的变分近似可以通过如下方法来得到: 考虑一个由哈密顿量 H_0 描述的模型体系 (H_0 包含几个参数), 并求方程 (2.7) 对这几个参数的极小值. 于是, 自由能由

$$F = T \int \mathrm{d}\Lambda P_0 \log P_0 + \int \mathrm{d}\Lambda P_0 H \tag{2.8}$$

近似得到, 其中 $P_0 \sim \mathrm{e}^{-H_0/T}$. 事实上, 如下所述, 具有哈密顿量 H 的体系的精确自由能 $\tilde{F}$ 满足不等式:

$$\tilde{F} < F = F_0 + \langle H - H_0 \rangle_0 , \tag{2.9}$$

其中 F_0 是模型体系的自由能, 而平均值 ($\langle \cdots \rangle_0$) 是对模型哈密顿量的玻尔兹曼因子 $\mathrm{e}^{-H_0/T}$ 取的. 因此, 如果选择 H_0 为含若干未知参数的一个给定泛函形式, 那么通过把方程 (2.8) 中定义的 F 对这些参数求极小值, 就可以推导出自由能的近似形式, 从而得到关于 $\tilde{F}$ 的最低上界[3].

2.3.3 例子: 变分法的证明

对方程 (2.9) 的证明可以从考虑自由度的两个非负分布函数 $\tilde{P}(\boldsymbol{r})$ 和 $P_0(\boldsymbol{r})$ 开始[3], 其中我们把自由度用 N 维矢量 $\boldsymbol{r}$ ($\boldsymbol{r}$ 不一定是空间坐标) 来标记. 同样地, 我们把对自由度求和用泛函积分 $\int \mathrm{d}\boldsymbol{r}$ 来标记. 把分布函数归一化, 即

$$\int \mathrm{d}\boldsymbol{r} P_0(\boldsymbol{r}) = \int \mathrm{d}\boldsymbol{r} \tilde{P}(\boldsymbol{r}) = 1. \tag{2.10}$$

于是这两个分布函数满足不等式

$$\int \mathrm{d}\boldsymbol{r} P_0(\boldsymbol{r}) \log P_0(\boldsymbol{r}) \geqslant \int \mathrm{d}\boldsymbol{r} P_0(\boldsymbol{r}) \log \tilde{P}(\boldsymbol{r}). \tag{2.11}$$

这个可以通过如下关系式

$$\int \mathrm{d}\boldsymbol{r} P_0(\boldsymbol{r}) \log \left[\frac{P_0(\boldsymbol{r})}{\tilde{P}(\boldsymbol{r})}\right] \geqslant 0 \tag{2.12}$$

来证明, 因为此方程能被改写成

$$\int \mathrm{d}\boldsymbol{r} \tilde{P}(\boldsymbol{r}) \left[V \log V - V + 1\right] \geqslant 0, \tag{2.13}$$

其中 $V = P_0(\boldsymbol{r})/\tilde{P}(\boldsymbol{r})$. 由定义可知 $\tilde{P} \geqslant 0$, 而且对 $x > 0$ 的任意值都有 $x \log x \geqslant (x-1)$, 所以上式成立.

如果选择归一化的分布函数:

$$P_0 = \mathrm{e}^{\frac{(F_0 - H_0)}{T}}, \tag{2.14a}$$

$$\tilde{P} = \mathrm{e}^{\frac{(F - H)}{T}}, \tag{2.14b}$$

则由方程 (2.11) 就可以看出方程 (2.9) 成立, 其中

$$F_0 = -T \log \int \mathrm{d}\boldsymbol{r}\, \mathrm{e}^{-H_0/T}, \tag{2.15}$$

$$\langle H - H_0 \rangle_0 = \int \mathrm{d}\boldsymbol{r} (H - H_0) P_0 = \int \mathrm{d}\boldsymbol{r} (H - H_0)\, \mathrm{e}^{\frac{(F_0 - H_0)}{T}}. \tag{2.16}$$

2.3.4 二分量混合物: 变分近似

为了理解一个包含两个共存相的体系成分分布与界面自由能, 我们必须考虑体系成分不均匀的情形——即 $\phi(\boldsymbol{r})$ 随空间位置而变化. 例如, 当体系中成分为 ϕ_1 与 ϕ_2 的两相之间处于体平衡, 我们可以研究成分渐近地趋于 ϕ_1 (当 $z \to -\infty$) 与 ϕ_2 (当 $z \to \infty$) 的情形; 而界面位于这两个区域中间的某处. 第 1 章中描述的简单无规混合程序不再适于描述成分的空间变分, 所以我们利用上面描述的变分程序来推导出具有不均匀成分的二分量混合物的自由能表达式. 我们从一个二分量体系的格气模型开始 [见第 1 章, 方程 (1.62)], 为简单起见, 仅考虑不同成分之间的二体相互作用. 精确体系的哈密顿量 H 写成位点 i 处的局域成分变量 s_i 的函数, 这里 $s_i = 0$ 代表存在 "A" 类, 而 $s_i = 1$ 代表存在 "B" 类. 于是我们有

$$H = \frac{1}{2} \sum_{ij} J_{ij} s_i (1 - s_j), \tag{2.17}$$

其中 J_{ij} 是两种成分之间的净相互作用 (符号的取法为: 当 $J_{ij} > 0$ 时会得到相分离). 由于位点之间的耦合, 此哈密顿量的配分函数难以算出. 我们取模型哈密顿量 H_0 为一仅是单个位点变量的函数:

$$H_0 = \sum_i T\beta_i s_i, \tag{2.18}$$

这里为了方便而把 T 的系数因子放到 β_i 的定义里. 利用方程 (2.9) 可以确定各参数 β_i, 并推导出关于精确自由能 $\tilde{F}$ 的上界 F, 接着 (在平均成分固定的约束条件下) 求 F 对各参数 β_i 的极小值来确定最低上界, 并在变分法的框架内给出最好的估计. 前面所描述的对所有自由度积分 $\int \mathrm{d}\boldsymbol{p}\,\mathrm{d}\boldsymbol{q}$, 在这里写成 $\Pi_i \sum\limits_{s_i=1,0}$ (即, 先对各位点 i 的两个可能值 $s_i = 0, 1$ 求和, 再对所有位点 i 取乘积). 注意, 由于加在各成分上的边界条件不同, 局域平均成分以至各参数 β_i 都可能在空间发生变化. 这就是含表面或界面体系的情形.

模型体系的自由能 F_0 由

$$F_0 = -T\log Z_0, \tag{2.19}$$

$$Z_0 = \Pi_i \sum_{s_i=1,0} \mathrm{e}^{-\beta_i s_i} = \Pi_i \frac{1}{1-\phi_i} \tag{2.20}$$

给出, 其中 $\phi_i = (1+\mathrm{e}^{\beta_i})^{-1}$. 取对于 $P_0 = \mathrm{e}^{(F_0-H_0)/T}$ 的平均, 可以证明 $\phi_i = \langle s_i \rangle_0$; ϕ_i 为由 H_0 和 P_0 描述的系综中局域浓度变量 s_i 的平衡态平均值. 由于其为平均值, ϕ_i 可以从 0 连续地变到 1, 这对于含界面体系构建一个连续密度分布形态很有用. 通过类似的计算可推出

$$\langle H - H_0 \rangle_0 = \frac{1}{2}\sum_{ij} J_{ij}\phi_i(1-\phi_j) - T\sum_i \beta_i\phi_i. \tag{2.21}$$

把方程 (2.19, 2.21) 代入方程 (2.9) 中, 我们得到精确自由能的上界为

$$F = \sum_i \left[T\left\{(1-\phi_i)\log(1-\phi_i) + \phi_i\log\phi_i\right\}\right] + \frac{1}{2}\sum_{ij} J_{ij}\phi_i(1-\phi_j). \tag{2.22}$$

这与无规混合近似下均匀体系的自由能具有相同形式; 方程 (2.22) 把此结果推广到成分不均匀的体系, 即 ϕ_i 的局域值可在空间变化. 现在把 ϕ_i 看作变分参数, 考虑边界条件以及总成分保持固定的约束条件, 把 F 对 ϕ_i 求极小值 (即, 实际上是求 $G = F - \sum_i \mu\phi_i$ 的极小值). 对于含一个表面或界面的体系, 边界条件意味着所有 ϕ_i 不是全同的, 而极小化将确定**成分分布的形态**. 对于实际问题, 在连续限下可以最有效地实现这些做法, 因为由方程 (2.22) 极小化得到的有限差分方程能够写成微分方程的形式.

2.3.5 连续限

由于

$$J_{ij}\phi_i(1-\phi_j)=\frac{1}{2}J_{ij}\left[(\phi_i-\phi_j)^2-\phi_i^2-\phi_j^2+2\phi_i\right], \tag{2.23}$$

我们可以得到方程 (2.22) 的连续限. 回顾一下单位体积自由能 (而不是单个位点自由能) 的连续记号, 我们能够把差值 $\phi_i-\phi_j$ 转换成梯度. 此梯度的精确形式依赖于耦合矩阵 J_{ij}. 对于短程的最近邻相互作用情形, 可以写出

$$(\phi_i-\phi_j)\to a\nabla\phi, \tag{2.24}$$

其中 a 是最近邻之间的距离. 于是我们得到方程 (2.22) 的连续形式, 其 $\phi_i\to\phi(\boldsymbol{r})$ 为成分的局域值, 而总自由能由

$$F=\int \mathrm{d}\boldsymbol{r}\left[f_0[\phi(\boldsymbol{r})]+\frac{1}{2}B|\nabla\phi(\boldsymbol{r})|^2\right] \tag{2.25}$$

给出, 这里 $B=J/(2a)$, 而 $J=\sum_j J_{ij}$. 单位体积自由能的非线性局域部分 f_0 为

$$f_0[\phi]=\frac{1}{a^3}\left(T\left[\phi\log\phi+(1-\phi)\log(1-\phi)\right]+\frac{J}{2}\phi(1-\phi)\right). \tag{2.26}$$

对于均匀体系, 此项就是对单位体积自由能的唯一贡献; 而对于非均匀体系, 可以用 $\phi(\boldsymbol{r})$ 的局域值来算出 f_0.

因此, 连续限下的变分处理方法能够给出自由能作为局域平均成分 $\phi(\boldsymbol{r})$ 的泛函 (包括函数与梯度). 为了继续求出 $\phi(\boldsymbol{r})$ 的空间变分, 我们必须在适当的边界条件下求 F 对 $\phi(\boldsymbol{r})$ 的泛函极小. 由前面给出的 f_0 形式, 无法得到这些方程的简单解析解. 然而, 在成分接近于临界成分 $\phi=1/2$ 的极限下, 我们可以把方程 (2.26) 对 $\psi=\phi-1/2$ 作展开, 从而得到

$$f_0\approx\frac{1}{a^3}\left[T\left(2\psi^2+\frac{4\psi^4}{3}-\log 2\right)+\frac{J}{2}(1/4-\psi^2)\right]. \tag{2.27}$$

梯度项具有与前面相同的形式, 只是用 $\nabla\psi$ 代替了 $\nabla\phi$, 因为 ϕ 和 ψ 只相差一个常数. 运用方程 (2.27) 中的近似, 可以写出:

$$F=\int \mathrm{d}\boldsymbol{r}\left[-\frac{\epsilon}{2}\psi(\boldsymbol{r})^2+\frac{1}{4}c\psi(\boldsymbol{r})^4+\frac{B}{2}|\nabla\psi(\boldsymbol{r})|^2\right], \tag{2.28}$$

这里已经把常数项扔掉, 并且忽略了 $\phi(\boldsymbol{r})$ 中的线性项, 因为它们已经被放入化学势中, 以保持平均成分守恒 (即 $\int \mathrm{d}\boldsymbol{r}\phi(\boldsymbol{r})$ 为固定值). 上式中系数与各微观参数的联系为: $B=J/(2a)$, $\epsilon=(J-4T)/a^3$, 以及 $c=16T/(3a^3)$. 特别地, 在临界点由于 $T_{\mathrm{c}}=J/4$ 故 ϵ 为零; 这与第 1 章讨论中得到的值相同. 此自由能展开式中包括梯度项, 称为*金兹堡–朗道展开*.

2.3.6 自由能极小化

为了得到一个含界面体系的成分, 必须把方程 (2.28) 表示的亥姆霍兹自由能 F 极小化——例如, 我们要找的解应满足: 在 $z \to \infty$ 处成分等于体平衡值之一 (如第 1 章中所标记的 ϕ_1), 而在 $z \to -\infty$ 处成分等于其共存相的成分值 ϕ_2. 然而, 计算此极小值时必须附加如下约束条件: 对两个共存相取平均后的成分是固定的. 这可以通过考虑第 1 章中描述过的巨热力学势 G 来实现. 在平均成分等于临界成分的情形, 来源于化学势的附加项为零, 故 $F = G$. 于是我们考虑此简单情形, 寻找使得亥姆霍兹自由能 F 取泛函极小的解. 我们可以确切地证明, 下面推导出的解能够保证平均成分等于其临界值——即 $\int \mathrm{d}\boldsymbol{r}\psi(\boldsymbol{r}) = 0$.

为了求近似自由能 (2.28) 式的极小, 我们利用变分微积分的结果[4], 把泛函 F (即随空间变化函数 $\psi(\boldsymbol{r})$ 的积分) 对函数 $\psi(\boldsymbol{r})$ 的所有可能变分求极小. 我们写出:

$$F = \int \mathrm{d}\boldsymbol{r} f\left[\psi(\boldsymbol{r}), \nabla\psi\right]. \tag{2.29}$$

而使得 F 取极小的函数 $\psi(\boldsymbol{r})$ 由下式确定:

$$\frac{\delta F}{\delta\psi(\boldsymbol{r})} = \frac{\partial f}{\partial\psi} - \frac{\partial}{\partial r_i}\frac{\partial f}{\partial\psi_{r_i}} = 0, \tag{2.30}$$

其中 $\psi_{r_i} = \partial\psi/\partial r_i$. 在方程 (2.30) 中我们对重复指标 i 求和, 而 $\boldsymbol{r}_i = (x, y, z)$. 结果得到方程:

$$-\epsilon\psi + c\psi^3 - B\nabla^2\psi = 0, \tag{2.31}$$

其边界条件为: 在远离界面处体系是均匀的. 我们预计, 两相的成分在远离界面处取其平衡值. 在现有的近似中, $\psi = \phi - 1/2$ 很小, 故这些值由

$$\psi_0 = \pm\sqrt{\frac{\epsilon}{c}} \tag{2.32}$$

给出.

2.3.7 界面形态

考虑一维浓度变量 $\psi(z)$, 其边界条件为: 在 $z = \pm\infty$ 处 $\mathrm{d}\psi/\mathrm{d}z = 0$, 以保证在这些极限下体系处于平衡相. 于是其解为

$$\psi(z) = \sqrt{\frac{\epsilon}{c}}\tanh\frac{z}{\xi}, \tag{2.33}$$

这里界面区域的宽度由 $\xi = \sqrt{2B/\epsilon}$ 给出, 此即体关联长度, 在 $\epsilon \to 0$ 或 $T \to T_{\mathrm{c}}$ 时发散. 因此, 对于 $z \to \pm\infty$ 情形, ϕ 趋于其平衡态的均匀值 $\pm\sqrt{\epsilon/c}$, 如图 2.2

中所示. 界面区域宽度正比于 $1/\sqrt{\epsilon}$, 故当体系趋近于临界点 $(\epsilon \to 0)$ 时界面宽度发散. 为了得到表面张力或界面张力, 我们把这个解代回到单位面积自由能中, 并减去体相 (即 ϕ 为常数) 的单位面积自由能. 于是:

$$\gamma = \int_{-\infty}^{\infty} \mathrm{d}z \left(f_0[\psi(z)] - f_0[\psi_0] + \frac{1}{2}B\psi_z^2 \right), \tag{2.34}$$

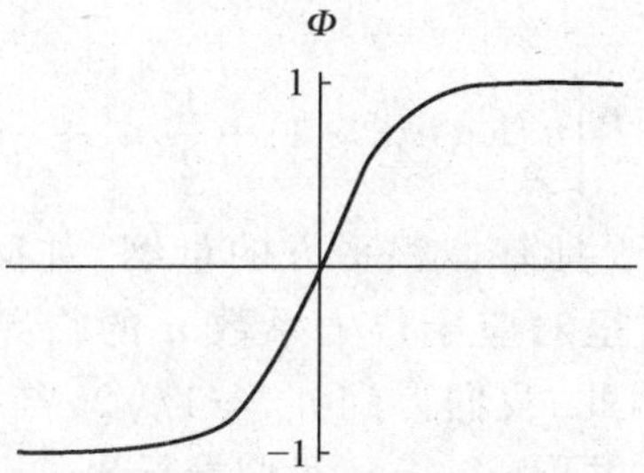

图 2.2 界面形态, 其中 Φ 等于序参量 ψ 由其体值 ψ_0 标度的值, 而 $u = z/\xi$ 为体关联长度. 以 $u = 0$ 为中心的界面区域宽度由 ξ 标度.

这里 f_0 为方程 (2.27) 中定义的单位体积局域自由能, $\psi_z = \partial\psi/\partial z$, 而 ψ_0 是方程 (2.32) 中的体平衡序参量. 含一个界面的非均匀体系自由能与均匀体系自由能不同, 其来源为: (i) 体自由能项不同; (ii) 存在梯度能量项. 为了简化计算, 注意到当正、负无穷远处 (其 $\psi = \psi_0$) 边界条件为 $\mathrm{d}\psi/\mathrm{d}z = 0$ 时, 方程 (2.31) 的一维积分意味着

$$f_0[\psi(z)] - f_0[\psi_0] = \frac{1}{2}B\psi_z^2. \tag{2.35}$$

因此方程 (2.34) 变成

$$\gamma = B\int_{-\infty}^{\infty} \mathrm{d}z\psi_z^2. \tag{2.36}$$

于是, 产生一个界面的自由能值可以用梯度能量项 (它显然与界面引起的体自由能变化保持平衡) 表示. 对于由方程 (2.33) 给出的分布形态, 这将导致界面张力

$$\gamma = \frac{J(T_\mathrm{c} - T)}{2Ta\xi}, \tag{2.37}$$

在 $T \to T_\mathrm{c}$ 时为零, 因为此时两个共存相变为全同. 注意, 在此平均场理论中, 由于关联长度 $\xi \sim 1/\sqrt{T_\mathrm{c} - T}$, 故表面张力以 $\sqrt{(T_\mathrm{c} - T)^3}$ 的形式趋于零.

2.3.8 例子: 气 – 液界面

虽然方程 (2.28) 是在临界成分为 1/2 的二分量体系格气 (伊辛) 模型框架内推导出的, 但我们可以对它进行重新解释, 以用于广义的液 – 气体系. 由非理想气体的位力展开推导出此式, 并且, 若一个局域密度为 n 的体系其单位体

积的巨热力学势为 $g(n)$, 而与其共存的体气体或液体系统的单位体积巨热力学势为 g_b (液体和气体的巨热力学势相等), 证明两者之差为如下形式:

$$g(n) - g_b = g_0(n - n_\ell)^2(n - n_v)^2, \tag{2.38}$$

其中 n_ℓ 和 n_v 是处于平衡的液体和气体 (蒸气) 密度, 而 g_0 为常数.

我们考虑对第 1 章中讨论过的非理想气体单位体积亥姆霍兹自由能 f 作位力展开:

$$f(n) = T\left[n(\log nv_0 - 1) + \frac{1}{2}an^2 + \frac{1}{3}bn^3\right], \tag{2.39}$$

其中 a 具有体积的量纲, b 具有体积平方的量纲. 如同第 1 章中讨论的那样, 密度和温度的临界值 (这里对应于位力系数 a 的临界值) 定义为 $\partial^2 f/\partial n^2 = \partial^3 f/\partial n^3 = 0$ 处的密度. 因此, 我们得到 $n_{\mathrm{c}} = 1/\sqrt{2b}$ 与 $a_{\mathrm{c}} = -2\sqrt{2b}$. 现在把自由能在 $n = n_{\mathrm{c}}$ 附近展开, 并取 $a \approx a_{\mathrm{c}}$. 我们推导出:

$$f - f(n_{\mathrm{c}}) \approx \left[h(n - n_{\mathrm{c}}) - \frac{1}{2}\epsilon(n - n_{\mathrm{c}})^2 + \frac{1}{4}c_0(n - n_{\mathrm{c}})^4\right], \tag{2.40}$$

这里 $h = T(\log n_{\mathrm{c}}v_0 + an_{\mathrm{c}} + bn_{\mathrm{c}}^2)$, $\epsilon = -T(a - a_{\mathrm{c}})$, 以及 $c_0 = T(3n_{\mathrm{c}}^3)^{-1}$, 其量纲为能量与体积立方的乘积.

为了求出共存密度, 我们回顾由第 1 章得到的共存条件: 两相的化学势与渗透压均相等. 考虑平均密度 (即对两个共存相求平均) 等于 n_{c} 的一个体系; 这就对应于把化学势固定为值 $\mu = [\partial f/\partial n]_{n_{\mathrm{c}}}$. 在此情形中, $\mu = h$, 而共存条件意味着两个共存相由巨热力学势取极小值给出: $\partial g/\partial n = 0$, 其中

$$\begin{aligned} g(n) &= f(n) - f(n_{\mathrm{c}}) - \mu(n - n_{\mathrm{c}}) \\ &= \left[-\frac{1}{2}\epsilon(n - n_{\mathrm{c}})^2 + \frac{1}{4}c_0(n - n_{\mathrm{c}})^4\right]. \end{aligned} \tag{2.41}$$

我们得到一个根对应于液体——其密度为 $n_\ell = n_{\mathrm{c}} + \sqrt{\epsilon/c_0}$, 而另一个根具有较低密度——对应于气体——其密度为 $n_v = n_{\mathrm{c}} - \sqrt{\epsilon/c_0}$. 很容易看到, $g(n_v) = g(n_\ell) = g_b$, 如果定义 $W = [g(n) - g_b]$, 我们就可以写出

$$W(n) = c(n - n_\ell)^2(n - n_v)^2, \tag{2.42}$$

其中用到 $c = c_0/4$. 在找出两相间剖面形状的过程中, 用到的局域自由能为 $W(n)$, 因为极小值出现在化学势为常数处 (等价于平均密度为常数), 故要在 g 和 W 的公式中减去 μn 项. 而且, 界面自由能就是含界面体系的自由能与体液体或气体的自由能之差, 所以减去 g_b 后就得到 $W(n)$. 无论类比为格气模

型, 还是在第 1 章中简单讨论过的密度泛函展开, 都启发我们想到: 具有短程相互作用的体系其气 – 液剖面由界面自由能

$$G_{\rm s} = \int {\rm d}\boldsymbol{r} \left[W[n(\boldsymbol{r})] + \frac{1}{2} B |\nabla n(\boldsymbol{r})|^2 \right] \tag{2.43}$$

取极小值来确定, 其中 B 具有能量乘以长度五次方的量纲. 在一个更微观的理论, 比如密度泛函展开中所揭示的那样, 此长度与吸引相互作用的力程有关. 考虑从气体 $(n(z \to -\infty) \to n_v)$ 到液体 $(n(z \to \infty) \to n_\ell)$ 的一维密度变化, 并像以前一样取极小, 我们得到

$$\frac{1}{2} B \left(\frac{\partial n}{\partial z} \right)^2 = c(n - n_v)^2 (n - n_\ell)^2. \tag{2.44}$$

此方程满足边界条件: 当 $z \to \pm\infty$ 时体系取序参量的平衡值. 取其平方根 (由 $n_\ell > n > n_v$ 的事实来确定平方根的符号) 并积分, 我们发现以 $z = 0$ 为中心的剖面由

$$\log \left[\frac{n_\ell - n}{n - n_v} \right] = -\frac{z}{\xi} \tag{2.45}$$

给出, 其中 $\xi^{-1} = (n_\ell - n_v)\sqrt{2c/B}$ 具有长度倒数的量纲. 求解这个表达式可以给出

$$n(z) = \frac{n_\ell}{1 + {\rm e}^{-z/\xi}} + \frac{n_v}{1 + {\rm e}^{z/\xi}}, \tag{2.46}$$

此式描述了 z 取负值的气体与 z 取正值的液体之间的界面. 这个剖面的简图如图 2.3 所示. 在临界点附近, 其 $n_\ell - n_v \to 0$, 由 ξ 标记的界面区域宽度发散. 注意, 对于化学势等于临界化学势的体系, 这种简单情形是合理的, 故 g 式中不含线性项.

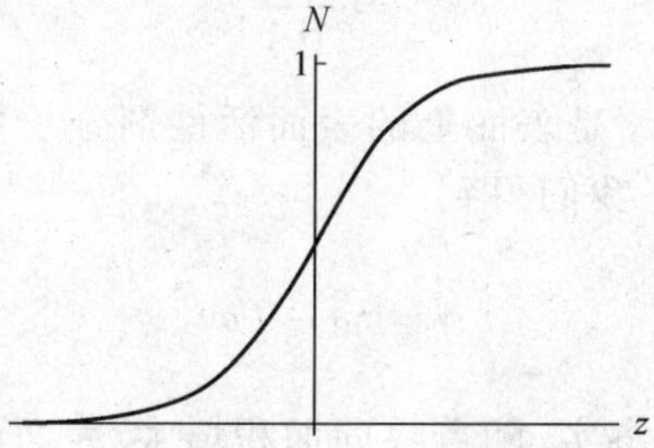

图 2.3 气 – 液体系的界面形态, 其中 $N = n/n_\ell$ (以平衡液体密度标度的密度), 及 $Z = z/\xi$, 如正文中所定义. 曲线是对 $n_v \ll n_\ell$ 的情形计算出来的.

2.4 表面活性物

2.4.1 表面活性剂

两类成分之间的界面张力可以通过加入第三种成分而减小, 因为当第三种成分留在表面上, 其自由能会降低. 此类表面活性物的例子为表面活性剂, 其分子由极性团与非极性团以化学方式相结合而形成. 负离子型表面活性剂含有能溶于极性液体 (如水) 且带正电的异号离子 (如 $R_nOSO_3Na^+SO_3^-$, 其中 Na^+ 是水溶的, 而 R_n 表示碳氢化合物链). 正离子型表面活性剂含有带负电的异号离子 (如 Br_2^-), 而非离子型表面活性剂有一个极性团, 但在溶液中没有离子 (它们倾向于含有像 OCH_2CH_2OH 那样的极性团).

2.4.2 表面张力的减少

考虑不溶于溶液的表面活性剂, 它在面积为 A 的液体表面表现得像理想气体. 其总的表面能为

$$F_{\mathrm{s}} = A\left(\gamma_0 + T\sigma(\log \sigma a_0 - 1) + u_0\sigma\right). \tag{2.47}$$

第一项是液体的裸表面能, 第二项即面密度为 σ 的表面活性剂的理想气体熵 (常数 a_0 的量纲为分子面积, 可以与稀薄的三维气体中的量 v_0 做比较), 而第三项是把表面处的表面活性剂分子能量与此分子在诸如纯的表面活性剂固相中的能量相比较, 所得到的两者能量之差. (这里我们假设在体溶剂中没有分子.) 在前一节的方程 (2.34) 中, 我们考虑了没有加入表面活性成分的平衡界面情形. 表面张力 γ 定义为包含两个共存相 (因此有界面) 的系统与体系统的自由能之差. 如果有表面活性成分, 则必须给这个表面能加上额外项, 以代表界面处这些成分的自由能. 在液体 + 表面活性剂的体系中, 表面张力通过自由能随界面面积改变而产生的变化给出:

$$\gamma = \frac{\partial F_{\mathrm{s}}}{\partial A}. \tag{2.48}$$

现在, $\sigma = N_{\mathrm{s}}/A$, 其中 N_{s} 是表面上的表面活性剂分子数目, 是固定的. 取包括 σ 的变分项在内的导数, 我们得到

$$\gamma = \gamma_0 - T\sigma. \tag{2.49}$$

张力的减少来源于以下事实: 随着界面面积增大, 表面活性成分的平动熵增加了 (对于固定的表面活性分子数而言). 这个熵增使体系自由能降低并因此把 γ 从其裸值减小下来. 因为我们仅考虑了理想气体的熵, 所以此表达式对于表面活性种类占较小面积分数的情形是正确的.

2.4.3 例子: 表面张力的体斥效应

对于不溶性的表面活性剂情形, 如果液体吸附一层面积分数为任意值 ϕ 的表面活性剂, 试求出表面张力的表达式.

与以前讨论过的理想气体情形相比, 表面活性剂分子之间的体斥相互作用会增强表面张力减少的效果. 例如, 我们可以考虑用格气模型来研究吸附层. 在平均场近似中, 总自由能 F_{s} 写成:

$$F_{\mathrm{s}} = N\left[T\left(\phi\log\phi + (1-\phi)\log(1-\phi)\right)\right]. \tag{2.50}$$

这里 $N = A/a^2$, 是表面位点的总数, 其中 A 是总面积, 而 a^2 为单个表面活性剂分子的面积; γ_0 已在前面定义过. 注意, 因为数目固定的表面活性剂分子的面积分数 $\phi = \sigma a^2$ (σ 为面密度) 依赖于 A, 在由方程 (2.48) 计算 γ 时必须把 ϕ 的各微商考虑进来. 结果是

$$\gamma = \gamma_0 + \frac{T}{a^2}\log(1-\phi). \tag{2.51}$$

在表面密度很小的极限下, $\phi = \sigma a^2 \ll 1$, 此表达式简化为在理想气体近似中导出的方程 (2.49). 此处的简化比方程 (2.49) 预计的要大; 由于表面活性剂分子之间存在体斥相互作用, 其引起的熵变会增强表面张力减少的效果. 用类似的方法可以把表面活性剂分子之间的其他类型相互作用 (如吸引相互作用) 包括进来.

2.4.4 可溶性的表面活性剂

表面活性剂能够增大其平动熵, 从而降低表面张力. 然而, 我们注意到此表述仅对于低浓度的不溶性表面活性剂是正确的, 所以, σ 很大时 γ 存在变负的倾向恰恰表示这些近似不再成立. 对于可溶性的表面活性剂, 不能考虑固定的 N_{s}. 反之, 必须把表面处的表面活性剂化学势与体系统的化学势等同起来. 对于低浓度情形, 表面张力仍以线性形式减小, 但在浓度很大时, 由于体系统中形成很多胶团, 表面张力的减少量会达到饱和; 这将在第 8 章中讨论.

2.5 问题

2.5.1 成分涨落

为了计算一个二分量体系中成分涨落的关联函数, 考虑 “伊辛” 哈密顿量 (2.17) 式, 其中包括附加项 $\sum_i h_i s_i$, 而 h_i 是局域场. 证明关联函数为

$$\langle (s_i - \langle s_i\rangle)(s_j - \langle s_j\rangle)\rangle = -T\frac{\partial^2 F[\{h_i\}]}{\partial h_i \partial h_j},$$

这里对于所有位点 i, 导数都是在 $h_i = 0$ 处取值的, 而 $F[\{h_i\}]$ 由 F 表达式 (2.22) 加上一项 $\sum_i h_i m_i$ 来给出. 利用此 F 表达式, 计算出傅里叶空间中的关联函数 $G(\boldsymbol{q}) = \langle s(\boldsymbol{q})s(-\boldsymbol{q})\rangle$ 作为相互作用矩阵的傅里叶变换式

$$J(\boldsymbol{q}) = \sum_j J_{ij}\,\mathrm{e}^{\mathrm{i}\boldsymbol{q}\cdot\boldsymbol{R}_{ij}}$$

的函数. 当温度和成分接近于第 1 章中定义的临界点时, $G(\boldsymbol{q})$ 变为怎样的形式?

利用自由能 (2.28) 式描述的二分量体系的连续形式, 推导出成分涨落的关联函数表达式. 为此, 把方程 (2.28) 看作一个新的有效哈密顿量. 考察关联函数在临界点附近的性质, 并与 "格气" 模型结果 (2.22) 式作比较. 连续模型最适合描述哪种涨落?

2.5.2 聚合物界面的界面形态

考虑一个呈现相分离的聚合物体系, 即溶液中聚合物浓度较高的一个相与溶液中聚合物浓度较低的一个相共存. 对这个体系, 我们可以写出如下形式的亥姆霍兹自由能

$$F = \int \mathrm{d}\boldsymbol{r} f, \tag{2.52}$$

$$f = -\frac{\epsilon}{2}\phi(\boldsymbol{r})^2 + \frac{c}{3}\phi(\boldsymbol{r})^3 + \frac{A}{2\phi(\boldsymbol{r})}|\nabla\phi(\boldsymbol{r})|^2, \tag{2.53}$$

其中 ϕ 为聚合物浓度. 第一项来自于聚合物各段之间的净吸引作用, 第二项则来自于各段的体斥排斥作用; 这就是关于密度的位力展开中的前两项, 当分子量 N 很大时, 可以忽略聚合物的平动熵 $f_{\mathrm{t}} \sim (\phi/N)\,[\log[\phi/N] - 1]$. 梯度项来源于各段间相互作用, 而系数中的因子 $1/\phi$ 来自于链的连通性要求[5]. 考察相分离的体共存曲线, 包括来自于 f_{t} 的贡献, 我们发现稀相的体积分数很小, 当 $N \to \infty$ 时其为零.

首先, 考虑梯度项可以忽略的体系统. 一个稀相 (其 $\phi \approx 0$) 与一个浓相 (其 ϕ 为有限值) 处于平衡的条件为 (i) 化学势 $(\partial f/\partial\phi)$ 相同; (ii) 渗透压

$$\mathit{\Pi} = \frac{\phi^2}{v_0}\left(\frac{\partial(f/\phi)}{\partial\phi}\right) \tag{2.54}$$

相同, 其中 v_0 为单分子体积. 如果稀相近似为 $\phi = \mathit{\Pi} = 0$, 试由方程 (2.54) 求出共存相的 ϕ 值, 以及处于此平衡时 μ 的近似值. 在大分子量极限下这些近似是正确的, 因为此时稀相的平动熵可以忽略.

利用这个 μ 值, 对自由能 (2.53) 式求极小, 为了满足守恒约束条件, 给 (2.53) 式中加上一项 $-\mu\phi$ (即, 对巨热力学势求极小). 然后, 把一维浓度变化

情形的梯度项包括进来, 求出剖面以及界面张力对空间的依赖关系. [提示: 为了减少梯度项的复杂程度, 作变换 $\psi = \sqrt{\phi(\boldsymbol{r})}$, 并对 ψ 求极小.]

2.5.3 可溶性表面活性剂的表面张力

如果体系吸附的分子在表面上形成一个单层, 则此体系可由自由能为 (2.50) 式的格点气体描述, 而体溶剂中分子间的相互吸引或排斥力则由稀薄的非理想气体描述 (见第 1 章), 试推导出此体系的表面张力表达式. 从这两个体系 (表面与体) 应处于平衡, 故化学势相等的要求出发, 把表面所吸附的分子体积分数表示为体中分子体积分数的函数.

2.6 参考文献

1. J. S. Rowlinson and B. Widom, *Molecular Theory of Capillarity* (Clarendon Press, Oxford, 1982).
2. G. C. Benson and D. Patterson, *J. Chem. Phys.* **23**, 670 (1955).
3. J. P. Hansen and I. R. McDonald, *Theory of Simple Liquids* (Academic Press, New York, 1990), p. 152; A. Isihara, *J. Phys. A* **1**, 539, (1968).
4. G. Arfken, *Mathematical Methods for Physicists* (Academic Press, NY, 1985).
5. P. G. de Gennes, *Scaling Concepts in Polymer Physics* (Cornell University Press, Ithaca, New York, 1979), p. 254.

第 3 章

界面的涨落

3.1 引言

当液体或固体处于热平衡时, 其表面并非完全平的; 位于两个不同相之间的界面也不是完全平的. 热涨落使得两种材料之间的区域变得粗糙; 而此效应究竟有多强则取决于维数 (即, 界面是一条线还是一个面) 以及温度. 对于液体, 含一维界面的二维系统其界面方均粗糙度随着系统尺寸成线性变化; 而三维系统对应的量则与系统尺寸成对数关系. 对于固体, 周期性势倾向于使界面粗糙度降低; 然而, 在粗糙性相变温度 (典型值为熔融温度的分数) 以上, 界面位置的涨落类似于液体. 本章中, 我们首先从位于界面两边的两相自由能出发, 来推导此界面 (未必是平的) 的自由能. 接着计算热涨落的大小, 并讨论固体的粗糙性相变. 在示例部分, 我们讨论两种不稳定界面; 在其中之一 (圆柱体的瑞利不稳定性), 表面张力使不稳定性增加, 而在另一个中 (薄膜断裂), 表面张力则会减少其不稳定性.

3.2 涨落界面的自由能

3.2.1 界面的自由能

为了研究界面和表面的涨落, 首先需要得到界面 (其形状未必是平的) 自由能的表达式. 在唯象上, 能够把自由能写为界面张力 γ 与面积 (在蒙日表示中, 此表面写成 $z = h(x, y)$) 之积,

$$F_{\mathrm{s}} = \gamma \int \mathrm{d}x\, \mathrm{d}y \sqrt{1 + h_x^2 + h_y^2}, \tag{3.1}$$

其中 $h_x = \partial h/\partial x$. 下面将会看到, 如果界面位置的空间变化发生在长度尺度远大于界面典型宽度的情形, 则此式是正确的. 仅在此极限下 —— 经常是很

多物理情形的重要极限, 即界面能够确切地定义到分子尺度 —— 可以用简单的表面张力表达式 (3.1) 研究界面的长波长波动.

3.2.2 界面自由能的推导

为了更严格地推导出此结果[1], 我们按照参考文献 [1] 的讨论方法, 把自由能看作为含两个共存相的体系成分的函数. 接着我们在三维二分量体系的框架内计算出由两相间不同构型界面引起的自由能. 两个体相共存的系统自由能模型为第 2 章讨论过的连续的金兹堡 – 朗道表达式; 这种描述方法来源于二分量混合物的伊辛模型表示. 我们首先考虑 (2.25) 式的自由能, 它是成分 $\phi(\boldsymbol{r})$ 的函数 (其中 $\int \mathrm{d}\boldsymbol{r} = \int \mathrm{d}x\,\mathrm{d}y\,\mathrm{d}z$):

$$F = \int \mathrm{d}\boldsymbol{r}\left[\frac{1}{2}B(\nabla\phi)^2 + f_0[\phi(\boldsymbol{r})]\right], \tag{3.2}$$

这里 B 为常数. 如同第 2 章中讨论的, 第一项来源于序参量的空间梯度, 其微观起源是体系中的相互作用, 而第二项是体系统中每单位体积的局域自由能. 取成分分布为以下形式

$$\phi(\boldsymbol{r}) = \chi(x, y, z - h(x, y)), \tag{3.3}$$

下面我们将证明, χ 可以与一维界面问题的解 $\phi = M(z)$ 相联系, 即

$$\frac{\partial f_0}{\partial M} = BM_{zz}, \tag{3.4}$$

其中 $M_z = \partial M/\partial z$. (3.3) 式意味着, 可以预期涨落界面的解类似于一维问题的解, 但其中应包含一个位于 $z = h(x, y)$ 处的界面. 把方程 (3.3) 看成是对 (3.2) 式的自由能求泛函极小而得到的欧拉 – 拉格朗日方程的解, 我们可找出解的变分近似.

3.2.3 自由能求极小

为了求出对应于 F 极小的剖面, 必须解欧拉 – 拉格朗日方程, 并把三维情形中 $\chi(x, y, z - h(x, y))$ 的变化包括在内:

$$[1+h_x^2+h_y^2]\chi_{zz}+[\chi_{xx}+\chi_{yy}]-[h_{xx}+h_{yy}]\chi_z-\frac{1}{B}\frac{\partial f_0}{\partial \chi}-2[h_x\chi_{zx}+h_y\chi_{yz}]=0. \tag{3.5}$$

在近似分析中, 假设 $\hat{z}$ 方向的空间变化比 $\hat{x}$ 或 $\hat{y}$ 方向的变化大得多. 因此我们仅保留那些正比于 z 的二阶导数的项. 这等价于假设界面位置的空间变化发生在长度尺度远大于界面厚度的情形. 因此我们得到关于 χ 的近似方程,

$$B[1 + h_x^2 + h_y^2]\chi_{zz} = \frac{\partial f_0}{\partial \chi} \tag{3.6}$$

但是, 如果把 z 替换为 $(z-h)/[1+h_x^2+h_y^2]^{1/2}$, 这就是一维解 $M(z)$ 所满足的方程 (见 (3.4) 式), 于是我们得到

$$\chi \approx M\left(\frac{z-h(x,y)}{\sqrt{1+h_x^2+h_y^2}}\right). \tag{3.7}$$

此表达式的物理意义是, 作为第一级近似, 即当 $\hat{x}$ 和 $\hat{y}$ 方向上的界面变化相对于 $\hat{z}$ 方向的宽度变化为很慢时, 成分就是以到界面距离的法向分量作为自变量计算出的 $M(z)$:

$$M((\boldsymbol{r}-\boldsymbol{R})\cdot\hat{n}), \tag{3.8}$$

其中 $\boldsymbol{r}=(x,y,z)$ 为空间变量, $\boldsymbol{R}=(x,y,h(x,y))$ 确定了界面, 而

$$\hat{n}=\frac{\hat{z}-h_x\hat{x}-h_y\hat{y}}{\sqrt{1+h_x^2+h_y^2}} \tag{3.9}$$

是界面的法线. 把方程 (3.6) 乘以 χ_z, 并利用远离界面处剖面为平的、其自由能为体自由能这一边界条件 —— 即, 当成分达到其平衡的体值 ϕ_{b} 时, 由体自由能 $f_0(\phi)$ 取极小值可以得到 $\chi_z=0$. 把体自由能写成 $f_{\mathrm{b}}=f_0(\phi_{\mathrm{b}})$, 我们得到

$$B[1+h_x^2+h_y^2]\chi_z^2=2(f_0(\chi)-f_{\mathrm{b}}(\phi_{\mathrm{b}})) \tag{3.10}$$

利用此方程, 并从含单个界面的体系自由能中减去无界面的体系统自由能, 可以得到表面自由能 F_{s} —— 即 $F_{\mathrm{s}}=F-F_{\mathrm{b}}$, 其中 F_{b} 是整个体系统的自由能 $\left(F_{\mathrm{b}}=\int \mathrm{d}\boldsymbol{r}f_{\mathrm{b}}\right)$. 我们得到等价于方程 (3.1) 的表达式, 而现在表面张力 γ 由一维剖面来确定:

$$\gamma=B\int_{-\infty}^{\infty}\mathrm{d}z[M_z(z)]^2. \tag{3.11}$$

这就与第 2 章中确定的平界面能量表达式完全一样. (3.1) 式中平方根符号下方的因子来源于与 (3.9) 式确定的法线垂直的平面面积. 这样我们就证明了, 界面能量本质上由表面张力 (相应地由平界面的成分分布形态决定) 与波动界面的面积之积给出. 在界面宽度 (例如, 剖面在 $\hat{z}$ 方向上的变化) 比垂直方向 (例如, $\hat{x}$ 和 $\hat{y}$ 方向) 的界面空间变化窄得多的近似情况下, 此表达式是正确的.

3.3 界面的热涨落

3.3.1 波动的界面

我们现在考虑涨落界面的性质. 最简单的情形来源于热涨落; 于是方均波幅正比于温度, 而温度与表面张力能有关. 通过测量界面厚度, 可以观察到

界面的这些自发波动, 而厚度对于界面的高度 – 高度之间的关联是很敏感的. 对于液体界面, 在黏度可忽略的极限情况下, 这些波动称为表面张力波, 其动力学性质可以通过光散射实验来研究[2–3]. 在本节中, 我们计算这些波动的方均波幅, 以及在黏度可忽略的极限情况下, 对应于液体表面上的表面张力波的模频率.

3.3.2 涨落的自由能

考虑在蒙日表示中定义的表面涨落, 记为 $z = h(x, y)$. 平表面的面积标记为 A. 对于此表面上围绕一平层 ($h = h_0$, 其中 h_0 为常数) 缓慢变化的波动, 波动界面比平表面多出的表面自由能 ($\Delta F_{\mathrm{s}} = F_{\mathrm{s}} - \gamma A$) 近似为

$$\Delta F_{\mathrm{s}} = \frac{1}{2}\gamma \int \mathrm{d}x\,\mathrm{d}y(h_x^2 + h_y^2). \tag{3.12}$$

在傅里叶坐标系中定义:

$$h(\boldsymbol{\rho}) = \frac{1}{\sqrt{A}} \sum_{\boldsymbol{q}} h(\boldsymbol{q})\,\mathrm{e}^{\mathrm{i}\,\boldsymbol{q}\cdot\boldsymbol{\rho}}, \tag{3.13}$$

$$h(\boldsymbol{q}) = \frac{1}{\sqrt{A}} \int \mathrm{d}\boldsymbol{\rho} h(\boldsymbol{\rho})\,\mathrm{e}^{-\mathrm{i}\,\boldsymbol{q}\cdot\boldsymbol{\rho}}, \tag{3.14}$$

这里 $\boldsymbol{\rho}$ 和 $\boldsymbol{q}$ 都是二维的. 于是我们得到表面能的表达式:

$$\Delta F_{\mathrm{s}} = \frac{1}{2}\gamma \sum_{\boldsymbol{q}} q^2 |h(\boldsymbol{q})|^2. \tag{3.15}$$

把 ΔF_{s} 看成一个波动变量 $h(\boldsymbol{q})$ 的哈密顿量, 则找到 $h(\boldsymbol{q})$ 取任意特定值的概率正比于 $\exp[-\Delta F_{\mathrm{s}}/T]$, 在我们的近似中这是高斯型的, 所有不同 $\boldsymbol{q}$ 的模式是相互独立的. 利用概率分布与波动量的方均值之间的关系 (见第 1 章), 我们得到

$$\langle |h(\boldsymbol{q})|^2 \rangle = \frac{T}{\gamma q^2}. \tag{3.16}$$

这是处于热平衡情况下各个傅里叶模式的方均值.

3.3.3 实空间的涨落

围绕一个平直剖面的表面的实空间方均涨落由

$$\langle h^2(\boldsymbol{\rho}) \rangle = \frac{1}{A} \sum_{\boldsymbol{q}} \langle |h(\boldsymbol{q})|^2 \rangle = \frac{1}{(2\pi)^2} \int \mathrm{d}\,\boldsymbol{q} \langle |h(\boldsymbol{q})|^2 \rangle \tag{3.17}$$

给出. 利用 (3.16) 式并进行积分, 由于其为对数发散形式 (当 $\boldsymbol{q}$ 是二维时), 我们对积分下限必须很小心. 于是, 我们引入与体系的有限尺寸 ($L \propto \sqrt{A}$) 相关

的积分下限 π/L, 以及来源于有限分子尺寸 (正比于 a) 的积分上限 π/a, 得到结果为

$$\langle h^2(\boldsymbol{\rho})\rangle = \frac{T}{2\pi\gamma}\log\frac{L}{a}. \tag{3.18}$$

由于对称性, $\langle h^2(\boldsymbol{\rho})\rangle$ 与 xy 平面内计算涨落的点 $\boldsymbol{\rho}$ 无关. 重要的是应注意到, 方均涨落随体系尺寸成对数发散. 一维界面 (即一条线而非一个表面) 的发散性甚至更严重, 并随着体系的尺寸线性增大. (除了方程 (3.17) 中的积分是一维的之外, 关于线的一切情形都与表面类似.) 因此, 由于这些界面的维数降低, 热涨落强烈地影响着界面的 "平直" 程度.

3.3.4 关联函数

涨落还会影响沿着表面的高度 – 高度关联. 考虑相距 $\boldsymbol{\rho}$ 的两点高度差 ($\boldsymbol{\rho}$ 反映的仍是 xy 平面内的距离). 定义

$$\Delta^2(\boldsymbol{\rho}) = \langle (h(\boldsymbol{\rho}) - h(0))^2\rangle, \tag{3.19a}$$

它可以由

$$\langle (h(\boldsymbol{\rho}) - h(0))^2\rangle = \frac{2}{A}\sum_{\boldsymbol{q}}(1-\cos(\boldsymbol{q}\cdot\boldsymbol{\rho}))\langle |h(\boldsymbol{q})|^2\rangle \tag{3.19b}$$

计算出来. 为简单起见, 在上式中我们选择了其中一点位于 $\boldsymbol{\rho}=0$. 利用方程 (3.16), 还可以证明 $\Delta^2(\boldsymbol{\rho})$ 以 $\log\rho$ 发散; 当两点之间距离增大时, 它们之间的高度差以对数形式增加. 对一维界面, 即是一条线的情形, 这种发散甚至更厉害, 它随着两点间的距离成线性发散.

3.3.5 物理上的发散

在涨落表面的情形中, 这种对数型发散相对较弱: 由 (3.18) 式我们知道, 对于 γ 为 100 dyne/cm^2, $a = 3$ Å 的典型情况, 一个 $L = 100$ Å 的表面其方均根 (rms) 涨落约为 1.5 Å, 而一个 $L = 1$ cm 的表面其方均根涨落仅为 7.5 Å 左右. 另外, 这些发散可以被体系尺寸效应 (前面证明过的) 或其他物理效应切断. 在沿 $\hat{z}$ 方向涨落的表面情形, 例如, 表示一个液体与其蒸气处于平衡而形成的界面, 或一种轻液体与较重液体之间的界面, 重力 (沿 $\hat{z}$ 方向作用) 将倾向于压缩热涨落, 因为涨落会消耗引力能. 一个粒子在平面 $z = h = 0$ (作为能量零点的度量) 上方高度 $h(x,y)$ 处的引力能为 mgh, 其中 m 是质量而 g 是引力常量. 对于连续介质, 必须把此能量对从 $z=0$ 至 $z=h$ 之间的所有粒子密度求积分. 于是, 单位面积的引力能为 $\int_0^h \rho_0 gz\,\mathrm{d}z = \rho_0 gh^2/2$, 其中 ρ_0 是密度 (或者, 对于两种液体间的界面情形为密度差). 界面的总自由能可以写成:

$$\Delta F_{\mathrm{s}} = \frac{1}{2}\gamma\int \mathrm{d}x\,\mathrm{d}y[(h_x^2+h_y^2)+\xi_{\mathrm{g}}^{-2}h^2], \tag{3.20}$$

其中 $\xi_{\mathrm{g}}^2=\gamma/\rho_0 g$. 涨落的概率分布仍是高斯型的, 我们可以在加上正比于 $\xi_{\mathrm{g}}^{-2}\sum_{\boldsymbol{q}}|h_{\boldsymbol{q}}|^2$ 的新项之后再重复以前的计算. 于是关联函数由

$$\langle|h(\boldsymbol{q})|^2\rangle=\frac{T}{\gamma(q^2+\xi_{\mathrm{g}}^{-2})} \tag{3.21}$$

给出. 由方程 (3.17) 计算出界面的方均波动, 可以看到对数型发散被引力长度 ξ_{g} 切断, 此长度由表面张力与重力之间的竞争来确定. 因此, 当 $\xi_{\mathrm{g}}/a\gg 1$ 时, 高度的波动具有近似形式, 即 $\langle h^2(\boldsymbol{\rho})\rangle\propto\log(\xi_{\mathrm{g}}/a)$. 对于距离远大于引力长度, 即 $\rho\gg\xi_{\mathrm{g}}$ 的两点间关联, 其关联函数为一个正比于 $\log(\xi_{\mathrm{g}}/a)$ 的有限值.

3.3.6 例子: 毛细波的动力学

对于受到重力与表面张力作用的不可压缩液体表面, 假定液体黏度可忽略, 试推导其运动方程, 并找出表面 (毛细/重力) 波的色散关系.

为了计算运动方程, 必须考虑问题中两个自由度的动力学: 表面的动态位置 $z=h(x,y;t)$ (t 是时间) 以及液体速度 $\boldsymbol{v}$. 我们写出总表面能、引力能与动能的表达式, 并利用拉格朗日方程[4]来求解动力学.

势能 F_{s} 由来源于整体 (即密度不允许变化) 自由能的常数项, 以及表面张力与重力项:

$$F_{\mathrm{s}}=F_0+\frac{1}{2}\int\mathrm{d}A[\rho_0 gh^2+\gamma|\nabla h|^2], \tag{3.22}$$

这里 A 是面积, ρ_0 是密度, 而 γ 为表面张力. 动能 T 写成对液体体积 V 的积分:

$$T=\frac{1}{2}\rho_0\int\mathrm{d}V v^2 \tag{3.23}$$

对于一个不可压缩体系, $\nabla\cdot\boldsymbol{v}=0$ (见第 1 章), 并且, 对于保守系, $\boldsymbol{v}$ 可以写成

$$\boldsymbol{v}=\nabla\psi(\boldsymbol{r}), \tag{3.24}$$

这里 ψ 为标量.

我们首先考虑体系统. 利用方程 (3.24), 把动能写成如下形式:

$$T=\frac{1}{2}\rho_0\int\mathrm{d}V|\nabla\psi|^2. \tag{3.25}$$

由第 2 章关于欧拉 – 拉格朗日方程的讨论得知, 如果 ψ 满足

$$\nabla^2\psi=0, \tag{3.26}$$

则此泛函可以极小化. 考虑 xy 平面上波矢为 $\boldsymbol{q}$ 的一个扰动 (即假设 $h(x,y;t)=Q(t)\,\mathrm{e}^{\mathrm{i}\boldsymbol{q}\cdot\boldsymbol{\rho}}$); 我们可以把 ψ 写成如下形式:

$$\psi=\widetilde{\psi}(z,t)\,\mathrm{e}^{\mathrm{i}\boldsymbol{q}\cdot\boldsymbol{\rho}}, \tag{3.27}$$

这里 $\boldsymbol{\rho}=(x,y)$. 我们要寻找方程 (3.26) 满足以下边界条件的解: (i) 当 $z\to-\infty$ 时 $\psi\to 0$ (即在远离界面的整块流体中没有运动); 以及 (ii) 如果以表面位移来定义表面速度, 其 $\hat{z}$ 分量表示为 $v_z(x,y,z=h)$, 则在 $z=h(x,y;t)$ 处 $v_z=\partial\psi/\partial z=\partial h/\partial t$. 把 (3.27) 式用到方程 (3.26) 中, 我们发现 $\widetilde{\psi}$ 遵从下面的关系

$$\frac{\partial^2\widetilde{\psi}}{\partial z^2}=q^2\widetilde{\psi}. \tag{3.28}$$

满足上述边界条件的解可写成:

$$\widetilde{\psi}=\frac{h_{\mathrm{t}}}{|q|}\mathrm{e}^{-|q|(h-z)}, \tag{3.29}$$

其中 $h_{\mathrm{t}}=\partial h/\partial t$.

现在我们利用 ψ 的这个解, 把动能对 $\hat{z}$ 方向积分至表面 $z=h(x,y;t)$, 通过计算 (3.23) 式中对 z 的积分, 可以得到 T_{s} 由

$$T_{\mathrm{s}}=\int\mathrm{d}A\frac{\rho_0 h_{\mathrm{t}}^2}{2|q|} \tag{3.30}$$

给出. 现在动能和势能都以界面的单个自由度 $h(x,y;t)$ 来表示. 于是可以构成表面的拉格朗日量 $L_{\mathrm{s}}=T_{\mathrm{s}}-F_{\mathrm{s}}$, 它仅为 x 和 y 的函数. 把拉格朗日动力学方程 (等价于总能量守恒的表述, 见参考文献 [4]) 表述为运动方程是通过对拉格朗日量的时间积分求极小而得到的:

$$\frac{\delta F_{\mathrm{s}}}{\delta h}=-\frac{\partial}{\partial t}\frac{\partial T_{\mathrm{s}}}{\partial h_{\mathrm{t}}}. \tag{3.31}$$

这里, $\delta F_{\mathrm{s}}/\delta h$ 项表示变分导数:

$$\frac{\delta F}{\delta h(\boldsymbol{\rho})}=\frac{\partial f}{\partial h}-\frac{\partial}{\partial\boldsymbol{\rho}_i}\frac{\partial f}{\partial h_{\boldsymbol{\rho}_i}}, \tag{3.32}$$

其中 $h_{\boldsymbol{\rho}_i}=\partial h/\partial\boldsymbol{\rho}_i$, 而 f 为自由能密度. 在方程 (3.32) 中我们对重复指标 i 求和, 而 $\boldsymbol{\rho}_i=(x,y)$. 利用此运动方程, 以及有效表面动能与势能的表达式, 我们发现, 让每单位面积的力等于每单位面积的加速度, 意味着界面位置满足

$$\rho_0 gh-\gamma(h_{xx}+h_{yy})+\frac{\rho_0\ddot{h}}{q}=0, \tag{3.33}$$

这里 $h_x=\partial h/\partial x$. 我们要找的解具有如下形式:

$$h(x,y;t)=Q(t)\exp[\mathrm{i}\boldsymbol{q}\cdot\boldsymbol{\rho}]. \tag{3.34}$$

这意味着 $Q(t)$ 满足:

$$\ddot{Q}=-q\left(g+\frac{\gamma q^2}{\rho_0}\right)Q, \tag{3.35}$$

所以毛细波给出 Q 对于时间的依赖关系为正弦形式 $Q = Q_0\,\mathrm{e}^{\mathrm{i}\omega t}$, 其中 ω 的色散关系为

$$\omega = \sqrt{q\left(g + \frac{\gamma q^2}{\rho_0}\right)}. \tag{3.36}$$

在黏度很小的极限情况下这种简单计算是正确的; 而有限的黏度则会引起这些毛细模式的有限阻尼[5]. 用光散射对此色散关系进行实验测量, 可以估算出界面张力 γ.

3.4 界面的毛细不稳定性

上面所举的例子说明了如何计算液体表面上毛细波的模频率. 在黏度为零的极限下, 重力与表面张力提供了回复力, 而热涨落是表面上这些自发波动的驱动力. 为了处理有限黏度的情形, 仅用能量方法是不够的, 还必须求解波动界面的纳维 – 斯托克斯方程[5], 在第 1 章中我们对此方程作过概述. 关于表面和界面的流体力学稳定性的普遍理论在参考文献 [5] 中给出; 对于黏度很小的情形, 毛细波的阻尼在波长 $\lambda = 2\pi/q$ 较大处消失, 衰减的形式为 ηq^2, 其中 η 是黏度. 既然模频率的实部以 $\boldsymbol{q}$ 的较低指数形式变化 (见方程 (3.36)), 那么至少在长波波长极限下, 阻尼与振动周期相比是可以忽略的. 当然, 在阻尼变得重要 (即 $\boldsymbol{q}$ 值足够大) 时, 色散关系就彻底变化了; 即没有波动, 界面归于[5]平衡 (即为平的界面).

在毛细波情形, 平的表面或界面在本质上是稳定的, 而波动是热涨落的结果. 然而, 在界面的多种几何构形中, 某些简单的界面形状 —— 例如, 呈圆筒状的一相处于另一相之中, 或者一段柱状液体或固体的表面 —— 是内在不稳定的, 因为有其他具有更小表面积以至更低界面自由能的几何形状存在. 用一个关于能量/热力学的简单讨论 (见下例) 可以证明, 当一个有波动的圆柱的波动波长超过临界值 (正比于圆柱半径) 时, 其自由能比一个标准圆柱的自由能要低. 这些波动最终会导致圆柱解体成球体 —— 其天然地具有较低的表面/体积比 —— 称为瑞利不稳定性.

柱状表面的瑞利不稳定性是表面能驱动的, 而薄膜的平表面则会在范德瓦尔斯力的影响下变得不稳定 (见第 5 章). 在这种情形, 表面张力提供的回复力可以使短波长的波动稳定下来. 同样地, 临界波长由自由能之间的平衡来决定 (见本章最后的问题).

例子: 平界面与柱状界面的不稳定性

试证明: 一个仅由其表面张力支配的平界面对于界面上的小波动是稳定的, 而柱状界面对于长波长波动则是不稳定的.

为了确定此稳定性, 我们考虑界面自由能 (3.1) 式, 来判断界面的一个小扰动是否会升高或降低其自由能. 如果扰动使自由能升高, 则表面是稳定的——尽管由波动获得的熵会通过热涨落而引起这些波动的有限波幅 (见图 3.1 与图 3.2). 反之, 如果扰动降低了自由能, 则体系在本质上是不稳定的, 故其形态就会改变, 只要这个变化是 (在实验所用的时间尺度内) 运动 (如流体力学) 路径所允许的.

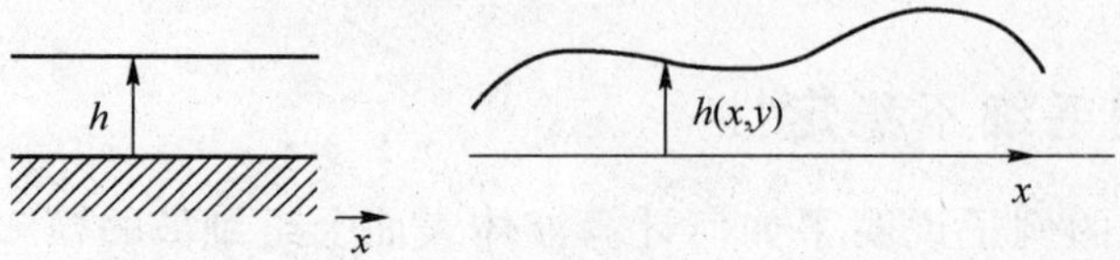

图 3.1 平界面的波动.

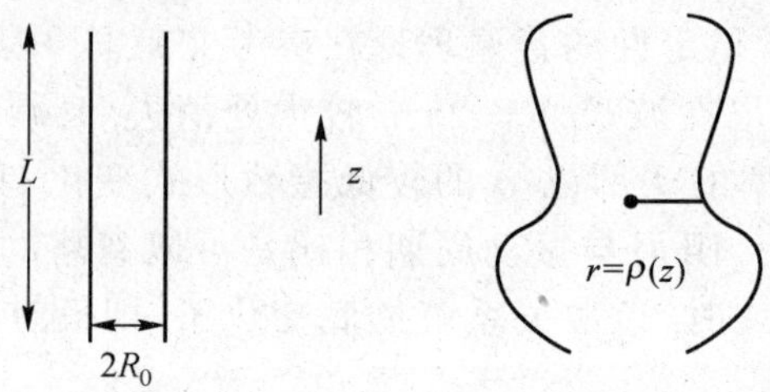

图 3.2 圆柱状界面的波动.

平界面: 其界面能由方程 (3.1) 给出, 并取 $h=0$. 界面的小扰动可以表示成正弦模式, 并保持界面下方的体积 V 不变, 由

$$V=\int \mathrm{d}x\,\mathrm{d}y h(x,y)=\frac{1}{\sqrt{A}}\sum_{\boldsymbol{q}}\int \mathrm{d}x\,\mathrm{d}y\ h(\boldsymbol{q})\,\mathrm{e}^{\mathrm{i}\boldsymbol{q}\cdot\boldsymbol{\rho}} \tag{3.37}$$

给出, 这里我们用到了方程 (3.13). 把 (3.1) 式对表面的长波长扰动展开, 可以得到

$$\int \mathrm{d}x\,\mathrm{d}y\left[1+\frac{1}{2}(h_x^2+h_y^2)\right]\geqslant\int \mathrm{d}x\,\mathrm{d}y, \tag{3.38}$$

即位置的任意此类波动都会使界面面积与能量增加; 故仅有界面张力的平界面是稳定的.

圆柱状界面: 考虑一个圆柱体, 其无扰动半径为 R_0, 高度 $L\gg R_0$, 而局域半径 $\rho(z)$ 在 $\hat{z}$ 方向上的变化为

$$\rho(z)=R+\frac{1}{\sqrt{L}}\sum_q \rho_q\,\mathrm{e}^{\mathrm{i}qz}, \tag{3.39}$$

即把傅里叶展开通过沿 $\hat{z}$ 方向传播的一维模式来表示, 这就是一个无外伸的变形圆柱体形状的最普遍形式. 一般地, 一个变形圆柱体的体积由

$$V = \pi \int_0^L \mathrm{d}z \rho^2(z) \tag{3.40}$$

给出. 无扰动柱体 (其初始状态) 的体积为 $V_0 = \pi R_0^2 L$. 因此体积守恒意味着

$$R^2 = R_0^2 - \frac{1}{L} \sum_q |\rho_q|^2. \tag{3.41a}$$

如果扰动很小, 则 $\rho(z) \ll R_0$, 而且

$$R \approx R_0 \left(1 - \frac{1}{L} \sum_q \frac{|\rho_q|^2}{2R_0^2}\right). \tag{3.41b}$$

圆柱体的表面自由能由

$$F_{\mathrm{s}} = \gamma \int \mathrm{d}\theta \, \mathrm{d}z \rho(z) \sqrt{1 + \left(\frac{\partial \rho}{\partial z}\right)^2} \tag{3.42}$$

给出. 我们把此平方根对圆柱体的小扰动展开, 并利用关于 R 的方程 (3.41b). 无扰动柱体与受扰动柱体的总表面自由能之差为

$$\Delta F_{\mathrm{s}} \approx \gamma 2\pi R_0 \sum_q \frac{|\rho_q|^2}{2R_0^2}(q^2 R_0^2 - 1). \tag{3.43}$$

因此, 当 $qR_0 < 1$, 受扰动的圆柱体自由能比初始的完美柱体自由能要低; 即长波长扰动是不稳定的.

这种热力学分析仅表明长波长扰动是不稳定的. 为了得到新态的形态, 必须研究过程的流体力学, 它能指示出体系的最快生长模式. 另外, 圆柱解体后的最终形态将取决于非线性项的效应, 而该项在这里的处理中是被忽略掉的.

3.5 固体表面的粗糙化相变

简单液体的表面不表现出各向异性, 而晶体的宏观形状常常是各向异性的, 反映出晶格所隐藏的对称性. 当此现象发生时, 意味着界面波动不足以克服能量的各向异性, 故可观察到尖锐面. 然而, 我们可以想象在足够高的温度下 (但仍低于熔融温度, 因此固体仍处于平衡相), 界面的热涨落会超过各向异性, 故晶体不再出现尖锐面. 发生此现象的温度称为粗糙化相变温度; 此相变对于理解晶体的生长很重要[6].

3.5.1　表面能

对于一个固体表面, 若表面是一些离散式跳跃的台阶, 则连续能量式 (3.1) 也许不能准确地说明其全部热力学性质. 如果用位于 xy 平面上的 "柱状物" 高度 (沿 $\hat{z}$ 方向) 来描述涨落固体表面, 则计入额外面积之后的更准确表达式为

$$H_{\mathrm{c}} = \frac{1}{2}\sum_{ij} J_{ij}|h_i - h_j|, \tag{3.44}$$

其中 J_{ij} 仅当 i 与 j 为最近邻时才不为零, 代表产生此额外表面 (与水平表面比较) 的额外能量, 为正值. 此外, 变量 $\{h_i\}$ 是离散的, 因为表面只能以晶格常数为步长移动. 这个表达式也是忽略了表面外伸而得到的. 关于此哈密顿量 H_{c} 的统计力学处理很复杂[6–7], 所以我们考虑一个简化的模型.

3.5.2　表面模型

如果把两个最近邻之间的局域跃升高度限制为零或者一个晶格常数, 则这个简化模型是对于方程 (3.44) 的很好近似:

$$H = \int \mathrm{d}x\,\mathrm{d}y \left[\frac{1}{2}\gamma|\nabla h|^2 + y_0\left(1 - \cos\frac{2\pi h(x,y)}{a}\right)\right]. \tag{3.45}$$

此近似式用 $(h_i - h_j)^2$ 来代替因子 $h_i - h_j$, 而在连续情形则用梯度来代替. (连续近似并不是至关重要的, 通过离散差分也可以进行计算而得到相似的结果.) 此外, 固体的高度跃升必须为晶格常数 a 的整数倍这一要求可以替换为: 能量须正比于 $y_0 > 0$, 其单位为单位面积的能量; 并且当高度为晶格常数 a 的整数倍时, 此能量取极小值. 我们将看到, 在高温时界面会出现显著的波动, 此能量是无关紧要的, 而连续近似 (3.1) 式能够恰当地描述表面. 在非常低的温度, 此近似哈密顿量不再准确. 然而, 如果我们理解了以模型哈密顿量 (3.45) 式描述的体系之统计力学, 就抓住了大部分重要的物理内容.

3.5.3　变分方法

我们用第 2 章中描述过的近似变分方法对体系进行研究. 考虑一个易于处理的参考哈密顿量 H_0, 并利用约束精确自由能 F_{e} 的定理, 即

$$F_{\mathrm{e}} < F = F_0 + \langle H - H_0\rangle_0, \tag{3.46}$$

这里 F_0 为模型体系的自由能; 其平均值 ($\langle\cdots\rangle_0$) 是对于参考哈密顿量的玻尔兹曼因子 $\mathrm{e}^{-H_0/T}$ 取的. 然后我们改变 H_0 的参数来得到精确自由能的最低上界. 由于高斯型积分很容易计算, 所以我们选择

$$H_0 = \frac{1}{2}T\sum_{\boldsymbol{q}} G(\boldsymbol{q})h(\boldsymbol{q})h(-\boldsymbol{q}), \tag{3.47}$$

这里 $h(\boldsymbol{q})$ 是方程 (3.13, 3.14) 中定义的傅里叶分量. 通过整个函数 $G(\boldsymbol{q})$ 可以确定表征参考哈密顿量的 "参数" 组; 这些参数 (以及函数 $G(\boldsymbol{q})$) 可以通过极小化来确定. 参考哈密顿量的自由能 F_0 由

$$F_0 = -T \log Z_0 = -T \log \left[\prod_{\boldsymbol{q}} \int \mathrm{d}h(\boldsymbol{q})\, \mathrm{e}^{-H_0/T} \right] \tag{3.48}$$

给出. 对高斯型积分进行计算, 可以得到

$$F_0 = \frac{1}{2} \sum_{\boldsymbol{q}} T \log \left(\frac{G(\boldsymbol{q})}{2\pi} \right), \tag{3.49}$$

并且, 参考哈密顿量的平均值 $\langle H_0 \rangle_0$ 为常数. 对 H 中的梯度平方项求平均, 可以得到一个正比于 $\sum q^2 \langle\, |h(\boldsymbol{q})|^2 \,\rangle$ 的项, 而高斯型概率分布给出

$$\langle\, |h(\boldsymbol{q})|^2 \,\rangle_0 = 1/G(\boldsymbol{q}). \tag{3.50}$$

为计算正比于 y_0 项的平均值, 我们利用以下关系式

$$\langle \mathrm{e}^{\mathrm{i}kh(r)/a} \rangle_0 = \mathrm{e}^{-k^2 g_0/2} \tag{3.51}$$

其中

$$g_0 = \left(\frac{1}{Aa^2} \right) \sum_{\boldsymbol{q}} [G(\boldsymbol{q})]^{-1}, \tag{3.52}$$

而 A 是面积. 因此, 把所有常数打包成一项 F_c, 我们得到

$$F = F_\mathrm{c} + \frac{1}{2} \sum_{\boldsymbol{q}} T \log G(\boldsymbol{q}) + \frac{1}{2} \gamma \sum_{\boldsymbol{q}} \frac{q^2}{G(\boldsymbol{q})} - Ay_0\, \mathrm{e}^{-2\pi^2 g_0}. \tag{3.53}$$

3.5.4 自由能极小化

现在我们求 F 相对于 $G(\boldsymbol{q})$ 的极小, 以得到 $G(\boldsymbol{q})$ 所满足的方程

$$\frac{T}{G(\boldsymbol{q})} - \gamma \frac{q^2}{G(\boldsymbol{q})^2} - \frac{4\pi^2 y_0 a^{-2}}{G(\boldsymbol{q})^2}\, \mathrm{e}^{-2\pi^2 g_0} = 0. \tag{3.54}$$

因此有

$$G(\boldsymbol{q})^{-1} = \frac{T}{\gamma (q^2 + \xi^{-2})}, \tag{3.55}$$

其中

$$\xi^{-2} = \frac{4\pi^2 y_0}{\gamma a^2}\, \mathrm{e}^{-2\pi^2 g_0}. \tag{3.56}$$

由于 g_0 与所有 $G(\boldsymbol{q})$ 的总和相联系, 所以为了得到 ξ 值, 我们必须自洽地解出方程 (3.55). 于是, 对方程 (3.55) 中的 $\boldsymbol{q}$ 求和并得到 g_0, 然后应用到 (3.56) 式中, 可以导出一个关于 ξ 的方程. 结果为

$$g_0 = \frac{T}{4\pi\gamma a^2} \log\left[1 + \left(\frac{\pi\xi}{a}\right)^2\right]. \tag{3.57}$$

因为 ξ 由 g_0 的指数来确定, 所以此对数形式给出了一种对 $\tau = T\pi/(2\gamma a^2)$ 成指数形式的依赖关系, 即

$$\left(\frac{a}{\pi\xi}\right)^2 = \frac{4y_0}{\gamma}\left[1 + \left(\frac{\pi\xi}{a}\right)^2\right]^{-\tau}. \tag{3.58}$$

3.5.5 粗糙化相变

当 $4y_0/\gamma = 1$ 时, 这些方程关于不同 τ 值的解示于图 3.3 中. 解的总趋势为: 当 $\tau > 1$ (高温) 时仅有一个解, $\xi^{-1} = 0$. 因此, 高温时可以忽略晶格效应, 由于 $G(\boldsymbol{q}) \propto \gamma q^2$, 用连续体的表面张力哈密顿量能够很好地对系统作近似表示. 同样可以证明正比于 y_0 项的平均值在此域中为零. 当 $\tau > 1$, 我们说表面是 "粗糙" 的, 表示晶格的效应无关紧要. 如同 3.3 节讨论过的, 对于仅有表面张力的体系, 关联函数表现出发散行为. 当温度降低 ($\tau < 1$) 时方程 (3.58) 有两个解: 其一位于 $\xi^{-2} = 0$, 另一个位于有限的 ξ^{-2} 处. 通过寻找自由能的明确表达式, 可以证明此有限的 ξ 值是对应于较低自由能的解. 由于关联函数具有

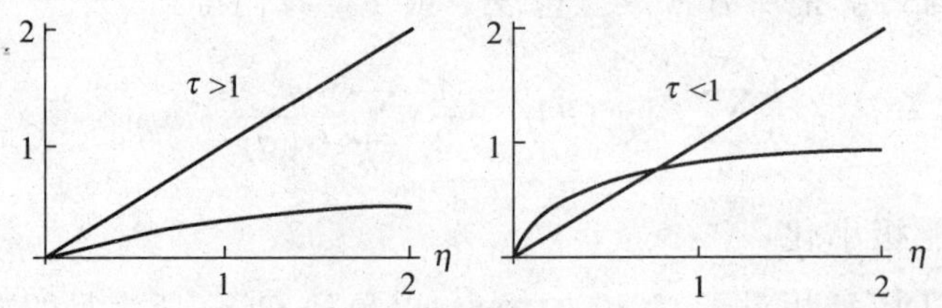

图 3.3 关于变量 $\eta = [a/(\pi\xi)]^2$ 的方程 (3.58) 的图解. 画出的结果对应于 $4y_0/\gamma = 1$ 情形.

$1/(q^2 + \xi^{-2})$ 的形式, 我们说表面是 "光滑" 的. 与 3.3 节最后部分把重力看作为回复力时所显示的情形类似, 长度 ξ 现在可以视为涨落的截断值, 即涨落不再发散. 于是, 表面位置以及高度 – 高度关联函数之差都是有限值, 可以用来确定表面. 对应于 $\tau = 1$ 的点定义为 "粗糙化相变" 温度, 此温度可以由变分近似正确地预测出来. 然而, 一个更精确的处理方法[6-7]表明: 在粗糙化相变温度处的关联长度是 $\tau - 1$ 的非解析函数. 当我们从下方 ($\tau < 1$) 趋近粗糙化

相变温度时, ξ 以

$$\xi \sim \exp\left[\frac{c_0}{(1-\tau)^{1/2}}\right] \tag{3.59}$$

发散, 其中 c_0 是常数.

3.5.6 例子: 粗糙化相变的关联长度

为了考察自洽表达式 (3.58) 之解的性质, 我们考虑变量 $\eta = [a/(\pi\xi)]^2$. 在此情形中, 方程 (3.58) 变为

$$\eta = f(\eta) = \frac{\alpha}{\left(1+\dfrac{1}{\eta}\right)^{\tau}} \tag{3.60}$$

其中 $\alpha = 4y_0/\gamma$. 在这个关于 η 的方程的图解中, 我们可以求出 η 和以 η 为自变量画出的 $f(\eta)$ 曲线的交点. 第一条线自然是斜率为 1 的直线. 而第二条线在无穷远处的斜率为零, 且与 τ 值无关, 如图 3.3 所示. 对于 $\tau > 1$ 的值, 在极限 $\eta \to 0$ 时 $f(\eta)$ 的斜率趋于零, 故对于 $\alpha < 1$ 情形两条线不相交. 对于较大的 α 值, 可能有一个交点, 但由此相交条件确定出的 η 值可能很大, 意味着关联长度小于微观截断值; 而这并非物理结果. 因此唯一的物理解是: 关联长度为无限大, 就像液体的表面波动情形一样. 当 $\tau < 1$ 时, 对应较小 η 值的 $f(\eta)$ 斜率趋于无限大, 以确保两条曲线会相交, 故关联长度为有限值. 只要周期性势可以作为微扰处理 ($\alpha < 1$), 这些结论就是正确的; 由此求出的 $\eta \neq 0$ 的值很小, 与我们的预期假设一致.

3.5.7 对生长动力学产生的效应

晶体表面究竟是光滑还是粗糙, 对于晶体生长的动力学有重要影响[8]. 在粗糙化相变温度之上, 波动很大, 故对于晶体生长不存在能量障碍. 因此, 如果给体系加上一个驱动力, 比如温度梯度, 就会导致固体相生长 (以液体相减小为代价), 而固体生长速度正比于驱动力. 这样得到的晶体表面将是光滑的而不具有小面. 在低温时, 晶格常数的效应会显现出来, 即驱动力须超过某一临界值才能使晶体表面生长; 这是因为在粗糙化相变温度之下, 界面是以宏观均匀状台阶的方式生长的 —— 即, 必须把整个原子平面一起移动. 在相变温度之上, 热涨落使得原子可以更加独立地运动.

3.6 问题

3.6.1 平衡态晶体形状

概括粗糙化相变对于晶体平衡态形状的影响, 相关讨论见 C. Jayaprakash, W. F. Saam, 和 S. Teitel, *Phys. Rev. Lett.* **50**, 2017 (1983) 及 C. Rottman and M. Wortis, *Phys. Rev. B* **29**, 328 (1984); *Phys. Repts.* **103**, 59 (1984).

3.6.2 表面关联函数

为了得到实空间中高度 – 高度关联函数的完整表达式 (Eq. (3.19)), 我们必须计算积分

$$\int \mathrm{d}\boldsymbol{q}\frac{(1-\cos\boldsymbol{q}\cdot\boldsymbol{r})}{q^2+\xi^{-2}}. \tag{3.61}$$

考虑此积分在一维 (线界面) 和二维 (表面界面) 的两种情况, 其截止上限设为 ∞. 利用它们写出关联函数及表面方均涨落的更准确表达式. (对于二维情形, 在积分表上找出贝塞尔函数的积分. 把此结果用另一个贝塞尔函数来表示, 同样需要对其自变量的小量作展开.)

3.6.3 毛细波的流体力学

对于黏度不为零的液体表面毛细波, 推导其色散关系. 由于这是一个耗散体系, 我们不能把正文中所用的能量方法应用到这里, 而必须从不可压缩液体的流体力学方程出发. 假定此波的波幅与速度都很小, 试把流体力学方程线性化, 并计算出这些 (可能是过阻尼) 波的色散关系的实部与虚部.

3.6.4 薄膜的破裂

当范德瓦尔斯能量 (见第 5 章) 的大小使得薄膜比厚膜具有更低能量时, 这些薄膜对于其表面的波动可以是不稳定的. 考虑具有初始厚度 D_0 的薄层, 其自由能由单位面积能量的一个表面张力贡献项与一个范德瓦尔斯贡献项 F_{v} 组成, 而 F_{v} 随局域膜厚度 $h(x,y)$ 的变化关系为

$$F_{\mathrm{v}} = -\frac{A}{12\pi h^2(x,y)}. \tag{3.62}$$

这里 $A>0$ 是 "Hamaker 常数", 具有能量单位, 表示相互作用的强度 (见第 5 章). 试确定在什么条件下, 一个波动层的自由能会比一个平层的自由能更低.

3.6.5 粗糙化的自由能

利用关联函数的普遍形式 (3.55), 计算一个固体波动界面的自由能作为 ξ 的函数, 并证明它在高温下只有对应于 $\xi\to\infty$ 的一个解, 而在低温下有两个解, 其中有限 ξ 情形的自由能低于无限大 ξ 情形的自由能.

3.6.6 一维的粗糙化

证明: 定性来说, 一维界面的平衡态粗糙度大于二维界面的平衡态粗糙度. 证明: 至少对于很小的 y_0 值, 一维界面总是粗糙的 (即, 其粗糙化相变温度为零).

3.7 参考文献

1. K. Kawasaki and T. Ohta, *Prog. Theoretical Phys.* **67**, 147 (1982).
2. E. H. Lucassen-Reynders and J. Lucassen, *Adv. Coll. Interf. Sci.* **2**, 347 (1969).
3. See Part B —— Interfacial Waves in *Physiochemical Hydrodynamics*, ed. M. G. Velarde (Plenum Press, New York, 1988), p. 147.
4. H. Goldstein, *Classical Mechanics* (Addison-Wesley, Reading, MA, 1950).
5. C. A. Miller and P. Neogi, *Interfacial Phenomena* (Marcel Dekker, New York, 1985).
6. J. D. Weeks in *Ordering in Strongly Fluctuating Condensed Matter Systems*, ed. T. Riste (Plenum Press, New York, 1980), p. 293.
7. M. E. Fisher in *Statistical Mechanics of Membranes and Surfaces*, eds. D. Nelson, T. Piran, and S. Weinberg (World Scientific, Teaneck, NJ, 1989), p. 19.
8. Y. Saito, *Z. Phys. B* **32**, 75 (1978).

第 4 章

界面的润湿

4.1 引言

在前一章中, 我们描述了表面与界面的能量效应、涨落及相变. 表面与界面是对分开两个共存相的区域的数学理想化. 本章中, 我们前进到一个新的复杂程度, 在润湿的背景中来处理三个共存相的静力学与动力学[1−2]. 为简单起见, 我们考虑一块固体衬底与液体和蒸气处于平衡的情形, 并确定液体层的结构. 此处理方法可以很容易地推广到一个固体衬底支承着一个处于相分离的二分量混合物的问题, 也可以推广到以液体为衬底的问题[3]. 我们首先用经典方式处理问题, 证明一个关于各界面张力相互竞争的简单分析是如何确定固体上液滴的接触角的. 接着说明经典理论怎样与问题的更微观描述联系起来, 特别地, 我们用固体衬底上液体层的剖面理论, 把宏观液滴与固体形成的接触角和液体薄层的厚度联系起来, 此薄层覆盖在液滴间区域的衬底上. 最后, 我们讨论润湿的动力学, 因为许多实验情况包含非平衡效应, 并且会提及最近有关润湿过程中图案形成方面的工作.

4.2 平衡: 宏观描述

4.2.1 完全与部分润湿

我们从一块固体衬底被液滴覆盖的情形开始, 此液滴与其蒸气处于平衡. 为简单起见, 我们首先考虑一块完美的衬底 (完全光滑的固体表面), 而非常稀薄的蒸气可以近似为真空. 当固体表面放上一个液滴时, 就会产生两个互相竞争的效应. 从能量上来说, 液滴与固体衬底的相互作用有利于它扩展开来以致润湿表面. 但是, 扩展会增加液体与蒸气之间的接触面积. 这使得液滴与蒸气之间的表面张力能增加, 而使湿润薄膜不稳定. 当液滴与固体表面的相互作用占优时 (例如, 液 – 固界面比气 – 固界面更有利), 我们得到完全润湿, 而当表面张力项占优时, 就导致部分润湿, 如图 4.1 所示.

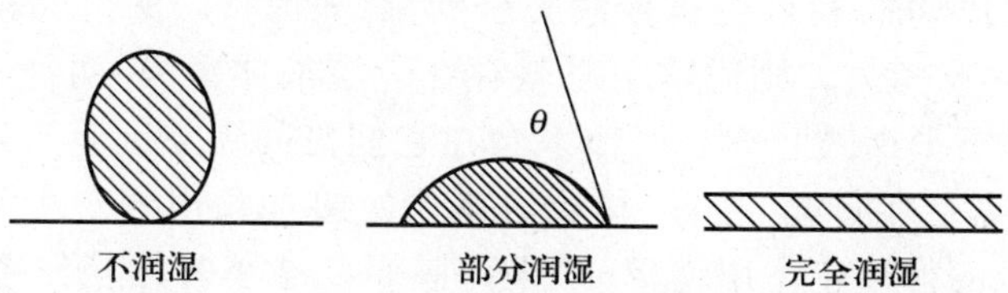

图 4.1 对固体衬底上一个液滴的描述. 完全润湿由接触角 $\theta=0$ 表示, 部分润湿由 $0<\theta<\pi$ 表示, 而不润湿由 $\theta=\pi$ 表示.

对于部分润湿, 我们定义一个接触角 θ, 它可以通过体系处于平衡态时宏观作用力的平衡来给出. 即, 考虑把接触线移动一段小距离所对应的能量变化; 而平衡态时力的平衡要求能量相对于此位移是稳定的. 我们定义 γ_{sl} 为固体与液滴之间的单位面积能量, γ_{sv} 为固体与蒸气或真空之间的单位面积能量, 而 γ 为液滴与蒸气之间的单位面积能量 (即, 液滴的表面张力). 考虑一个无限大的楔形区域, 它代表液滴非常靠近衬底 (其法线在 $\hat{z}$ 方向) 区域的横截面, 接触角为 θ, 如图 4.2 中所示. 把接触线沿 $\hat{x}$ 方向移动一段距离 $\mathrm{d}x$, 则暴露给蒸气的面积为 $L\,\mathrm{d}x$, 这里 L 是体系在 $\hat{y}$ 方向的尺寸, 其对应的自由能损失为 $(\gamma_{\mathrm{sv}}-\gamma_{\mathrm{sl}})L\,\mathrm{d}x$, 因为暴露的面积处不再有液 – 固接触. 此外, 液 – 气界面的面积减少量为 $L\cos\theta\,\mathrm{d}x$. 所以表面自由能变化 $\mathrm{d}F$ 由

$$\mathrm{d}F=L(\gamma_{\mathrm{sv}}-\gamma_{\mathrm{sl}}-\gamma\cos\theta)\,\mathrm{d}x \tag{4.1}$$

给出. 要求 $\mathrm{d}F/\mathrm{d}x=0$ 就等价于在 $\hat{x}$ 方向受力平衡, 故我们得到

$$\cos\theta=\frac{\gamma_{\mathrm{sv}}-\gamma_{\mathrm{sl}}}{\gamma}. \tag{4.2}$$

这就是著名的杨氏方程[4].

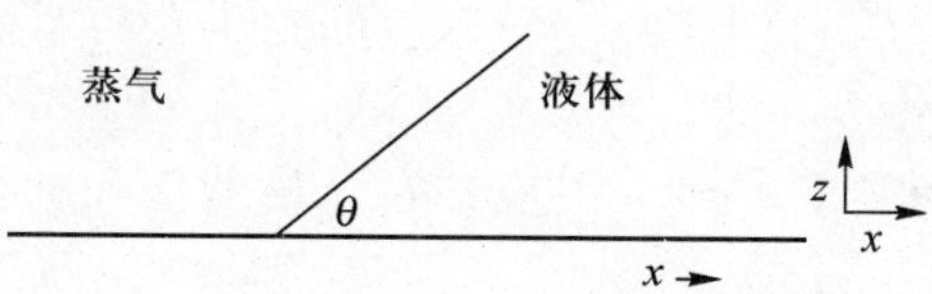

图 4.2 位于固体衬底之上的楔形液体. 接触角为 θ.

不论是增加固 – 液表面能 γ_{sl}, 或者是增加液 – 气界面张力 γ, 都有利于形成部分润湿, 而增加固 – 气表面能 γ_{sv}, 则倾向于形成完全润湿, 因为 γ_{sv} 较大意味着固体表面更喜欢被液体润湿. 当 $\gamma_{\mathrm{sl}}-\gamma_{\mathrm{sv}}<\gamma$, 但 $\gamma_{\mathrm{sl}}-\gamma_{\mathrm{sv}}>0$ 时, 表面张力占优, 仅能形成部分润湿, 其有限接触角大于 $\pi/2$. 当 $\gamma_{\mathrm{sv}}>\gamma_{\mathrm{sl}}$,

但 $\gamma_{\rm sv}-\gamma_{\rm sl}<\gamma$ 时, 则接触角非零且小于 π/2. 当表面张力 γ 减小以至于 $(\gamma_{\rm sv}-\gamma_{\rm sl})$ 等于 γ 时, 衬底会被液滴完全润湿. 平衡状态的情况肯定是这样的, 因为如果 $\gamma_{\rm sl}+\gamma<\gamma_{\rm sv}$, 则固体上总是存在一层液体薄膜, 而绝不会有固体与蒸气之间的真正平衡; 即, 固 – 气体系会在它们之间建立起具有宏观厚度的液体层, 从而导致完全润湿. 注意, 杨氏法则假定接触角由宏观可测的表面张力确定. 然而, 在长程相互作用情形, 如果薄膜厚度减小时相互作用发散 —— 如范德瓦尔斯相互作用 —— 则我们可以修正接触能量. 下一节给出了此类相互作用是如何在某种程度上阻止完全润湿的.

此外, 在某些体系中关于接触角的实验观测可能并不反映平衡状态; 表面不均匀性可以引起接触角滞后现象, 从而使得对于接触角进行动态测量时杨氏法则的适用性有所改变. 接触角滞后现象指的是, 当我们动态测量接触角时, 能够得到接触角的不同值, 取决于接触线是前进的 (即增加固 – 液接触面积) 还是后退的 (即减少固 – 液接触面积)[1]; 接触角的这些偏差常常与表面不纯性相联系, 而这些表面不纯性可以钉扎出接触线并改变局域接触角. 当接触线以有限速度移动, 由于这些钉扎效应, 接触线来不及达到平衡, 而测出的接触角能反映这些偏差. 所以, 我们必须把平衡态接触角仔细地定义为: 当速度减至零时的测量值极限.

4.2.2 例子: 小液滴形状与接触角

对固体表面上一个有限尺寸小液滴 (而非一个半无限大楔形) 形状进行完整的变分处理, 也可以推导出关于接触角的杨氏方程. 在一维几何构形 (即沿 $\hat{x}$ 方向的轮廓变化为 $h(x)$) 的小接触角近似下推导此关系式. 液滴在 $\hat{x}$ 方向的伸展以参数 λ 标记, 通过体积守恒的约束条件能够把它自洽地求出来. 此方法可以直接推广到接触角更大的情形和/或三维液滴情形.

相对于被蒸气覆盖的衬底自由能, 位于衬底上液滴的自由能 (在小斜率近似中) 为

$$f=\int_{-\lambda}^{\lambda}{\rm d}x\left[\gamma_{\rm sl}-\gamma_{\rm sv}+\gamma\left(1+\frac{1}{2}\left(\frac{\partial h}{\partial x}\right)^2\right)\right], \tag{4.3}$$

因为液滴延展范围为 $-\lambda<x<\lambda$. 应该在总横截面积守恒的约束下, 对自由能极小化. 所以对

$$g=f-\mu\int_{-\lambda}^{\lambda}{\rm d}x\ h(x) \tag{4.4}$$

求极小, 其中拉格朗日乘子 μ 由守恒定律确定,

$$\int_{-\lambda}^{\lambda}{\rm d}x\ h(x)=A_0, \tag{4.5}$$

这里 A_0 是常数横截面积.

对于这里考虑的小接触角情形, 我们能够推导出杨氏定律 (方程 (4.2)), 而不需要详细解出液滴的轮廓. 为此, 考虑作为两个独立变量 $h(x)$ 和 λ 的函数的约束自由能 g, 即 (4.4) 式. 由于对 $h(x)$ 求极小要求把 $x=\lambda$ 处固定为 $h=0$, 所以这两个变量并不是完全独立的. 然而, 如果我们重新标度 x 坐标, 并定义 $u=x/\lambda$, 则边界条件变成:

$$h(u=-1)=h(u=1)=0. \tag{4.6}$$

对称性意味着 $u=0$ 处 $\partial h(u)/\partial u=0$. 有了此标度, 就可以对 h 和 λ 独立地取导数. 我们定义延展本领 S 为

$$S=-(\gamma+\gamma_{\mathrm{sl}}-\gamma_{\mathrm{sv}}), \tag{4.7}$$

所以 $S>0$ 表示倾向于完全润湿, 而 $S<0$ 则会导致部分润湿. 于是, 利用方程 (4.4, 4.7), 我们得到

$$g=\lambda\left[\int_{-1}^{1}\mathrm{d}u\left(-S+\frac{\gamma}{2\lambda^2}\left(\frac{\partial h(u)}{\partial u}\right)^2-\mu h(u)\right)\right]. \tag{4.8}$$

把 g 对 $h(u)$ 求泛函极小, 可以导出

$$\frac{\gamma}{\lambda^2}\frac{\partial^2 h(u)}{\partial u^2}=-\mu, \tag{4.9}$$

其第一积分为

$$\frac{\gamma}{2\lambda^2}\left(\frac{\partial h(u)}{\partial u}\right)^2=-\mu h(u)+C, \tag{4.10}$$

这里 C 为常数. 此积分常数可以通过把 g 对 λ 求极小来确定, 其中必须考虑对总因子 λ 的导数, 以及梯度表达式中包含 λ 项的导数:

$$\int_{-1}^{1}\mathrm{d}u\left(-S-\frac{\gamma}{2\lambda^2}\left(\frac{\partial h(u)}{\partial u}\right)^2-\mu h(u)\right)=0 \tag{4.11}$$

(注意梯度项前面的负号.) 把方程 (4.10) 用到 (4.11) 中, 可以确定 $C=-S$, 所以通过计算 (4.10) 式位于 $u=\pm 1$ (即 $h=0$) 的值, 可以确定边界处的接触角

$$\theta=\left(\frac{\partial h}{\partial x}\right)_{x=-\lambda}=\sqrt{\frac{-2S}{\gamma}}. \tag{4.12}$$

这就等价于小接触角极限的杨氏方程.

通过详细求解巨热力学势 (4.4) 式相对于液滴形状的极小, 我们同样能够导出杨氏方程. 由此得到的欧拉－拉格朗日方程为

$$-\gamma\frac{\partial^2 h}{\partial x^2}=\mu, \tag{4.13}$$

它具有抛物线型的解

$$h = \frac{\mu}{2\gamma}(\lambda^2 - x^2). \tag{4.14}$$

此解满足以下边界条件: 在 $x = \pm\lambda$ 处液滴与衬底接触: $h(x = \pm\lambda) = 0$. 精确解为圆的一部分 (二维) 或球的一部分 (三维); 在这里的小斜率情形, 它们被近似为抛物线. 对应于此解的自由能为

$$f = 2\left[\lambda(\gamma + \gamma_{\mathrm{s\,l}} - \gamma_{\mathrm{s\,v}}) + \frac{\mu^2\lambda^3}{6\gamma}\right]. \tag{4.15}$$

于是拉格朗日乘子 μ 通过方程 (4.5) 与液滴大小 λ 相联系, 即意味着

$$\frac{2\mu\lambda^3}{3\gamma} = A_0. \tag{4.16}$$

我们把 f 对液滴尺寸 λ 求极小, 得到

$$\frac{1}{2}\frac{\partial f}{\partial\lambda} = (\gamma + \gamma_{\mathrm{s\,l}} - \gamma_{\mathrm{s\,v}}) + \frac{\mu^2\lambda^2}{2\gamma} + \frac{\mu\lambda^3}{3\gamma}\left(\frac{\partial\mu}{\partial\lambda}\right) = 0. \tag{4.17}$$

由方程 (4.16), 我们确定

$$\frac{\partial\mu}{\partial\lambda} = -\frac{3\mu}{\lambda} \tag{4.18}$$

所以方程 (4.17) 就意味着

$$(\gamma + \gamma_{\mathrm{s\,l}} - \gamma_{\mathrm{s\,v}}) - \frac{\mu^2\lambda^2}{2\gamma} = 0. \tag{4.19}$$

但是, 接触角为

$$\theta = \left(\frac{\partial h}{\partial x}\right)_{x=-\lambda} = \frac{\mu\lambda}{\gamma}. \tag{4.20}$$

因此, 方程 (4.19, 4.20) 意味着

$$\theta = \sqrt{\frac{-2S}{\gamma}}, \tag{4.21}$$

其中延展系数 S 由方程 (4.7) 定义.

注意, 这里处理的小接触角情形意味着 $S \approx 0$, 而这仅发生于 $\gamma_{\mathrm{s\,l}} - \gamma_{\mathrm{s\,v}} < 0$ 的情形. 这其实就对应于方程 (4.2) 中的接触角很小, 即 $\cos\theta \approx 1 - (\theta^2/2)$ 的表达式. 虽然杨氏方程的宏观推导更简单, 但这里描述的自洽解出轮廓的方法可以推广, 从而把液体与蒸气和衬底之间的相互作用明确地包括进来, 下面就对此给出描述.

4.3 长程相互作用: 宏观理论

4.3.1 长程力

迄今为止, 我们考虑了表面张力与液体–衬底间相互作用的竞争, 以确定体系是部分润湿还是完全润湿一个固体衬底. 在完全润湿情形, 固体与蒸气之间的液体层厚度仅取决于体系中材料的数量. 在无限大衬底上的有限数量液体将会形成润湿表面的液体单层. 然而, 长程力的存在可以使得对应于某个特殊薄膜厚度值的自由能为极小. 最近的一篇文献 (参考文献 [5]) 中讨论了当范德瓦尔斯力存在时液滴形状的几种可能性; 这里我们考虑无限大衬底被完全润湿的最简单情形.

4.3.2 范德瓦尔斯能量

为了估计这个最大厚度, 我们考虑一个液体薄膜的范德瓦尔斯能量. 如同第 5 章中将要讨论的, 范德瓦尔斯能量来源于介质中的极化涨落, 其在所有材料中都存在. 在静态近似中 (即可以忽略光传播的有限速度, 适用于小于 800 Å 量级的距离), 来源于感应偶极子–感应偶极子相互作用的两分子间微观范德瓦尔斯能量以 $1/r^6$ 变化; 对于较厚的膜, 相互作用衰减得比 $1/r^6$ 快. 对于非延迟情形, 把相互作用对厚度为 h 的膜中所有分子对计算积分, 可以给出非延迟相互作用能量

$$V(h)=\frac{A}{12\pi h^2}, \tag{4.22}$$

其中系数 A (Hamaker 常数) 的符号由液体与衬底的介电函数共同决定 (见第 5 章). 我们考虑系数 $A>0$ 的情形, 它倾向于使膜变厚. 此效应与表面相互作用竞争, 表面相互作用倾向于使膜变薄, 从而形成对于表面的完全覆盖.

4.3.3 润湿剖面: 完全润湿

我们考虑存在倾向于使膜变厚的范德瓦尔斯相互作用的完全润湿情形 (延展本领 $S\leqslant 0$). 因此, 对于在一个无限大固体衬底上延展的有限数量液体, 平衡态的膜剖面不是一个单层, 而是一个 "煎饼", 其最大厚度由表面张力与范德瓦尔斯能量的平衡来确定 (见图 4.3).

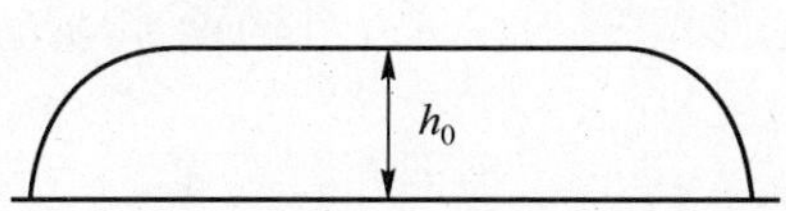

图 4.3 把增厚范德瓦尔斯相互作用考虑进来后所形成的薄饼状小液滴. 如同文中讨论的, 最大高度 h_0 是 Hamaker 常数与界面能量的函数.

为简单起见, 想象一个二维液滴 (液滴与蒸气之间存在一维界面). 我们假定衬底面积大于或等于液滴尺寸, 故不会对小液滴剖面产生限制. 衬底上液

滴的自由能 f 由

$$f=\int_{-L}^{L}\mathrm{d}x\left[-S+\frac{1}{2}\gamma\left(\frac{\partial h}{\partial x}\right)^2+V[h(x)]\right] \tag{4.23}$$

给出, 这里用到了小接触角情形的表面张力表达式. 我们还假设范德瓦尔斯能量与局域膜厚度有关, 因为我们用了均匀膜的厚度表达式, 而让膜的厚度 $h(x)$ 随空间变化. 此近似在厚度随空间缓慢变化的极限下是合理的. 液滴的延展范围从 $x=-L$ 到 $x=L$ 处, S 包括了其与衬底的相互作用能量, 也包括了形成一个平界面的能量: 利用前面定义的标记法, 其为 $S=\gamma_{\mathrm{sv}}-\gamma_{\mathrm{sl}}-\gamma$. 考虑在材料总量固定 (这也同样可确定 L 值) 的约束下求 f 的极小. 于是我们对

$$g=f-\mu\int_{-L}^{L}\mathrm{d}xh(x) \tag{4.24}$$

求极小. g 相对于剖面 $h(x)$ 的变化由欧拉 – 拉格朗日方程给出:

$$\gamma\frac{\partial^2 h}{\partial x^2}=-\Pi[h]-\mu, \tag{4.25}$$

其中 $\Pi[h]=-\partial V/\partial h$, 称为楔裂压. 把方程 (4.25) 乘上 $\partial h/\partial x$, 并积分得到

$$\frac{\gamma}{2}\left(\frac{\partial h}{\partial x}\right)^2=V[h]-\mu h+C. \tag{4.26}$$

通过类似于方程 (4.10) 后面的讨论, 可以证明方程 (4.26) 中的积分常数 C 等于 $(-S)$. 在中点 $x=0$, 剖面是对称的; 定义 $h(0)=h_0$, 我们得到 $V(h_0)-\mu h_0-S=0$, 从而给出 μ 作为 h_0 的函数. 通过对方程 (4.26) 积分, 给出 x/λ 作为 h/h_0 的函数, 能够得到真实的剖面. 与 x 有关的标度取为距离 $\lambda=h_0^2/(\sqrt{3}a)$, 其中长度 a 可通过范德瓦尔斯能量与表面张力之间的竞争来确定:

$$a=\sqrt{\frac{A}{6\pi\gamma}}, \tag{4.27}$$

对于典型材料, 其值为 3 Å 的量级. 为了得到平衡高度 h_0, 可以利用方程 (4.25), 以及由 V 和 S 表示的 μ. 如果预计 $x=0$ 处的曲率 $\partial^2h/\partial x^2\approx 0$ (当 $L\to\infty$ 时此曲率为零), 我们得到

$$h_0=a\sqrt{\frac{3\gamma}{2S}}=\sqrt{\frac{A}{4\pi S}} \tag{4.28}$$

仅依赖于 A 和 S, 因为它来源于范德瓦尔斯能量与接触能的平衡. 如果还记得 $S>0$ 的较大值表示延展趋势增大, 我们就会发现减小 S 或增大 A 或 a 倾向于使膜变厚. 因此这个计算说明, 有一个 h_0 的更优值; 当 $L\gg\lambda$ 时这点很重要, 因为不然的话, 剖面就由守恒限制来确定.

4.4 接触线的涨落

在现实世界的很多重要问题中, 衬底并非完全光滑, 也不是化学均匀的. 衬底在结构或化学方面的无序都将导致接触角, 以至润湿剖面形状的局域变化. 与部分润湿情形不同, 三维楔形与衬底相交的接触角界限清楚, 此交叉的轨迹为一条直线, 三相的接触线则由于无序性而倾向于在空间游移. 发生这种现象是由于接触线的局域位置和局域接触角都在一个表面上涨落, 其表面能值是变化的; 界面会 "发现" 使其自由能较低的表面最佳位置和角度. 这些非理想性质还能引起钉扎接触线的局域平衡态, 并产生接触角滞后现象, 从而深刻地影响伸展动力学 (见参考文献 [1]).

这里, 我们主要研究不均匀性对于接触线和楔形剖面的静态效应. 对于液滴与一个化学不均匀表面衬底的接触线, 我们可以估算其位置关联的损耗 (即波浪程度)[1, 6]. 由于衬底表面是化学不均匀的, 因此固体 – 蒸气和固体 – 液体张力不同于其平均值, 其差为随机函数 $w(x, y)$, 而其关联为 $\langle w(x, y)\rangle = 0$ (即张力的平均涨落为零), 以及

$$\langle w(x, y)w(x', y')\rangle = w_0^2\,\mathrm{e}^{-|\boldsymbol{r}|/\xi}, \tag{4.29}$$

其中 $\boldsymbol{r}^2 = (x - x')^2 + (y - y')^2$, 而 ξ 是表面不纯度的关联长度.

考虑如图 4.4 所示的楔形液体, 纯净衬底的接触线是由 $x = 0$ 给出的一条沿 $\hat{y}$ 方向的直线. 蒸气和液体与纯净固体接触的表面张力分别为 $\gamma_{\mathrm{sv}}^{(0)}$ 与 $\gamma_{\mathrm{sl}}^{(0)}$, 平衡接触角为 θ_0. 对于非均匀衬底, 接触线由 $x = X(y)$ 给出 (见图 4.4), 而被 $-\infty < x < X(y)$ 区域内的蒸气以及被 $X(y) < x < \infty$ 区域内的液体覆盖的体系的接触能量 (即与固体衬底的相互作用) 为

$$F_{\mathrm{s}} = \int \mathrm{d}y \int_{-\infty}^{X(y)} \mathrm{d}x\ \gamma_{\mathrm{sv}} + \int \mathrm{d}y \int_{X(y)}^{\infty} \mathrm{d}x\ \gamma_{\mathrm{sl}}. \tag{4.30}$$

对 y 的积分遍及整个体系, 我们把沿 $\hat{y}$ 方向的长度记作 L. 此体系能量与接触线同样位于 $x = x(y)$ 处的纯净固体的接触能之差为

$$\Delta F_{\mathrm{s}} = \int \mathrm{d}y \int_{-\infty}^{X(y)} \mathrm{d}x\ w(x, y), \tag{4.31}$$

其中

$$w(x, y) = \left[\gamma_{\mathrm{sv}} - \gamma_{\mathrm{sl}} - \left(\gamma_{\mathrm{sv}}^{(0)} - \gamma_{\mathrm{sl}}^{(0)}\right)\right], \tag{4.32}$$

其中, 假设 $w(x, y)$ 对 y 的平均为零. 这里我们已经忽略了常数项, 并且利用了固体 – 蒸气和固体 – 液体的张力平均涨落为零的事实. 把无序看做是围绕

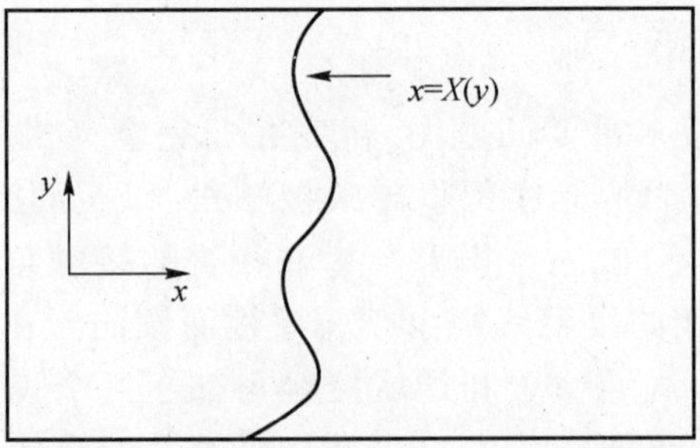

图 4.4　一块楔形液体的顶视图, 沿着边界与表面相交的接触线在 $\hat{y}$ 方向以 $x = X(y)$ 变化. 从边界往右的区域被液体覆盖 (其在 $\hat{z}$ 方向具有局域楔形形状), 而从边界往左的区域被蒸气覆盖.

着干净表面 (表面接触线位于 $x = 0$ 处) 的微扰情形, 就可以把位于接触线 $x = X(y)$ 处的表面能无序值近似为其在 $x = 0$ 处的值. 因此, 我们把 $w(x, y)$ 中的自变量设为 $x = 0$, 并近似为

$$\Delta F_{\mathrm{s}} \approx \int \mathrm{d}y\, X(y) w(0, y). \tag{4.33}$$

现在考虑液体 – 蒸气界面的能量. 接触线的涨落会改变此界面的形状. 界面可以用不均匀衬底上方的高度 $h(x, y)$ 描述, 其能量与完美楔形区域的能量之差由

$$\Delta F_{\mathrm{v}} = \frac{1}{2}\gamma \int \mathrm{d}y \int_{X(y)}^{\infty} \mathrm{d}x [h_x^2 + h_y^2 - \theta_0^2] \tag{4.34}$$

给出, 其中 $h_x = \partial h/\partial x$. 自由能的总变化 ΔF 由

$$\Delta F = \Delta F_{\mathrm{s}} + \Delta F_{\mathrm{v}} \tag{4.35}$$

给出.

我们应把此能量对两个自由度 $h(x, y)$ 和 $X(y)$ 求极小, 以分别确定涨落界面的形状和位置. 首先, 对于确定但随空间变化的接触线 $X(y)$, 我们把 ΔF 对液体 – 蒸气界面形状 $h(x, y)$ 求极小. 于是 $\delta \Delta F / \delta h(x, y) = 0$, 意味着

$$h_{xx} + h_{yy} = 0, \tag{4.36}$$

其边界条件为 (i) $h(X(y), y) = 0$ 以及 (ii) 当 $x \to \infty$ 时, $h(x, y)$ 趋于其非扰动值. 在 $\hat{y}$ 方向把 $X(y)$ 和 $h(x, y)$ 对波矢 q 进行傅里叶变换, 并利用方程 (4.36), 就可给出各个傅里叶分量的依赖关系 $h(x, q) \sim \exp(-|q|x)$. 对所有傅里叶分量求和, 并选择满足边界条件的常数值, 保留 $X(y)$ 的一阶项 (即假定 $|q|X(q) \ll 1$),

我们得到解:

$$h(x,y)=\theta_0\left[x-\frac{1}{\sqrt{L}}\sum_q X(q)\,\mathrm{e}^{\mathrm{i}qy}\,\mathrm{e}^{-|q|x}\right],\tag{4.37}$$

其中 L 是体系在 $\hat{y}$ 方向的尺寸. 对于较大的 x 值, 这个关于剖面的表达式等价于无扰动的楔形. 对于小值 $x=X(y)\approx 0$, 可以取近似 $\mathrm{e}^{-|q|x}\approx 1$ (因为关于剖面的表达式已经是 $X(y)$ 的一阶项), 而且我们发现当 $x=X(y)$ 时它也满足边界条件 $h=0$.

既然我们已经通过极小化得到了在确定的接触线位置 $X(y)$ 处的液体－蒸气界面形状, 接着就可以算出关于此形状的自由能 ((4.37) 式), 并通过极小化得到 $X(y)$ 的最佳值. 因此, 我们把 (4.37) 式代入方程 (4.34) 中, 以得到毛细能, 再对 x 坐标从 $x=X(y)\approx 0$ 开始积分 (因为在 $h(x,y)$ 的表达式中已经有一项正比于 $X(y)$), 就得到界面自由能的变化 ΔF_{v} 为

$$\Delta F_{\mathrm{v}}=\frac{\gamma\theta_0^2}{2}\sum_q |q|\,|X(q)|^2.\tag{4.38}$$

对 (4.33) 式进行傅里叶变换, 并定义 $w(q)$ 为 $w(0,y)$ 在 $\hat{y}$ 方向的傅里叶变换式, 我们得到表面自由能的变化 ΔF_{s} 为

$$\Delta F_{\mathrm{s}}=\sum_q w(-q)X(q).\tag{4.39}$$

把单位长度的总自由能, $\Delta F=\Delta F_{\mathrm{s}}+\Delta F_{\mathrm{v}}$, 对接触线坐标的傅里叶变换式 $X(q)$ 求极小值, 我们得到

$$X(q)=-\frac{w(q)}{|q|\gamma\theta_0^2}.\tag{4.40}$$

通过调整界面位置以适应表面不均匀性, 可使总自由能极小化.

与第 3 章中的粗糙化描述类似, 描写接触线位置移动一个距离 y 的关联函数由

$$\Delta^2(y)=\langle(X(y)-X(0))^2\rangle=\frac{2}{L}\sum_q(1-\cos qy)\langle|X(q)|^2\rangle\tag{4.41a}$$

给出, 这里平均并不是对于热涨落取的, 而是对于由表面不纯性所引起的随机度取的. 于是我们得到

$$\Delta^2(y)=\frac{1}{L\gamma^2\theta_0^4}\sum_q(1-\cos qy)\frac{\langle|w(q)|^2\rangle}{q^2}.\tag{4.41b}$$

如果 $w(x,y)$ 具有方程 (4.29) 中描述的空间关联性, 则简单的标度分析表明

$$\Delta^2(y)\sim\frac{w_0^2}{\gamma^2\theta_0^4}\xi y.\tag{4.42}$$

注意, 尽管表面能涨落的特征长度标尺由 ξ 给出, 但界面粗糙度的方均值并不正比于 ξ^2, 而是正比于一个随两点间距离变化的更长程函数 ξy. 这是因为由接触线涨落引起的蒸气 – 液体界面形变会在沿接触线上不同点之间产生有效长程相互作用. 于是, 界面位置的方均根涨落随两点间距离的平方根变化. 这种变化与接触线的热粗糙度引起其位置涨落的方式相似.

4.5 平衡态: 微观描述

4.5.1 固体 – 液体 – 蒸气共存

我们已经看到, 完全润湿可以由固体衬底与蒸气之间的一层宏观液体薄膜标记. 部分润湿的宏观特征是: 固体衬底被楔形液体或有限大小液滴所覆盖. 在宏观图像中, 固体的其余部分与蒸气接触. 当我们仅考虑两种可能状态 (液体与蒸气) 时, 这就是从宏观角度所能说出的全部. 然而, 与固体的相互作用可以导致衬底附近的分子局域密度与液体或蒸气的密度都相差很大. 于是我们考虑如下情形: (i) 与固体衬底的相互作用是排斥的, 使得衬底上分子具有低密度 —— 即为气体. 在此情形中, 存在着固体 – 蒸气平衡, 故不能期望液体会以小接触角润湿衬底. (ii) 与固体衬底的相互作用是吸引的, 使得衬底上分子具有高密度 —— 即为液体. 在此情形中, 有可能形成固体 – 液体 – 蒸气平衡, 其衬底上液体层的密度大于蒸气密度, 但却可以不同于大块液相的体密度. 如果此中间液体层具有宏观厚度, 我们就得到完全润湿. 而当此中间液层不具有宏观厚度, 则它能够与一个宏观液相共存. 有关此两相的自洽处理方法可用来预测类液体层的厚度, 也能预测出块状楔形或液滴的接触角.

4.5.2 润湿模型: 均匀覆盖

我们首先考虑衬底上均匀覆盖着一层 "液体"、而此液体层未必具有平衡液体密度的情形. 一般地, 在此层从液体逐渐变为蒸气的过程中, 其密度是不均匀的 —— 即, 如果衬底的法线沿着 $\hat{z}$ 方向, 则液体层密度就随 $\hat{z}$ 变化. 我们的目标是首先找到液体层厚度与液体分子和衬底间相互作用的关系. 考虑表面上液体的单位面积自由能 f_{s}, 由以下形式的位力展开给出

$$f_{\mathrm{s}}[n_{\mathrm{s}}] = \left[a_0 - a_1 \frac{n_{\mathrm{s}}}{(n_{\mathrm{l}} - n_{\mathrm{v}})} + \frac{1}{2} a_2 \frac{n_{\mathrm{s}}^2}{(n_{\mathrm{l}} - n_{\mathrm{v}})^2} \cdots \right], \tag{4.43}$$

其中 $n(\boldsymbol{r})$ 是固体上方 $(z > 0)$ 的液体 – 蒸气密度, $n_{\mathrm{s}} = n(x, y, z = 0)$ 是固体表面的液体密度, 而 n_{l} 和 n_{v} 分别为处于平衡态的液体与蒸气体密度. 在方程 (4.43) 中, 我们已把展开用 $(n_{\mathrm{l}} - n_{\mathrm{v}})$ 正规化 (由体自由能确定), 故 n_{s} 的所有系数都具有界面张力的量纲 (即单位面积的能量). 此表达式中的第一项是常数项, 第二项表示 (当 $a_1 > 0$ 时) 表面对分子的吸引 (回顾一下, 如果分子被表面排斥, 则在衬底表面附近不可能存在类液体层), 而第三项代表被表面吸附

的分子 “体斥” 型相互作用 (可以是排斥也可以是吸引的). 为简单起见, 我们考虑此相互作用为排斥的情形 ($a_2 > 0$), 故可以忽略被吸附分子导致液 – 气相分离这样的额外复杂性.

单位面积的总界面自由能 $f_{\rm t}$ 包括 f_0 与来源于液 – 气界面的单位面积自由能之和. 处于平衡态时, 我们在守恒约束 —— 即化学势固定条件下 —— 求总自由能的极小. 如同第 2 章中讨论气 – 液界面时解释过的那样, 为了得到界面轮廓, 我们可以对一个合适的体自由能求极小, 这个体自由能就是单位面积的巨热力学势 $g_{\rm s}$, 即

$$g_{\rm s} = \int {\rm d}z \left[W[n(z)] + \frac{1}{2} B|\nabla n(z)|^2 \right], \tag{4.44}$$

其中 W 包括化学势, 并且减去了均匀体相的巨热力学势. 在 (4.44) 式中, 我们特别讨论的是一维剖面情形, 而 $g_{\rm s} = G_{\rm s}/A$ 是单位面积的自由能. $g_{\rm s}$ 的表达式中既包括界面的梯度能量, 也包括处于平衡态的体气体或体液体的局域自由能与任意密度变化对应的局域自由能之差. 关于气 – 液平衡态, 在第 2 章中我们已经得到

$$W = c(n - n_{\rm v})^2 (n - n_{\rm l})^2, \tag{4.45}$$

其中 $n_{\rm v}$ 和 $n_{\rm l}$ 是平衡态的气体和液体密度, c 为与临界密度有关的常数, 其单位为能量与体积立方之积.

4.5.3 自由能极小化

我们考虑单位面积的总巨热力学势 $g_{\rm t}$, 其由

$$g_{\rm t} = f_{\rm s}[n_{\rm s}] + g_{\rm s} \tag{4.46}$$

给出, 并已通过随空间变化的密度 $n(z)$ 以及表面密度值 $n_{\rm s} = n(z=0)$ 进行了参数化. 于是, 我们首先在表面密度 $n(z)$ 固定的情况下把 $g_{\rm t}$ 对 $n(z)$ 求极小, 以得到任意表面密度的分布形态. 它仅依赖于 $g_{\rm s}$. 接着, 利用此 $n(z)$ 的解再求 $g_{\rm t}$ 的极小以得到局域表面密度, 它包括来自于 $f_{\rm s}$ 和 $g_{\rm s}$ 的贡献, 而这两者皆依赖于 $n_{\rm s}$.

把 $g_{\rm s}$ 对密度分布 $n(z)$ 求极小化, 由此导出的欧拉 – 拉格朗日方程为

$$B\frac{\partial^2 n}{\partial z^2} = \frac{\partial W}{\partial n}. \tag{4.47}$$

两边都乘上 $\partial n/\partial z$, 可以得到

$$\frac{1}{2} B \left(\frac{\partial n}{\partial z} \right)^2 = W[n(z)], \tag{4.48}$$

这里我们所用的边界条件为: 无论液体相还是蒸气相, 在梯度项为零处都有 $W=0$. 把方程 (4.48) 代回自由能的表达式, 我们得到

$$g_{\rm t}=f_{\rm s}[n_{\rm s}]+\int_{n_{\rm b}}^{n_{\rm s}}{\rm d}n\sqrt{2WB}, \tag{4.49}$$

其中 $n_{\rm b}$ 为体相的密度值 (可以是液体或蒸气).

现在我们把方程 (4.49) 对 $n_{\rm s}$ 取极小, 以求出表面密度 $n_{\rm s}$. 这能够给出两种不同类型的解: (i) $n_{\rm s}\ll n_{\rm l}$, 说明表面层是气体, 本质上为固体 – 蒸气界面, 而没有液体润湿膜位于其间, 以及 (ii) $n_{\rm s}\approx n_{\rm l}$, 表示在固体上有一层液体润湿膜, 其密度与体液体的密度差不多. 在此情形中, 满足 $\partial g_{\rm t}/\partial n_{\rm s}=0$ 的可以是一个解, 表示被液体层完全润湿. 如果此方程有两个 (稳定) 解, 则我们得到部分润湿; 这两个解对应于与衬底接触的一层薄膜, 其与楔形液相共存. (在薄膜区域内的表面浓度低于楔形中的表面浓度.) 接下去要考察此宏观区域的接触角与薄膜厚度的关系.

4.5.4 薄膜剖面

关于剖面的计算类似于第 2 章中讨论过的、对体气体 – 液体界面的计算. 我们考虑 $n_{\rm v}<n_{\rm s}<n_{\rm l}$ 的情形. 从方程 (4.48) 以及由方程 (4.45) 给出的 W 的形式出发, 我们得到

$$\frac{\partial n}{\partial z}=\pm\sqrt{\frac{2c}{B}}(n-n_{\rm l})(n-n_{\rm v}). \tag{4.50}$$

定义

$$\Delta=\frac{n_{\rm s}-n_{\rm v}}{n_{\rm l}-n_{\rm s}}>0, \tag{4.51}$$

我们可以求解方程 (4.50), 其应满足的边界条件为: 在 $z=0$ 处 $n=n_{\rm s}$ (这正是此情形与第 2 章中体相共存情形的不同之处), 从而得到

$$n(z)=\frac{(n_{\rm v}-n_{\rm l})+n_{\rm l}(1+\Delta\,{\rm e}^{-z/\xi})}{1+\Delta\,{\rm e}^{-z/\xi}}, \tag{4.52}$$

其中,

$$\xi=\sqrt{\frac{B}{2c}}(n_{\rm l}-n_{\rm v})^{-1}. \tag{4.53}$$

如果 $n_{\rm s}\gg n_{\rm v}$, 则

$$n(z)=n_{\rm l}[{\rm e}^{(z-z_0)/\xi}+1]^{-1}, \tag{4.54}$$

其中

$$z_0=\xi\log\left(\frac{n_{\rm s}}{n_{\rm l}-n_{\rm s}}\right). \tag{4.55}$$

此函数的示意图见图 4.5. 薄膜的密度近似为常数, $n_{\mathrm{s}} \approx n_{\mathrm{l}}$, 厚度为 z_0, 大于此厚度时, 其密度趋于蒸气相的密度. 厚度 z_0 与表面密度直接相关, 当 $n_{\mathrm{s}} \to n_{\mathrm{l}}$ 时 z_0 按密度的对数关系增长. 它由表面相互作用和体密度以及关联长度所决定, 不是宏观的 (即, 不以体系尺寸为标度).

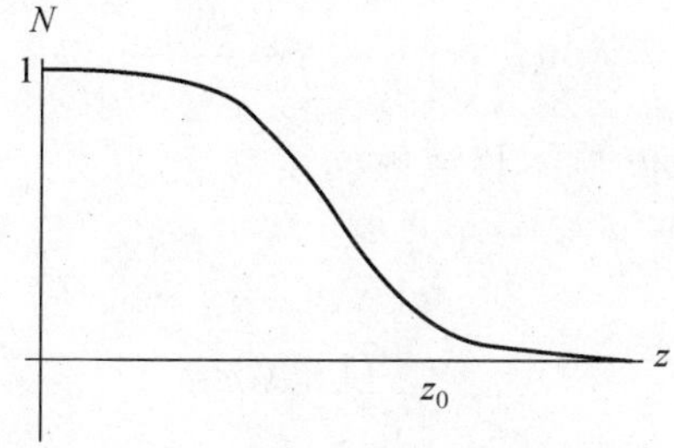

图 4.5 具有固体衬底的气 – 液体系的界面剖面, 其中 $N = n/n_{\mathrm{l}}$ (密度通过平衡液态密度来标度), 而 $Z = z/\xi$ 即正文中所作的定义. 曲线是对于 $n_{\mathrm{v}} \ll n_{\mathrm{l}}$ 的情形计算得到的.

可以观察到, 膜的厚度 z_0 会随温度变化而增加. 我们考虑如下 (在液 – 气相变中常见) 的情形: n_{s} 对温度相对不敏感, 但是当趋近于相分离的体相变温度时, 液体密度 $n_{\mathrm{l}}(T)$ 会减小. 于是我们会预期在低温 (即 $n_{\mathrm{l}} \gg n_{\mathrm{s}}$) 时, 膜厚为有限尺寸 z_0, 而膜层厚度趋向无穷的相变发生在一个更高温度 T_{w} 处, 即 $n_{\mathrm{l}}(T_{\mathrm{w}}) = n_{\mathrm{s}}$. 下面我们会说明此膜 ($z_0$ 为有限值) 与蒸气相和体相液体共存, 体相液体以楔形存在, 其与衬底相交的平衡接触角与 z_0 有关. (这与通常的体相共存有些不同, 后者考虑的是没有特殊几何关系的区域.) 当温度趋近于润湿相变温度 T_{w}, 则 $n_{\mathrm{l}}(T_{\mathrm{w}}) \to n_{\mathrm{s}}$, 而膜的厚度发散; 在固体与液体之间存在一层具有宏观厚度的液体 —— 即趋向完全润湿的相变. 在下面讨论中可以看到, 此相变未必是一个连续相变.

4.5.5 关于薄膜厚度的润湿相变

现在我们来确定表面密度的平衡值以及平衡膜厚度 —— 仍是对于膜在 $\hat{x}$ 方向均匀的情形. 利用关于局域巨热力学势 W 的方程 (4.45), 并计算方程 (4.49) 中的积分, 我们得到单位面积的总自由能为

$$g_{\mathrm{t}} = f_{\mathrm{s}} + \gamma[1 - 3\widetilde{\psi}^2 + 2\widetilde{\psi}^3], \tag{4.56}$$

其中

$$\widetilde{\psi} = \frac{(n_{\mathrm{l}} - n_{\mathrm{s}})}{(n_{\mathrm{l}} - n_{\mathrm{v}})}, \tag{4.57}$$

而

$$\gamma = \int_{n_{\mathrm{v}}}^{n_1} \mathrm{d}n\sqrt{2WB} \tag{4.58}$$

就是第 2 章中定义的蒸气 - 液体界面能量 —— 一个与 n_{s} 无关的量. 我们还可以把方程 (4.43) 中的前三项对一个小量 $\widetilde{\psi}$ 展开, 从而得到

$$f_{\mathrm{s}}[n_{\mathrm{s}}] = f_{\mathrm{s}}[n_1] + \left[a_1 - \frac{a_2 n_1}{(n_1 - n_{\mathrm{v}})}\right]\widetilde{\psi} + \frac{a_2}{2}\widetilde{\psi}^2 \tag{4.59}$$

其中 $f_{\mathrm{s}}[n_1]$ 与 n_{s} 无关, 仅与体相液体密度有关.

对于相对较厚的膜, $\widetilde{\psi}$ 是一个小量. 从方程 (4.55) 我们可以写出:

$$\widetilde{\psi} = \frac{\psi}{(1+\psi)}, \tag{4.60}$$

这里

$$\psi = \exp(-z_0/\xi). \tag{4.61}$$

结合方程 (4.56, 4.59, 4.60), 我们可以对小量 ψ (对应于局域厚度 z_0 较大的情形) 展开, 从而得到

$$g_{\mathrm{t}} = f_{\mathrm{s}}[n_1] + U[\psi], \tag{4.62a}$$

其中

$$U[\psi] \approx \gamma + \alpha\psi + \frac{1}{2}\beta\psi^2 + \frac{1}{3}\Delta\psi^3. \tag{4.62b}$$

这里,

$$\alpha = a_1 - a_2' \tag{4.63a}$$

其中 $a_2' = a_2 n_1/(n_1 - n_{\mathrm{v}})$, 近似等于远离临界点的 a_2. 我们还得到

$$\beta = -2(a_1 - a_2') + a_2 - 6\gamma, \tag{4.63b}$$

$$\Delta = 3(a_1 - a_2) - 3a_2' + 24\gamma. \tag{4.63c}$$

根据参数 a_1, a_2, a_2' 与 γ 之间的不同相互关系, 系数 α, β 及 Δ 的符号可以变化, 而且, 把自由能局域部分 $U[\psi]$ 对于局域厚度 (通过方程 (4.61) 与 ψ 相联系) 取极小化, 我们发现体系具有二级相变 (当 $\alpha \approx 0, \beta > 0$ 时) 或者一级相变 (当 $\alpha \approx 0, \beta < 0$ 及 $\Delta > 0$ 时) 的特征 (见图 4.6 及图 4.7).

因此, 平衡膜厚度可能是有限的 (即 U 关于 ψ 的最小值发生在 z_0 和 ψ 为有限值处), 也可能是无限的 (即 U 对于 ψ 的最小值发生在 $z_0 \to \infty$ 或 $\psi = 0$ 处). 此相变可以连续发生, 或者当 α 或温度变化时 z_0 具有一个不连续的跳跃. 对于更普遍的表面相互作用 (例如那些来源于长程范德瓦尔斯相互作用的), 一般预期 U 会发生一级相变, 因为除了随 z_0 的负幂次方变化的较长程相互作用之外, U 还包括与衬底的极短程相互作用 (即 ψ 的幂次方项) (见本章最后的问题部分).

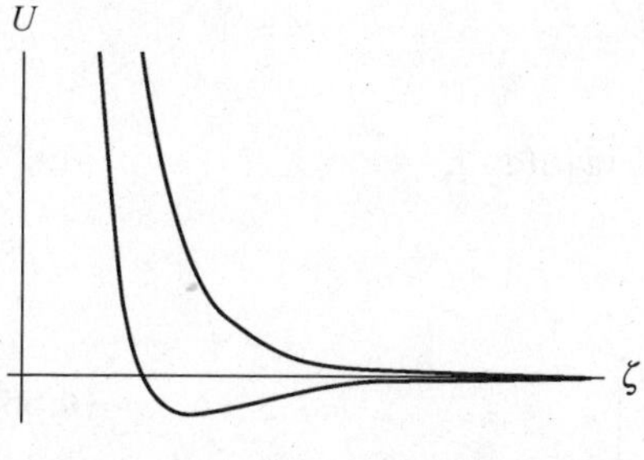

图 4.6 局域自由能 U 作为局域的无量纲膜高度 $\zeta = z_0/\xi$ 的函数. 此图是对于 $\beta > 0$ 情形作出的, 代表关于膜厚度的二级润湿相变; 当 α 越过 0, 对应有限 ζ 的极小值连续地向无穷大处移动.

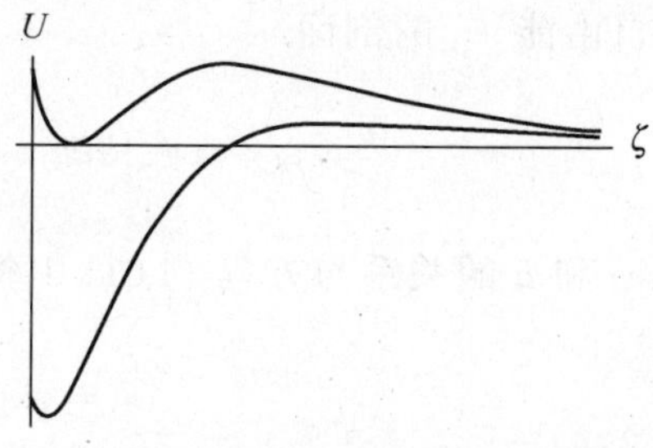

图 4.7 局域自由能 U 作为局域的无量纲膜高度 $\zeta = z_0/\xi$ 的函数. 此图是对于 $\beta < 0$ 情形作出的, 当 α 为小值时, 它表示关于膜厚度的一级润湿相变; 当 α 达到临界值时, 对应有限 ζ 的极小值不连续地跳跃到 $\zeta \to \infty$ 的整体极小值.

4.5.6 薄膜与楔形液体共存: 部分润湿

前面的讨论中假定膜的密度仅在 $\hat{z}$ 方向变化, 并推导出一个特征长度标尺 z_0, 它把膜的厚度与衬底上密度及平衡液态密度联系起来. 然而, 部分润湿通常和与此薄膜共存的宏观液滴的有限接触角有关. 我们将证明接触角与平衡膜厚度有关, 并计算出两个共存相的全部剖面. 此共存的原因是, 当部分润湿更有可能时, 体系倾向于形成具有特殊厚度的薄膜. 然而, 要具有宏观数量的液体, 就意味着此薄膜必须与一个宏观楔形液体共存. 液体剖面 —— 由薄膜到液滴的转变 —— 把楔形的接触角与膜厚度联系起来.

为了考察接触角为有限的楔形与薄膜的共存, 我们必须考虑剖面的变化, 以及在衬底平面上 (沿 $\hat{x}$ 和 $\hat{y}$ 方向) 的*局域值* z_0 的变化 (方程 (4.54, 4.55)). 因此我们把*局域值* z_0 等同为剖面高度 $h(x)$, 而保留 z_0 的记号来表示处于平衡态的薄膜厚度 —— 它可由方程 (4.60, 4.62) 的极小化得到. 为了简单起见, 我们聚焦于图 4.8 所示的几何构形沿 $\hat{x}$ 方向的一维高度变化 $h(x)$, 但需考虑剖面从 $x \to \infty$ 的楔形到 $x \to -\infty$ 的水平薄膜的连续变化. 自由能包括来自于液 – 气表面张力的贡献 (源于 $\hat{x}$ 方向的变化), 其给出的单位面积自由能为:

$$f_{\mathrm{a}}[h(x)] = \frac{\gamma}{2}\int \mathrm{d}x \left(\frac{\partial h(x)}{\partial x}\right)^2. \tag{4.64}$$

还有一个贡献来源于与衬底的相互作用以及 (由 $\hat{z}$ 方向上密度变化引起的) 气 – 液界面能量的结合; 这包含在方程 (4.62) 的 g_{t} 中, 并且我们仅考虑与 $h(x)$ 有关的部分, 即方程 (4.62) 中定义的 $U[\psi(h(x))]$. 于是我们得到具有单位

面积自由能 f_{p} 的剖面:

$$f_{\mathrm{p}} = f_{\mathrm{a}}[h(x)] + \int \mathrm{d}x\, U[\psi[h(x)]], \tag{4.65}$$

其中 ψ 和 h 的关系与方程 (4.61) 中相同:

$$\psi = \exp\left[-\frac{h(x)}{\xi}\right]. \tag{4.66}$$

把 f_{p} 对于剖面 $h(x)$ 求泛函极小, 并利用边界条件: 当 ψ 或 $h(x)$ 分别趋于其平衡 (薄膜) 值 ψ_0 和 z_0 时有 $\partial h/\partial x \to 0$, 则得到

$$\frac{1}{2}\gamma\left(\frac{\partial h}{\partial x}\right)^2 = U[\psi(h(x))] - U_0, \tag{4.67}$$

其中 $U_0 = U[\psi_0]$(及 $\psi_0 = \exp[-z_0/\xi]$) 为对应 $U[\psi]$ 的绝对极小值的 U 值. 此厚度值对应于平衡值 z_0.

通过方程 (4.67) 我们可以立刻把平衡接触角 θ_0 与 $h \to \infty$ 及 $\psi \to 0$ 时的宏观楔形联系起来, 即由下式确定

$$\theta_0 = \left(\frac{\partial h}{\partial x}\right)_{\psi=0} = \sqrt{\frac{2(U_\infty - U_0)}{\gamma}}, \tag{4.68}$$

在我们的模型中 $U_\infty = U(\psi[h \to \infty]) = \gamma$. 它可以通过 U_0 与 ψ_0 的关系与薄膜高度直接联系起来 (此处 ψ 不可忽略). 通过对方程 (4.67) 积分可以得到剖面的确切形式, 包括楔形 (如 x 为大的正值情形) 以及薄膜 (如 x 为大的负值情形) 两种.

在具有二级润湿相变的特殊情形, 可以推导出剖面的解析形式. 我们考虑方程 (4.62), 其所取条件为: α 很小且取负值, $\beta > 0$, 并忽略正比于 Δ 的项 (因为我们聚焦于 ψ 为小量的情形, 而由于 $\beta > 0$ 自由能已经稳定下来了). 于是膜厚度的平衡值由 $z_0 = -\xi \log(\alpha/\beta)$ 给出 (这等价于方程 (4.55)), 而把方程 (4.65) 对 $h(x)$ 求极小可以得到

$$h(x) - z_0 = \xi \log(1 + \mathrm{e}^{\kappa x}), \tag{4.69}$$

这里, 有 $\kappa = |\alpha|/\sqrt{\beta\gamma}$. 如图 4.8 所示, 此剖面光滑地外推至具有渐近厚度 z_0 的薄膜与对应很大 x 值的楔形之间.

楔形的平衡接触角定义为当 x 很大时 $h(x)$ 对 x 的微商, 故可由 $\theta_0 = \kappa\xi$ 给出, 当 $\alpha = 0$ 时其为零且 z_0 发散. 我们注意到, 当 $\alpha \to 0$ 时与 κ 有关的接触角线性地变为零, 体系趋于润湿相变, 而与宏观液滴处于平衡的薄膜厚度随着

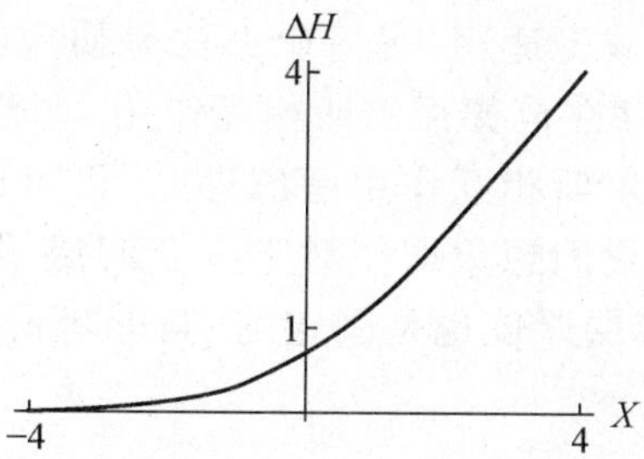

图 4.8 对于具有二级润湿相变的体系, 由理论确定的楔形及薄膜剖面. 这里 $\Delta H = (h(x) - z_0)/\xi$, 因此 $\Delta H = 0$ 对应于薄膜顶部, 其厚度为 z_0. 在图中, 我们定义 $X = \kappa x$. 在这些单位里, 图中的接触角总是有限的, 而当计入标度后, 观察到的接触角就等于 κ, 其在相变处为零.

α 趋于零仅以对数发散. 此计算清楚地证明了平衡接触角趋于零和与楔形液体共存的膜厚度发散 (尽管是对数型的) 两者之间的关系. 把接触角的这个表达式与杨氏定律的宏观表述, 即方程 (4.2, 4.21) 相比较, 我们发现, 理论把延展系数的值 (固 – 液及固 – 气界面能量) 通过微观相互作用确定下来了. 类似的分析可用于计算一级润湿相变, 可以证明在一级相变处, 接触角确实为零; 然而, 此现象发生在膜厚度 z_0 从一个有限值以一级的方式跳跃到一个无限值, 而达到完全伸展之时.

4.6 润湿动力学

4.6.1 伸展的动力学

在许多实际问题中, 理解伸展过程是如何作为时间函数来演化的很有意义. 例如, 可以准备一个液滴, 使其具有给定的初始接触角, 此角未必等于决定液体 – 衬底界面的平衡接触角. 接触角趋于其平衡值的过程对时间的依赖关系决定了伸展过程将多快发生. 我们将看到, 对于简单情形, 趋于完全润湿的过程非常缓慢. 一个更有意义的领域是液体在固体上延展而形成的图案 (例如油漆滴, 以及磁盘上润滑剂的旋转涂层的非均匀性). 这些图案与润湿薄膜的动力学不稳定性紧密相关.

4.6.2 润湿的流体力学

我们将考虑一个宏观楔形液体在原有液体薄层上方的延展 (比如, 起源于范德瓦尔斯相互作用), 如图 4.9 所示. 一个看似较简单、关于宏观液滴在完全干的衬底上延展的问题会因为如下事实而变得复杂: 通常支配固 – 液界面的黏滞边界条件不允许固体附近的液体推进并润湿它, 因为此边界条件要求固体界面处的液体速度为零. 关于此问题的一个解决方法是, 假设黏滞边界条件在固体附近的某些区域不适用. 另一个办法是研究在原有液体膜上方的伸展. 我们已经看到, 由于存在范德瓦尔斯相互作用, 此类薄膜是稳定的. 如果以一种基本方式把范德瓦尔斯相互作用考虑进来, 则可以自洽地推导出润湿动力学[7]. 为了简单起见, 我们想象即使对于完全润湿情形, 由于范德瓦尔斯相互作用, 在无穷远处的薄层厚度也是固定的 (且非零), 并且考虑在高度固定为 b 的薄层上方的延展.

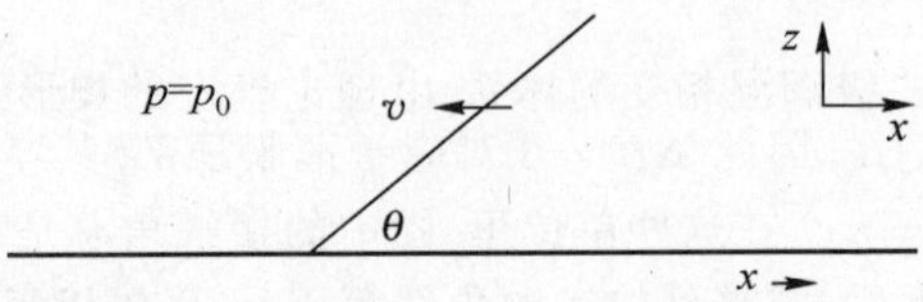

图 4.9 一个楔形液体沿着固体衬底以速度 $\boldsymbol{v}$ 朝 $-\hat{x}$ 方向移动. 动态接触角记作 θ, 其随时间变化. 我们考虑平衡接触角为零的情形.

4.6.3 流体力学方程

我们考虑密度均匀 (ρ) 的液体以速度 $\boldsymbol{v}(\boldsymbol{r},t)$ 运动. 质量守恒或连续性方程意味着

$$\frac{\partial \rho}{\partial t}+\nabla\cdot(\rho\boldsymbol{v})=0, \tag{4.70}$$

而液体内部的受力平衡 (纳维 – 斯托克斯方程) 表述为:

$$\rho\left[\frac{\partial \boldsymbol{v}}{\partial t}+(\boldsymbol{v}\cdot\nabla)\boldsymbol{v}\right]=-\nabla p+\eta\nabla^2\boldsymbol{v}, \tag{4.71}$$

这里 η 是黏度, 而 p 是压强. 另外, 要求满足的边界条件是, 在自由表面上合力 $f_{\mathrm{s},i}$ 为零:

$$f_{\mathrm{s},i}=-pn_i+\eta\frac{\partial v_k}{\partial x_i}n_k=0, \tag{4.72}$$

这里 n_i 是法向单位矢量的第 i 分量, 并且对于重复指标 (k) 求和. 正比于黏度的项就是表面上的摩擦力. 固体表面满足黏滞边界条件, 即 $\boldsymbol{v}=0$.

4.6.4 润滑近似

对于不可压缩的薄膜 ("薄" 是与剖面在 $\hat{x}$ 和 $\hat{y}$ 方向的变化相比较而言的), 在纳维 – 斯托克斯方程中, 我们假设 $\boldsymbol{v}$ 仅与 z 有关; 因此,

$$\nabla^2\boldsymbol{v}\to\frac{\partial^2\boldsymbol{v}}{\partial z^2}. \tag{4.73}$$

此外, 由于膜很薄, 我们假定 $\hat{z}$ 方向的压强为常数. 因此 ∇p 仅有 $\hat{x}$ 和 $\hat{y}$ 方向的分量. 最后, 我们考虑纳维 – 斯托克斯方程的稳定态解: $\partial\boldsymbol{v}/\partial t=0$. 记

$\boldsymbol{v} = \boldsymbol{v}(z)$, 则这些方程为

$$\eta \frac{\partial^2 v_x}{\partial z^2} = \frac{\partial p}{\partial x}, \tag{4.74a}$$

$$\eta \frac{\partial^2 v_y}{\partial z^2} = \frac{\partial p}{\partial y}. \tag{4.74b}$$

因为我们在润滑近似中取 p 与 z 无关, 故 $v_z = 0$. 位于 $z = h(x, y)$ 处弯曲界面两边的压强差由拉普拉斯条件给出 (见第 2 章):

$$p = p_0 - \gamma(h_{xx} + h_{yy}), \tag{4.75}$$

其中 $h_x = \partial h/\partial x$, 而关于速度的边界条件为: 在 $z = h(x, y)$ 处 $v(0) = 0$ 及 $\partial\, \boldsymbol{v}/\partial z = 0$. 由于这些边界条件, 方程 (4.74) 的解为

$$\eta\, \boldsymbol{v}(z) = \frac{1}{2}\nabla p(x, y)[z^2 - 2zh], \tag{4.76}$$

这里 p 与 z 无关, 由方程 (4.75) 给出. 平均速度 $\boldsymbol{U}$ 由

$$\boldsymbol{U} = \frac{1}{h}\int_0^h \boldsymbol{v}(z)\,\mathrm{d}z = \frac{\gamma}{3\eta}h^2\nabla_\perp(\nabla_\perp^2 h) \tag{4.77}$$

确定. 在方程 (4.77) 中,

$$\nabla_\perp = \hat{x}\frac{\partial}{\partial x} + \hat{y}\frac{\partial}{\partial y}. \tag{4.78}$$

液体的特征速度为 $\gamma/\eta \approx 10^3$ cm/s 的量级, 而接触线的速度则小得多, 因为它依赖于曲率 (曲率很小); U 的典型值 ≈ 1 cm/s.

4.6.5 润湿剖面

剖面 (见图 4.9) 是由守恒定律 (4.70) 式确定的. 把此方程从 $z = 0$ 到 $z = h(x, y)$ 积分, 得到

$$\frac{\partial h}{\partial t} + \nabla_\perp \cdot h\boldsymbol{U} = 0. \tag{4.79}$$

利用方程 (4.77) 中平均速度的表达式, 我们可以从以下方程

$$\frac{\partial h}{\partial t} + \nabla_\perp \cdot \frac{\gamma}{3\eta}h^3\nabla_\perp(\nabla_\perp^2 h) = 0 \tag{4.80}$$

的解中得到剖面对时间的依赖关系. 剖面满足的边界条件为: 在远离润湿锋面处 (即, $x \to -\infty$) 有 $h = b$ (原有液体膜的高度).

4.6.6 一维解

现在我们讨论剖面 $h(x)$ 仅在 $\hat{x}$ 方向变化的情形. 在此情形中, 方程 (4.80) 写成

$$\frac{\partial h}{\partial t}+\frac{\partial}{\partial x}\left[\frac{\gamma}{3\eta}h^3 h_{xxx}\right]=0. \tag{4.81}$$

如果润湿锋面以速度 $U_0(t)$ 移动, 其对时间成"缓慢"的依赖关系, 则我们要找的解满足 $h=h(x+\int \mathrm{d}tU_0)$, 而不再有其他的时间依赖关系. (此方法可以由我们最后的结果验证.) 因此, 在计算 $\partial h/\partial t$ 时我们仅保留 $U_0 h_x$ 项, 它远大于 $(\mathrm{d}U_0/\mathrm{d}t)h$ 项. 于是我们得到

$$\frac{\partial}{\partial x}\left[\mathrm{Ca}h+\frac{1}{3}h^3 h_{xxx}\right]=0, \tag{4.82}$$

这里毛细数 Ca 定义为 $\mathrm{Ca}=\eta U_0/\gamma$; 我们注意到, 根据前面的讨论有 $\mathrm{Ca}\ll 1$. 利用远离润湿锋面时的边界条件 $h=b$, 以及仅有水平薄膜存在的事实 (即 h 的所有微商为零), 我们得到

$$3\mathrm{Ca}(h-b)+h^3 h_{xxx}=0. \tag{4.83a}$$

在宏观液滴的区域里 (即 x 为大的正数), $h\gg b$, 以及

$$3\mathrm{Ca}h+h^3 h_{xxx}=0. \tag{4.83b}$$

此方程具有近似解

$$h\approx x\left[3\mathrm{Ca}\log\left(\frac{x}{x_0}\right)\right]^{1/3}, \tag{4.84}$$

其中 x_0 可以通过使这个解适应薄膜情形而得到, 它具有 b/θ 的量级, 而接触角 θ 由 $\theta=(\partial h/\partial x)$ 来确定.

4.6.7 小液滴的伸展动力学

关于剖面的这个解几乎就是斜率为常数的楔形. 动态接触角 θ 为

$$\theta=\left[3\mathrm{Ca}\log\left(\frac{x}{x_0}\right)\right]^{1/3}. \tag{4.85}$$

由毛细数的定义, 我们可以得到 $\theta\propto U_0^{1/3}$; 低速意味着动态接触角很小. 此表达式[8]被称为 **Tanner's 定律**.

4.6.8 例子: 伸展液滴的生长定律

利用 Tanner's 定律及物质守恒计算一个三维小液滴的生长对时间的依赖关系.

我们考虑具有有限体积的 (三维) 小液滴, 根据上面概述的理论, 其润湿锋面伸展开去. 液滴尺寸 R 满足关系式 $R\theta \approx h$, 而体积守恒意味着 $R^2h \approx \Omega_0^{1/3}$, 其中 Ω_0 为常数. 利用关系式 $\theta \propto U_0^{1/3}$ 及 $\mathrm{d}R/\mathrm{d}t = U_0$, 我们发现液滴尺寸遵守以下定律:

$$R^9 \frac{\mathrm{d}R}{\mathrm{d}t} = \widetilde{\Omega}_0, \tag{4.86}$$

其中 $\widetilde{\Omega}_0$ 是另一个常数. 此方程表示液滴非常缓慢地生长, 其对时间的函数为: $R \propto t^{1/10}$, 而前面曾表述过, 平均速度 $U_0 \propto t^{-9/10}$ 很小. 用伸展动力学对一个二维小液滴进行类似的计算, 可得到 $R \propto t^{1/7}$. 此生长定律仍然代表体系的非常慢的动力学.

4.6.9 受迫润湿及图案形态

由于自发润湿随时间的进展非常慢 ($R \propto t^{1/10}$), 故我们经常用外力来加速润湿过程. 例如, 把一个液滴放在旋转转盘上, 通过离心力[9]使液滴变薄并伸展, 或者使液体沿一斜面流下来[10]. 温度梯度也能够加速液滴的伸展[11]. 外力导致的伸展比 $t^{1/10}$ 定律快得多; 比如, 对于重力作用, 锋面按 $t^{1/3}$ 关系移动. 然而实验显示, 此类伸展会导致在远离接触线处剖面变为平的. 在接触线附近, 剖面由 Tanner's 定律给出, 而在这两个区域之间, 剖面会发展出一个 "隆起", 即在接触线后面有剩余液体. 对于一个三维体系, 此隆起类似于一个液体圆柱, 以指进的方式失稳[12], 这点与第 3 章中讨论过的圆柱瑞利不稳定性类似. 所以, 此类受驱体系不是均匀地伸展, 而是通过具有确定宽度的梳形而越过转盘移动或流下斜面.

4.7 问题

4.7.1 涨落的接触线: 随机缺陷

如果用一个基于界面张力标度的简单估计来预测关于波形接触线的有效毛细能量, 我们会得到其对 q^2 的依赖关系, 而实际上此能量是随着 q 线性变化的 (见方程 (4.38)), 为什么? 把此结果与楔形高度所满足的拉普拉斯方程普遍性质联系起来.

通过积分计算出方程 (4.41) 中的关联函数.

4.7.2 涨落的接触线: 周期性缺陷

考虑衬底在 $\hat{y}$ 方向受到周期性微扰的情形. 在每个缺陷附近尺寸为 D 的区域里, 衬底受到的扰动强度为 w_0, 而在此区域外则不受扰动. 利用方程

(4.38) 及关于缺陷自由能的恰当表述, 计算 $x=0$ 处接触线的位移.

4.7.3 具有范德瓦尔斯相互作用的部分润湿剖面

考虑楔形样液滴与固体衬底接触的剖面. 除了界面能量以外, 把范德瓦尔斯能量 $\sim A/h^2$ 也包括进来, 这里 $A>0$ 表示倾向于使膜变厚, 而 h 是局域膜厚度. 对于 h 远大于在固体上与楔形共存的薄膜厚度之情形, 取自由能极小值可以得到剖面. 因此, 结果应与表面相互作用的细节无关, 而仅依赖于范德瓦尔斯能量与平衡接触角.

能否证明, 与衬底的短程相互作用和范德瓦尔斯相互作用的结合会导致一级润湿相变? [提示: 把自由能以小量 ψ 或相对大的 h 值展开.]

4.7.4 完全润湿与范德瓦尔斯相互作用

对于完全润湿情形, 具 $A>0$ 的范德瓦尔斯相互作用倾向于使膜变厚. 为了研究衬底上一个有限大小液滴的情形, 可以利用关于自由能的宏观方程 (如 (4.26) 式, 其中的化学势由方程 (4.25) 在 $h=h_0$ 处的取值给出, 而液滴曲率取为零), 计算其平衡剖面.

4.7.5 一级润湿相变的剖面

对于一级润湿相变情形, 计算出共存的宏观液体楔形与薄膜的剖面, 并由此证明: 尽管在相变点接触角消失, 但薄膜厚度仍保持为有限值.

4.7.6 固体的去湿

考虑一块固体衬底, 除了一个半径 R 的圆柱形洞暴露在空气中以外, 其余部分都被厚度为 D 的薄膜均匀覆盖. 与不带洞的理想薄膜情形相比较, 此带洞薄膜的自由能表示成 D, R 以及相关的表面/界面张力的形式如何? 当临界半径为多少时, 这个洞会长大? 为什么?

4.8 参考文献

1. See P. G. de Gennes, *Rev. Mod. Phys.* **57**, 827 (1985) and L. Leger and J. F. Joanny, *Rep. Prog. Phys.* **55**, 431 (1992) for reviews of both the statics and dynamics of wetting.
2. See M. Schick in *Liquids at Interfaces*, eds. J. Charvolin, J. F. Joanny, and J. Zinn-Justin, Les Houches Session XLVIII (North-Holland, Amsterdam and New York, 1990), p. 415 for a review with an emphasis on phase transitions and also the articles by A. M. Cazabat, ibid., p. 371, and D. Beysens, ibid., p. 499, for experimental discussions.
3. J. F. Joanny, *Physico-Chemical Hydrodynamics* **9**, 183 (1987).
4. T. Young, *Phil. Trans. R. Soc. London*, **95**, 65 (1805).

5. F. Brochard, J. Di Meglio, D. Quere, and P. G. de Gennes, *Langmuir* **7**, 335 (1991).

6. J. F. Joanny and P. G. de Gennes, *J. Chem. Phys.* **81**, 552 (1984).

7. J. F. Joanny, *J. Theoretical and Appl. Mechanics* **23**, 249 (1986).

8. L. H. Tanner, *J. Phys. D* **12**, 1473 (1979).

9. F. Melo, J. F. Joanny, and S. Fauve, *Phys. Rev. Lett.* **63**, 1958 (1989).

10. H. E. Huppert, *Nature* **300**, 427 (1982).

11. A. M. Cazabat, F. Heslot, S. M. Troian, and P. Carles, *Nature* **346**, 824 (1990).

12. S. M. Troian, E. Herbolzheimer, S. A. Safran, and J. F. Joanny, *Europhys. Lett.* **10**, 25 (1989).

第 5 章

刚性界面的相互作用

5.1 引言

前面几章给出了关于界面和表面的结构、涨落与相变的理论框架, 着重点是单个孤立界面的性质. 这里, 我们考虑的是刚性 (即, 平的) 界面与表面之间的相互作用. 为了表征包含大量的、热力学数目界面的体系性质, 诸如胶体悬浮液与自组装结构, 首先必需了解这些相互作用. 此外, 还能够用宏观的力平衡实验[1]来研究两个界面间的相互作用. 我们先简单地复习一下这些系统中重要的分子相互作用类型, 然后着重研究对于确定表面和界面的大尺度性质很有用的长程力类型. 在我们的方法中, 分子的短程相互作用是通过对系统局域性质 (例如, 表面或界面张力, 裸关联长度, 自由能展开中的参数) 的一般唯象处理考虑进去的, 而长程相互作用 (诸如范德瓦尔斯及静电相互作用) 则能够进行明晰的处理, 因为这些相互作用在本质上是相当普适的, 可以直接包括到理论中. 于是我们需考虑界面间范德瓦尔斯相互作用的微观本质. 我们将说明, 本质上很普适的这些相互作用如何导致长程力, 接着讨论这些效应的连续性理论. 其次, 我们研究带电表面或界面之间的静电相互作用, 着重于自由能与随空间变化的电荷分布之间的联系. 最后, 我们考虑由溶于溶剂中的溶质作媒介的两个表面间的相互作用, 其中溶剂占据了两个表面间的体积; 我们将再次看到, 这个相互作用在本质上是相当普适的. 本章中忽略表面的波动或热涨落. 具有相互作用的涨落表面理论将在后面关于膜的一章中讨论. 在参考文献 [1] 中可以找到关于表面力的完整讨论, 也包括许多实验上有意义的方面.

5.2 分子相互作用

我们在下面给出基于参考文献 [1] 的、关于分子相互作用类型的概述, 它对理解表面和界面的结构与相行为很重要. 由于包含表面和界面的体系是多组分的, 故其相互作用常常与特殊类型介质中的分子间相互作用有关. 对于包含表面活性剂或聚合物的自组装体系, 这一点尤其重要, 因为其相互作用以至平衡结构都会受到溶剂类型的强烈影响.

5.2.1 强的成键: 共价型, 离子型, 金属型

在不带电体系中, 短程相互作用通常与波函数重叠 (电子共享) 有关, 称为**共价**键. 一个碳 – 碳双键的典型能量为 240 k_BT, 而一个碳 – 氧单键的典型能量为 136 k_BT. (单位为 k_BT, 其中 $T=300$ K; 注意: 1 eV$\approx$ 40 k_BT.) 在带电系统中, *离子键*起源于库仑相互作用 (如 Na^+Cl^-), 其典型值为 $e^2/\epsilon a$, e 为离子电荷, 而 a 是原子间距, 大小约几 Å. 在真空中, 介电常量 $\epsilon=1$, 故产生量级为 100 k_BT 的能量. 在包含退定域电子的带电系统中, 起作用的是*金属键*. 典型的内聚能与电子能带的宽度有关, 为 1 或 2 eV$\approx$ 40 k_BT 的量级. 注意, 这些大的能量意味着此类力不能与室温时的熵抗衡, 故熔化包括了固态相与液态相之间的能量差, 而不是分子键的完全破裂.

5.2.2 弱的成键: 偶极相互作用

在体系中, 如果正电荷与负电荷被紧紧地束缚在一个单分子上 (两性离子), 分子间仍会产生*偶极*相互作用. 在真空中这些相互作用大小为 e^2a^2/r^3, a 是偶极电荷之间的间隔, 而 r 是分子间距. 如果分子间距很大, 则产生的能量为几个 k_BT. 此能量为排列能, 可以与取向熵抗衡. 在含有 OH, NH, FH, 及 ClH 键的体系中存在*氢键*. 它使得水具有相对稳定性 (即, 水的分子量较小而沸点相对较高). 在电负性 (带负电) 分子或原子与氢 (具有正的极性) 相结合的体系中, 可以发现氢键的存在. 通常氢可以在分子间传递相互作用, 其典型强度为每键几个 k_BT.

5.2.3 以溶剂为媒介的能量

现在我们讨论介质中分子的性质. 为简单起见, 我们考虑液体介质, 其可以视为连续的介电模型. 溶剂的极化率能提高分子的可溶性, 因为带电分子具有自能, 它与把电荷聚集在一起的静电能有关. 我们可以在一个简单的经典模型中作估计, 计算使一个半径为 R (离子大小) 的球体带电 Z (离子电荷) 所需的能量. 由于此能量大小约 $(Ze)^2/\epsilon R$, 我们发现, 如果把分子放在介电常量较大的介质中, 则其能量会降低. 在极性介质如水中, $\epsilon=80$, 故此能量降低了几乎两个数量级. 此效应能部分解释盐在水中的可溶性, 但其中也有熵相互作用 (每个自由度的自由能为 k_BT) 的原因. 极性分子被其周围的极性介质溶解, 并导致这些极性分子的自由能降低, 称为**亲水**相互作用. 类似地, 极性溶剂中的极性分子相互作用也受到溶剂极化率的影响, 故与真空中的相互作用相比,

直接相互作用能量会减少.

5.2.4 疏水相互作用

非极性分子在极性溶剂如水中, 由于**疏水**效应其自由能会增高. 非极性分子能使水的熵减少, 相比之下, 范德瓦尔斯相互作用的差别是次要效应 (占自由能的 15%); 当非极性分子存在的情况下, 水分子形成氢键的途径会减少. 把一个碳氢化合物搬到水中需要额外的自由能, 而熵效应就占了此额外自由能的 85%. 由于水中氢键网络的破裂, 极性溶剂中的非极性分子自由能会增加, 所以这些分子倾向于结合起来. 与各分子单独溶解形成的溶液相比, 此类分子的聚集体使得氢键破裂较少. 当表面活性剂分子溶于水中, 此类效应就会导致**胶团**的形成. 这些分子的极性部分 (如 Na^+ SO_3^-) 溶于水中 (亲水型), 而碳氢部分处于胶团内部故与水隔绝. 由于这些相互作用包括溶剂的局域成键, 故它们是短程的, 与静电力和色散 (范德瓦尔斯) 力相反.

5.2.5 范德瓦尔斯相互作用

分子间的范德瓦尔斯力或**色散**力很重要, 因为其是普适的 —— 与分子的具体类型无关; 故它们存在于所有的凝聚体系统中. 这些力起源于由电荷密度的量子力学涨落引起的感生偶极子 – 感生偶极子相互作用. 如果考虑两个具有球对称电荷分布的原子 (故平均偶极矩为零), 我们就能够以一种简单而非常近似的方式理解此相互作用. 然而, 由于其带正电的原子核与价电子的电荷不重合, 每个原子确实具有一个瞬时偶极矩. 此矩来源于价电荷密度 (其仅在平均意义上是球对称的) 的量子力学涨落. 这个瞬时偶极矩在距离原子 r 处的电场 $\boldsymbol{E}$ 以 $1/r^3$ 变化. 当另一个原子是可极化的, 它就会响应此场而产生一个感生偶极矩 $\boldsymbol{p}$, 其正比于此场, 以 α/r^3 变化, 而 $\alpha > 0$ 为原子极化率. 对应的相互作用能量正比于 $-\boldsymbol{p}\cdot\boldsymbol{E}$, 故以 $1/r^6$ 变化. 此能量是吸引的 —— 即, 它随着 r 减小而减小 —— 因为感生偶极子倾向于抵消引起它的电场.

此相互作用是长程的 (幂律, 以 $1/r^6$ 变化), 并受到介质的影响. 在 3 Å 的距离上其典型强度为 1 $k_\mathrm{B}T$; 因此与共价键或金属键相比, 它是相对弱的相互作用. 在分子尺度上, 这些力是非极性固体如稀有气体 (如氩) 和碳氢化合物的成键原因. 然而, 由于其长程性, 这些力对于理解复合材料和复杂流体的自由能至关重要, 因为这些体系中可能有不同成分组成的畴 (如一个介电质多层). 这些区域的平衡厚度以及这些层之间的相互作用力由长程范德瓦尔斯相互作用来确定.

5.3 范德瓦尔斯相互作用能量

在本节中我们讨论分子间色散相互作用的起源及其作用. 我们聚焦于非延迟相互作用, 它的距离尺度比典型原子频率相关的时间内光传播的距离小

很多 —— 因此可以忽略相对论性修正. 此外, 我们仅考虑相互作用的能量效应; 电磁场的热涨落及这些相互作用对温度的依赖关系将在下一部分讨论. 在推导出真空中两个原子间的相互作用之后, 我们考虑把这些概念启发式地扩展到介质中的相互作用. 最后, 我们利用这些概念来估计宏观物体的范德瓦尔斯相互作用能量. 在第 4 章中我们已经看到, 这些长程相互作用 (可以是吸引也可以是排斥的) 是如何对薄膜的稳定性起重要作用的. 此外, 色散力可以决定胶体系统的稳定性, 将在第 7 章中讨论.

5.3.1 量子力学相互作用

两个物体之间的范德瓦尔斯相互作用在本质上是量子力学的, 这一点可以首先通过考虑真空中两个原子间相互作用的简单情形[2]来理解. 我们把两个原子的中心分别固定在 $\boldsymbol{r}=0$ 及 $\boldsymbol{r}=\boldsymbol{R}$ 处. 总哈密顿量为

$$H = H_1 + H_2 + V, \tag{5.1}$$

其中 H_1 和 H_2 是孤立原子的哈密顿量 (在此讨论中它们不一定相同), V 代表原子 1 的电子与原子 2 的原子核间相互作用能量、原子 2 的电子与原子 1 的原子核间相互作用能量, 还有两个电子 (为简单起见我们考虑一价原子) 之间以及两个原子核之间的相互作用能量. 而原子 1(2) 的电子与原子 1(2) 的原子核间相互作用已经包括在 $H_{1(2)}$ 中了. 如图 5.1 所示, 我们把两个电子坐标分别记作 $\boldsymbol{r}_1$ 和 $\boldsymbol{r}_2'$. 可以写出:

$$V = e^2\left[\frac{1}{|\boldsymbol{R}|} - \left(\frac{1}{|\boldsymbol{R}-\boldsymbol{r}_1|} + \frac{1}{|\boldsymbol{r}_2'|}\right) + \frac{1}{|\boldsymbol{r}_1-\boldsymbol{r}_2'|}\right]. \tag{5.2}$$

相互作用能量 ΔU 的量子力学公式 (取至微扰论中的二阶项) 为

$$\Delta U = \langle 0|V|0\rangle + \sum_n \frac{|\langle 0|V|n\rangle|^2}{U_0 - U_n}, \tag{5.3}$$

其中两个原子的无微扰基态 ($|0\rangle$) 能量为 U_0 而较高能态 ($|n\rangle$) 具有能量 U_n.

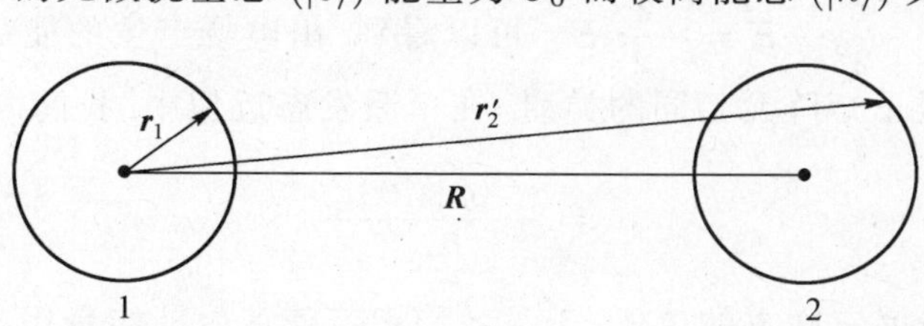

图 5.1 用于计算两个原子间范德瓦尔斯相互作用的坐标系.

5.3.2 非延迟相互作用

当两个原子间距不太大时 ($R < c/\omega$, 其中 ω 为典型的原子频率), 不必考虑相对论性修正. 然而, 假定 R 足够大, 故波函数的重叠很小, 我们可以把 V 对小量 $\langle|\boldsymbol{r}_1|\rangle \ll R$ 及 $\langle|\boldsymbol{r}_2' - \boldsymbol{R}|\rangle \ll R$ 展开. 定义 $\boldsymbol{r}_2 = \boldsymbol{r}_2' - \boldsymbol{R}$, 我们得到此展开式取至最低阶的结果是

$$V \approx -\frac{e^2}{R^3}\left[3(\boldsymbol{r}_1\cdot\hat{R})(\boldsymbol{r}_2\cdot\hat{R}) - \boldsymbol{r}_1\cdot\boldsymbol{r}_2\right]. \tag{5.4}$$

如果电荷密度是球对称的 (即, 非极性原子), 则 ΔU 在微扰论中的一阶项消失. 方程 (5.3) 中的二阶项会导致一个吸引相互作用, 其以 $1/R^6$ 衰减. 真空中两个原子间的相互作用总是吸引的, 即 $\Delta U < 0$, 因为方程 (5.3) 中的基态能量小于各激发态能量. 对于原子间距离较大 (真空中大于 50 Å) 的情形, 范德瓦尔斯相互作用需要进行相对论性修正; 它比 $1/R^6$ 衰减得快, 并且不总是吸引的. 类似地, 在电介质中, 相互作用可以是吸引的也可以是排斥的.

注意到方程 (5.3) 中的各项皆为负的, 并把对激发态求和近似为只取能量最接近基态的那个态 (即 $n = 1$), 可以求出 (负值) ΔU 的一个上界. 于是我们把第一激发态能量写成 $U_1 = U_0 + \hbar\omega_1 + \hbar\omega_2$, 其中 $\hbar\omega_1$ 和 $\hbar\omega_2$ 分别是两个原子的能量差. 在此近似下, 对于各向同性系统, 我们得到

$$\Delta U \approx \frac{-6\,e^4}{R^6}\frac{|\langle g_1|z_1|e_1\rangle\langle g_2|z_2|e_2\rangle|^2}{\hbar\omega_1 + \hbar\omega_2}, \tag{5.5}$$

其中 $\langle g_i|$ 和 $\langle e_i|$ 指的是第 i 个原子的波函数, $i = 1, 2$, $z_1 = \boldsymbol{r}_1\cdot\hat{R}$, $z_2 = \boldsymbol{r}_2\cdot\hat{R}$.

5.3.3 介质中的相互作用

在范德瓦尔斯能量 (5.5) 式中的矩阵元及能量分母都与极化率 α 有关, 它把偶极矩 $\boldsymbol{p} = e\boldsymbol{r}$ (以电荷与距离之积作为单位) 与外加电场联系起来[2]. 对于各向同性系统, 极化率是一个标量, 我们写出:

$$\boldsymbol{p} = \alpha\boldsymbol{E}. \tag{5.6}$$

微扰能是 $V = -\dfrac{1}{2}\boldsymbol{p}\cdot\boldsymbol{E} = -\dfrac{1}{2}\alpha E^2$, 可以看到, 由电场产生的能量中包含与方程 (5.5) 中偶极子矩阵元相同的类型. 在单激发态近似中, 我们得到

$$\alpha_i = \frac{e^2|\langle g_i|z|e_i\rangle|^2}{\hbar\omega_i}. \tag{5.7}$$

因此, α 具有长度三次方的单位. 于是我们把范德瓦尔斯能量用各原子的极化率来表示为:

$$\Delta E \approx -\frac{6\beta_{12}\alpha_1\alpha_2}{R^6}, \tag{5.8}$$

其中 $\beta_{12}=\hbar\omega_1\omega_2/(\omega_1+\omega_2)$ 是来源于能量分母之差的因子. 我们强调, 此表达式是从一个简化的二态模型推导出来的. 然而, 下面我们用更详细的方法来计算范德瓦尔斯相互作用随极化率变化的行为, 与这里给出的不太严格的方法是半定量地符合的.

我们现在把范德瓦尔斯能量和原子极化率的这个关系进行一个启发式的扩展, 应用到电介质中两个原子或分子相互作用的情形. 对刚才讨论过的情形 (即真空), 极化率与介电常量通过 $\alpha_i=(\epsilon_i-1)/\rho_i$ 联系起来, 其中 $1/\rho_i$ 是第 i 类的分子体积. 在介电常量为 $\epsilon_{\rm m}$ 的介质中, 我们可以把此表达式进行启发式的推广, 从而把剩余极化率写为 $\alpha_i=(\epsilon_i-\epsilon_{\rm m})/\rho_i$. 因此这就提示我们, 可以把两个相距 $\boldsymbol{r}$ 的分子之间色散相互作用 (5.8) 式, $U=\Delta E$, 改写成

$$U\approx-\frac{1}{r^6}\frac{6\beta_{12}}{\rho_1\rho_2}\frac{(\epsilon_1-\epsilon_{\rm m})(\epsilon_2-\epsilon_{\rm m})}{\epsilon_{\rm m}^2},\tag{5.9}$$

这里分母中的因子 ϵ_m^2 来源于如下事实: 使各原子产生极化的电场由于介质的介电常量而减小, 能量正比于电场的平方. 从这个表达式我们看到, 色散相互作用的符号取决于分子与介质间的介电常量之差. 注意, 如果 $\epsilon_1=\epsilon_2$, 则 $U<0$; 两个同类分子总是相互吸引. 如果 $\epsilon_{\rm m}>\epsilon_1$ 及 $\epsilon_{\rm m}>\epsilon_2$ 或者 $\epsilon_{\rm m}<\epsilon_1$ 及 $\epsilon_{\rm m}<\epsilon_2$, 则范德瓦尔斯相互作用也总是吸引的. 只有在 $\epsilon_{\rm m}$ 位于 ϵ_1 和 ϵ_2 之间的中间情形, 范德瓦尔斯相互作用才可能是排斥的. 习惯上, 对于一给定介质中的两个分子间相互作用, 我们用如下表达式来定义 Hamaker 常数 A_{12}

$$U=-\frac{A_{12}}{\pi^2\rho_1\rho_2}\frac{1}{r^6},\tag{5.10}$$

其中 ρ_i 为分子 i 的密度. Hamaker 常数具有能量的单位, 其典型值为 $25k_{\rm B}T$ 的量级. 这里的讨论提示我们, A_{12} 的符号与积 $(\epsilon_1-\epsilon_{\rm m})(\epsilon_2-\epsilon_{\rm m})$ 的符号有关 —— 例如, 对于全同的分子, $A_{12}>0$, 而相互作用是吸引的.

5.3.4 多分子相互作用

色散相互作用衰减很慢的特质会导致大物体之间的长程相互作用. 对于一个多粒子系统, 如果假设范德瓦尔斯相互作用是按对相加的, 则可以求出相互作用能量 (更严格的处理方法请见下一节). 于是, 我们考虑系统中密度分别为 $n_1(\boldsymbol{r})$ 和 $n_2(\boldsymbol{r})$ 的两部分之间的相互作用 U, 由下式给出

$$U=-W_0\int{\rm d}\boldsymbol{r}\,{\rm d}\boldsymbol{r}'\frac{n_1(\boldsymbol{r})n_2(\boldsymbol{r}')}{|\boldsymbol{r}-\boldsymbol{r}'|^6},\tag{5.11}$$

其中 W_0 与 Hamaker 常数有关. 考虑表面上方沿 $\hat{z}$ 轴方向距离为 D 处的单个分子, 就可以看出这些相互作用的长程性质. 如果包含表面的材料密度为 n_0,

$$U=-W_0\,2\pi n_0\int_D^\infty{\rm d}z\int_0^\infty{\rm d}\rho\frac{\rho}{(z^2+\rho^2)^3},\tag{5.12}$$

则其与所有表面的净相互作用以 $1/D^3$ 关系缓慢地衰减, 而分子受到的力是吸引的, 以 $1/D^4$ 衰减.

5.3.5 表面相互作用

对于被 (一个真空区) 分开、相距 $2D$ 的两个面积 A 的表面, 我们可以用类似方法计算它们之间的单位面积相互作用能量, $u = U/A$ (见图 5.2):

$$u = -W_0(2\pi n_0^2)\int_D^\infty \mathrm{d}z\int_{-\infty}^{-D}\mathrm{d}z'\int_0^\infty \mathrm{d}\rho\frac{\rho}{[(z-z')^2+\rho^2]^3}, \tag{5.13}$$

并得到 $u = (-W_0\pi n_0^2)/(48D^2)$. 对于两个厚度 $2d$、相距 $2D$ 的膜, 当 $d \ll D$ 时, 它们之间单位面积相互作用能量正比于 d^2/D^4 并且是吸引的. 在间距相对于膜厚很小, 即 $D \ll d$ 的情形, 相互作用以 $1/D^2$ 衰减. 如果两块半无限大介质被一个间隙分开距离 D, 由于 $d \gg D$ 时, 膜与间隙的尺寸相比显得无限厚, 所以此情形中的相互作用衰减与前一种情况满足相同的幂律. 另一个重要量是厚度为 D 的薄片自能. 为进行计算, 必须把能量的短程部分截掉, 于是我们可写出色散相互作用为: $[r^2+a^2]^{-3}$, 其中 a 是分子间最小距离. 我们发现, 在单位面积能量的表达式中, 有一个与 D 成线性关系的体项, 一个与 D 无关的表面项, 以及正比于 $-A/D^2$ 的一项, A 是 Hamaker 常数. 于是, 由于范德瓦尔斯能量的作用, 两边被真空包围的一块薄片会变薄. 如果一块薄片两边被同样的电介质所包围, 以前给出的启发性讨论表明, 合适的 Hamaker 常数大小约 $(\epsilon_{\mathrm{m}}-\epsilon)^2$, 其中 ϵ_{m} 为薄膜的介电常量而 ϵ 是周围介质的介电常量; 在这里, 薄膜也会趋于变薄.

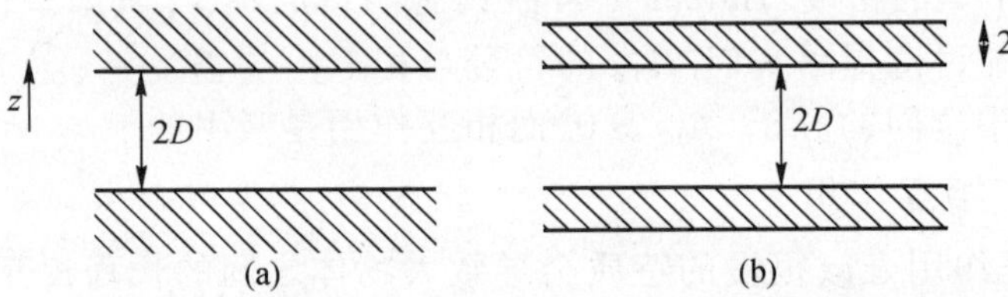

图 5.2 位于一个真空两边的两薄膜之间的范德瓦尔斯相互作用.

5.3.6 例子: 薄膜的范德瓦尔斯能量

计算一个厚度为 D 的薄膜的范德瓦尔斯能量, 把体项、表面项以及相互作用项都考虑进来:

和前面一样, 我们写出单位面积的能量为

$$u = -2\pi n_0^2 W_0\int_0^D \mathrm{d}z\int_0^D \mathrm{d}z'\int_0^\infty \mathrm{d}\rho\frac{\rho}{[(z-z')^2+\rho^2+a^2]^3}. \tag{5.14}$$

为进行计算, 在方程 (5.14) 中必须有截断项 a^2 , 因为我们不想计入粒子与其自身进行相互作用而产生的无限大能量. 于是 a 就代表了一个典型的最小分子间距. 算出对 ρ 的积分, 我们得到

$$u=-\frac{1}{2}\pi n_0^2W_0\int_0^D\mathrm{d}z\int_0^D\mathrm{d}z'\frac{1}{[(z-z')^2+a^2]^2}. \tag{5.15}$$

接着算出对 z' 的积分并定义 $\tilde{z}=D-z$, 可以给出

$$u=-\frac{\pi n_0^2W_0}{4a^2}\int_0^D\mathrm{d}z\left[\frac{1}{a}\arctan\frac{\tilde{z}}{a}+\frac{\tilde{z}}{\tilde{z}^2+a^2}+\frac{1}{a}\arctan\frac{z}{a}+\frac{z}{z^2+a^2}\right]. \tag{5.16}$$

最后算出对 z 的积分, 我们得到

$$u=-\frac{\pi n_0^2W_0}{2a^3}D\arctan\frac{D}{a}. \tag{5.17}$$

对 $x=D/a\gg 1$ 展开, 其中对于大 x 值有 $\arctan x=\pi/2-x^{-1}+x^{-3}/3$, 我们看到有一个与厚度 D 成线性关系的体项, 一个与 D 无关的表面项, 以及一个相互作用项为:

$$u_{\text{int}}=-\frac{\pi n_0^2W_0}{6D^2}. \tag{5.18}$$

我们现在以一种启发性的方式来考虑更普遍的情形, 即一块介电常量为 ϵ_{m} 的薄膜两边被介电常量分别为 ϵ_1 和 ϵ_2 的半无限大电介质所包围, 如图 5.3 所示. 把上面所给出的想法简单地扩展到介质中两个分子之间的相互作用, 显示出 Hamaker 常数 A 与积 $(\epsilon_1-\epsilon_{\mathrm{m}})(\epsilon_2-\epsilon_{\mathrm{m}})$ 有关. 比较重要的情形有以下几种:

(i) 当 $\epsilon_1=\epsilon_2$, 一个薄膜位于真空中或者在两个相同的半无限大介质之间, 则有 $A>0$, 并且由于此相互作用, 薄膜趋于变薄.

(ii) 当 $\epsilon_{\mathrm{m}}>\epsilon_1$ 及 $\epsilon_{\mathrm{m}}>\epsilon_2$ 或者 $\epsilon_{\mathrm{m}}<\epsilon_1$ 及 $\epsilon_{\mathrm{m}}<\epsilon_2$—— 即两种介质的介电常量要么都比薄膜大, 要么都比薄膜小, 则 $A>0$, 同样由于此相互作用, 薄膜趋于变薄; 两个半空间之间存在有效的吸引作用. 这一点与 ϵ_1 及 ϵ_2 的值无关.

(iii) 当 $\epsilon_1>\epsilon_{\mathrm{m}}$ 而 $\epsilon_2<\epsilon_{\mathrm{m}}$, 则 $A<0$ 并且薄膜趋于变厚; 两个半空间之间存在有效的排斥作用.

这些考虑对于确定润湿层的平衡厚度很重要. 在 Hamaker 常数为负的情形 (与介质和基底相比, 为自吸引), 润湿层将趋于变厚; 在相反的情形, 润湿层趋于变薄. 对于这里讨论的一维几何构形, 如果假定不同成分间的范德瓦尔斯相互作用是可加的, 也可以推导出以上这些结论; 于是, 通过与前面描述类似的方式, 有效 Hamaker 常数可以与不同介质的 Hamaker 常数之和或之差联系

起来. 在后一节中将看到, 通过详细的量子电动力学讨论, 即把范德瓦尔斯相互作用视作复杂电介质中电磁场的量子 - 统计涨落, 我们可以证实这些定性想法.

5.4 范德瓦尔斯力的连续理论

上一节中给出的范德瓦尔斯相互作用理论仅能在定性的意义上应用于宏观介质. 这是因为 (i) 假定相互作用具有可加性 —— 即, 能量可以写成每一对分子间相互作用之和; (ii) Hamaker 常数与介电常量的关系是基于二能级系统这样一个过分简化的量子力学模型; (iii) 由于这是一个零温度描述, 故没有考虑关于相互作用的有限温度效应. 这里, 我们给出关于连续介质中范德瓦尔斯相互作用的一个简化推导, 是基于首先[3]由 Ninham 等人提出的论证; 更严格的处理方法可以在参考文献 [4] 中找到. 范德瓦尔斯相互作用起源于系统中涨落电磁场的自由能. 对于间距远大于分子距离的物体, 我们可以运用连续理论, 把介质参数化为与频率有关的介电常量. 麦克斯韦方程组可以用来计算涨落场对于远处空间点的效应, 以及这些涨落之间的关联; 这将导致一组简正模, 其波幅可由光子的量子玻色统计来确定. 我们的目标是考虑如图 5.3 所示的几何构形, 即位于两个半无限大电介质之间的薄膜, 计算自由能作为薄膜厚

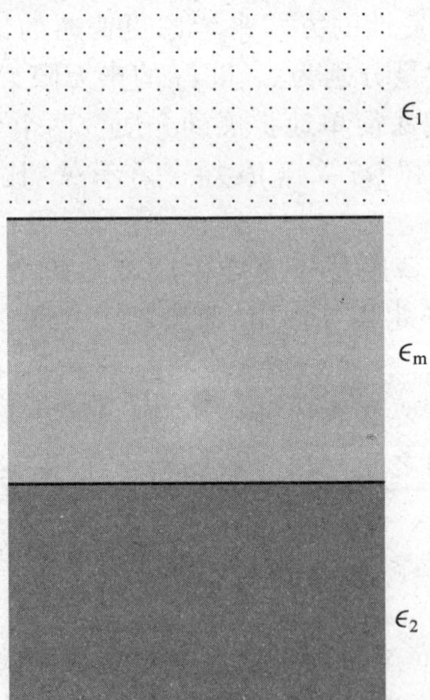

图 5.3 位于两个半无限大电介质之间的薄膜的范德瓦尔斯相互作用.

度的函数. 我们将看到, 介电常量对频率的依赖关系如何进入并影响其对厚度的普遍依赖关系,从而改变前面预计的简单 $1/D^2$ 关系. 另外, 此方法证实了 (在特定的简化假设下) 三种介质的介电常量之间的联系, 以及范德瓦尔斯相互作用能量具有排斥还是吸引的倾向 —— 即, 使介于中间的薄膜趋于变厚还是变薄.

5.4.1 自由能

我们首先考虑在透明介质中无相互作用光子的自由能 , 光子可以视为玻色子的理想气体. 即使在复杂的非均匀介质中, 电磁简正模的自由能也可以用光子 "理想气体" 的玻色统计来表示[5]. 我们考虑能量为 $\hbar\omega(\boldsymbol{q})$ 的简正模, 其中 $\boldsymbol{q}$ 是波矢, 而 $n_{\boldsymbol{q}}$ 是占据数. 自由能写成配分函数的对数, 配分函数 由对应于玻色气体的所有模式求和而得到:

$$F = -T\sum_{\boldsymbol{q}}\log\sum_{n_{\boldsymbol{q}}=0}^{\infty} \mathrm{e}^{-\hbar\omega(\boldsymbol{q})(n_{\boldsymbol{q}}+1/2)/T}. \tag{5.19}$$

这里, 指数中出现因子 1/2 的原因是系统的零点量子涨落; 玻色统计意味着任意模式都可以取从 0 到 ∞ 的占据数. 计算求和, 我们得到

$$F = T\sum_{\boldsymbol{q}}\log\left[2\sinh\frac{\hbar\omega(\boldsymbol{q})}{2T}\right]. \tag{5.20}$$

对于一个层状体系, 介质与介电常量的不均匀性仅出现在 $\hat{z}$ 方向, 我们把平面内的自由度与垂直方向自由度区分开来. 聚焦于由长度尺度 L (如前面讨论过的, 由两个半无限大半空间的电介质包围的薄膜厚度) 描述的系统, 其给定分支 j 的简正模频率是 $\boldsymbol{q}$ 和 L 两者的函数. 因此我们取 $\omega(\boldsymbol{q}) = \omega_L(\boldsymbol{q};j)$, 其中 $\boldsymbol{q}$ 是二维波矢, 指标 j 为垂直自由度. 指标 L 表示我们将聚焦于那些对膜厚度敏感的模式 (即表面模式). 体系单位面积的相互作用自由能 $\Delta f(L)$ (即, 自由能中与 L 有关的部分) 可以写成:

$$\Delta f(L) = \frac{1}{4\pi^2}\int [G_L(\boldsymbol{q}) - G_\infty(\boldsymbol{q})]\,\mathrm{d}\boldsymbol{q}, \tag{5.21}$$

这里积分是对二维波矢 $\boldsymbol{q}$ 取的, 并且

$$G_L(\boldsymbol{q}) = T\sum_{j}\log\left[2\sinh\frac{\hbar\omega_L(\boldsymbol{q};j)}{2T}\right]. \tag{5.22}$$

对 j 的求和考虑了简正模的多重性, 其全部具有同一 $\boldsymbol{q}$ 值. 为了得到相互作用能量, 只需要考虑其频率显式地依赖于膜厚度为 L 的那些模式.

在下面的例子中, 我们将证明方程 (5.22) 可以写成形式

$$G_L(\boldsymbol{q}) = T\sum_{n=0}^{\infty}{}' \log D_L(\boldsymbol{q}, \mathrm{i}\omega_n), \tag{5.23}$$

其中

$$D_L(\boldsymbol{q}, \omega) = 0 \tag{5.24}$$

给出比较重要的简正模的色散关系. 撇号表示 $n = 0$ 的项要乘以因子 1/2, 而 $\omega_n = 2\pi nT/\hbar$. 如果我们把此色散关系正规化, 即对于所有 $\boldsymbol{q}$ 和 ω, 有 $D_{L\to\infty}(\boldsymbol{q}, \omega) = 1$, 则 $G_\infty = 0$. 在下一节中的讨论中, 由麦克斯韦方程组[3–4]可以得到关于非均匀系统的色散关系.

这些结果可用于方程 (5.21) 中以导出相互作用自由能, 其一般形式为

$$\Delta f(L) = \frac{T}{4\pi^2}\sum_{n=0}^{\infty}{}' \int \rho(\boldsymbol{q}) \log D_L(\boldsymbol{q}, \mathrm{i}\omega_n)\, \mathrm{d}\boldsymbol{q}. \tag{5.25}$$

当色散关系规范为 $D_{L\to\infty}(\boldsymbol{q}, \mathrm{i}\omega_n) = 1$ 的形式时, 以上就是关于自由能的正确公式. 函数 $\rho(\boldsymbol{q})$ 是动量空间中的光子态密度[4], 在我们关于透明介质的推导中, 可以取为 1(用参考文献 [4] 中的定义, $\beta = A/(4\pi^2)$, 其中 A 是横截面积).

5.4.2 例子: 自由能与色散关系的联系

利用简正模频率 $\hbar\omega_L(\boldsymbol{q}; j)$ 与这些简正模色散关系之间的关系式: $D_L(\boldsymbol{q}, \omega_L(\boldsymbol{q}; j)) = 0$, 把方程 (5.21) 与方程 (5.25) 联系起来[3].

我们利用复变量 ζ 的两个解析函数满足的等式:

$$\sum_j g(\zeta_j) = \frac{1}{2\pi \mathrm{i}}\int_C g(\zeta)\frac{\mathrm{d}\log D(\zeta)}{\mathrm{d}\zeta}\,\mathrm{d}\zeta, \tag{5.26}$$

这里 C 为包括函数 D 的零点 (记作 ζ_j) 的积分回路, 而把 $g(\zeta)$ 的极点排除在外. 我们把 ζ_j 解释为简正模频率, 故 $D(\zeta_j) = 0$ 是关于这些模式的色散关系. 现在选择函数 $g(\zeta)$ 为

$$g(\zeta) = \log\left[2\sinh\frac{\hbar\zeta}{2T}\right] = \frac{\hbar\zeta}{2T} - \sum_{n=1}^{\infty}\frac{\mathrm{e}^{-n\hbar\zeta/T}}{n}, \tag{5.27}$$

这里我们用了对数的级数展开式. 接下来, 我们计算方程 (5.26) 中的积分, 其回路为: 沿着虚轴从 $-\mathrm{i}\infty$ 到 $\mathrm{i}\infty$, 围绕右半平面沿着半圆路径, 其半径趋于无限大 (绕过虚轴上 D 的零点).

应用正规化条件 $D_L(\boldsymbol{q}, \omega \to \infty) = 1$ (由于自由能 (5.21) 式包含差值的对数, 故只要当 $\omega \to \infty$ 时 D 趋于常数, 这就可以推广), 我们可以利用方程 (5.26)

把 (5.22) 式写成

$$G_L(\boldsymbol{q}) = \frac{1}{2\pi\mathrm{i}} \int_{-\infty}^{\infty} g(\mathrm{i}\zeta) \frac{\mathrm{d}\log D_L(\boldsymbol{q}, \mathrm{i}\zeta)}{\mathrm{d}\zeta}\,\mathrm{d}\zeta, \tag{5.28}$$

利用方程 (5.27) 并作分部积分, 我们得到

$$G_L(\boldsymbol{q}) = \frac{1}{2}\hbar\sum_j \omega_L(\boldsymbol{q};j) + \frac{\hbar}{2\pi}\sum_{n=1}^{\infty}\int_{-\infty}^{\infty}\cos[n\hbar\zeta/T]\log D_L(\boldsymbol{q}, \mathrm{i}\zeta)\,\mathrm{d}\zeta + I_0, \tag{5.29}$$

其中

$$I_0 = \frac{\hbar}{2\pi\mathrm{i}}\sum_{n=1}^{\infty}\int_{-\infty}^{\infty}\sin[n\hbar\zeta/T]\log[D_L(\boldsymbol{q}, \mathrm{i}\zeta)]\,\mathrm{d}\zeta \tag{5.30}$$

如下所示, 色散关系就是与频率有关的介电函数的函数 $\epsilon(\omega)$. 当介电函数是 ω 的偶函数, 则色散关系也是偶的, 并且由于对称性有 $I_0 = 0$.

于是我们计算出 (5.29) 式, 其中用到 $I_0 = 0$, 并注意到计算积分时可利用恒等式

$$\sum_{n=1}^{\infty}\cos nx = \pi\sum_{n=-\infty}^{\infty}\delta(x - 2\pi n) - 1/2. \tag{5.31}$$

继续对最后一项 (含因子 $-1/2$) 作部分积分可导出

$$G_L(\boldsymbol{q}) = T{\sum_{n=0}^{\infty}}'\log D_L(\boldsymbol{q}, \mathrm{i}\omega_n). \tag{5.32}$$

5.4.3 电磁简正模式

对相互作用自由能 (5.25) 式的计算需要用到在非均匀介质中简正模的色散关系. 我们考虑厚度为 L、介电函数为 $\epsilon_\mathrm{m}(\omega)$ 的薄膜被介电函数分别为 $\epsilon_1(\omega)$ 和 $\epsilon_2(\omega)$ 的两个半空间所包围的特殊情形, 如图 5.3 所示. 根据参考文献 [3], [4], 我们写出电场对时间的傅里叶变换式: $\boldsymbol{E}(\boldsymbol{r},t) = \sum_\omega \boldsymbol{E}(\boldsymbol{r},\omega)\,\mathrm{e}^{-\mathrm{i}\omega t}$, 其中分立求和是对简正模式频率取的. 用类似的表达式可定义 $\boldsymbol{H}(\boldsymbol{r},\omega)$. 从一般电介质的麦克斯韦方程组出发, 利用均匀磁化率以及无外加电荷的条件, 可以证明电场或磁场的每个笛卡儿分量都满足波动方程. 因此我们得到, 诸如:

$$\nabla^2\boldsymbol{E}(\boldsymbol{r},\omega) + \frac{\epsilon\omega^2}{c^2}\boldsymbol{E}(\boldsymbol{r},\omega) = 0. \tag{5.33}$$

此外, 当没有外加电荷时, 我们有

$$\nabla\cdot\boldsymbol{E} = 0, \tag{5.34a}$$

及

$$\nabla\cdot\boldsymbol{H} = 0. \tag{5.34b}$$

波动方程是在如下边界条件下求解的: 在不同区域之间的边界上, $\boldsymbol{E}$ 和 $\boldsymbol{H}$ 的切向 (x 和 y) 分量是连续的, 而 $\epsilon\boldsymbol{E}$ 和 $\mu\boldsymbol{H}$ 的法向 (z) 分量是连续的. 各区域用下标 $j=1,m,2$ 标记, 其解可以应用于具有 $\hat{x}$ 和 $\hat{y}$ 方向平移对称性的体系, 场的各分量具有形式 $f_j(z)\exp[\mathrm{i}(q_x x+q_y y)]$; 因此模式可用波矢 $\boldsymbol{q}=(q_x,q_y)$ 来标记. 波动方程决定了函数 $f_j(z)$ 具有形式

$$f_j(z)=A_j\,\mathrm{e}^{\rho_i z}+B_j\,\mathrm{e}^{-\rho_i z}, \tag{5.35}$$

其中积分常数 A_j 和 B_j 可由边界条件得到, 而且我们已定义

$$\rho_j(\omega)^2=q^2-\frac{\omega^2\epsilon_j(\omega)}{c^2}. \tag{5.36}$$

由于在此一维情形可以完全自由地以方便的形式来定义 $\hat{x}$ 和 $\hat{y}$ 方向, 故最简单的就是把 $\hat{x}$ 方向取为波矢方向. 于是我们有两种情形: (i) $\boldsymbol{E}$ 场垂直于两个矢量 $\boldsymbol{q}$ 和 $\hat{z}$ 形成的平面 —— 即, 取 $\boldsymbol{E}$ 为 $\hat{y}$ 方向; 以及 (ii) 磁场垂直于此平面. 在这两种情形中, 波分别记为 E 波和 H 波, 它们同时满足波动方程和 (5.34) 式, 而且解的形式也可简化. 因此我们可以构造出在所有区域中的解, 并找到如方程 (5.35) 形式的方程体系. 仅当系数行列式为零时, 这个体系才有解; 此条件可导致两个色散关系[4], 一个与 E 波相联系而另一个和 H 波联系起来:

$$\Delta_E=1-R(\rho_1,\rho_{\mathrm{m}})R(\rho_2,\rho_{\mathrm{m}})\,\mathrm{e}^{-2\rho_{\mathrm{m}}L}, \tag{5.37a}$$

$$\Delta_H=1-R(\epsilon_{\mathrm{m}}\rho_1,\epsilon_1\rho_{\mathrm{m}})R(\epsilon_{\mathrm{m}}\rho_2,\epsilon_2\rho_{\mathrm{m}})\,\mathrm{e}^{-2\rho_{\mathrm{m}}L}, \tag{5.37b}$$

其中

$$R(x,y)=\frac{(x-y)}{(x+y)}. \tag{5.38}$$

于是, 出现在自由能中的函数 D_L 定义为

$$D_L(\boldsymbol{q},\omega)=\Delta_E\Delta_H. \tag{5.39}$$

此式满足前面提到过的归一化条件: 只要 $\epsilon_j(\omega\to\infty)=1$, 就有 $D_{L\to\infty}(\boldsymbol{q},\omega)=1$ 与 $D_L(\boldsymbol{q},\omega\to\infty)=1$. 所以相互作用自由能由方程 (5.25) 给出为

$$\begin{aligned}\Delta f(L)=\frac{T}{2\pi}\sum_{n=0}^{\infty}{}'\int_0^{\infty}\mathrm{d}q\,q\;\Big[\log\big[1-R(\rho_1,\rho_{\mathrm{m}})R(\rho_2,\rho_{\mathrm{m}})\,\mathrm{e}^{-2\rho_{\mathrm{m}}L}\big]\\+\log\big[1-R(\epsilon_{\mathrm{m}}\rho_1,\epsilon_1\rho_{\mathrm{m}})R(\epsilon_{\mathrm{m}}\rho_2,\epsilon_2\rho_{\mathrm{m}})\,\mathrm{e}^{-2\rho_{\mathrm{m}}L}\big]\Big],\end{aligned} \tag{5.40}$$

这里函数 R 全都是对于 $\omega=\mathrm{i}\omega_n=2\pi\mathrm{i}nT/\hbar$ 算出的, 而由于方程 (5.36), 所有的 ρ_j 都是 $\boldsymbol{q}$ 的函数.

5.4.4 范德瓦尔斯相互作用: 特殊情形

为了研究这里描述的、量子统计图像中的连续介质范德瓦尔斯相互作用性质, 我们现在考虑方程 (5.40) 的某些极限情形. 从方程 (5.40) 的形式我们已经看到, 相互作用依赖于不同介电常量之间的关系, 并且相互作用的符号可以根据此关系而改变.

1. 在高温, $T \gg \min[\hbar\omega_0, \hbar c/L]$, 其中 ω_0 是介电常量接近于其高频极限 1 处的特征频率, 涨落是经典的. 由于来自高频区域的贡献为零 (当 $\rho_i - \rho_j = 0$ 时 $R(\rho_i, \rho_j) = 0$), 并且因为 $T/\hbar$ 远大于介电常量不为零时的最高频率, 故求和式中只有 $n = 0$ 的分量是重要的; 当 T 很大时, 所有的介电函数都是对其静态值 $\omega_n = 0$ 算出的. 为计算方程 (5.40) 的积分, 可以定义 $x = 2qL$ (对应于 $\omega_n = 0, \rho_i = q$), 以及

$$\Delta f(L) = \frac{T}{16\pi L^2} \int_0^\infty \mathrm{d}x\ x\ \log\left[1 - \frac{(\epsilon_1 - \epsilon_\mathrm{m})(\epsilon_2 - \epsilon_\mathrm{m})}{(\epsilon_1 + \epsilon_\mathrm{m})(\epsilon_2 + \epsilon_\mathrm{m})}\mathrm{e}^{-x}\right], \tag{5.41}$$

其中所有的介电函数都是对其静态值 ($\omega = 0$) 算出的. 如果介电常量之间的差别不太大, 可以把对数对于 1 的小偏离进行展开. 接着我们计算出关于 x 的积分, 得到

$$\Delta f(L) = -\frac{T}{16\pi L^2}\left[\frac{(\epsilon_1 - \epsilon_\mathrm{m})(\epsilon_2 - \epsilon_\mathrm{m})}{(\epsilon_1 + \epsilon_\mathrm{m})(\epsilon_2 + \epsilon_\mathrm{m})}\right]. \tag{5.42}$$

此表达式与前面讨论过的启发性近似形式相同, 相互作用以 $1/L^2$ 衰减. 当 $\epsilon_1 < \epsilon_\mathrm{m} < \epsilon_2$ 或者 $\epsilon_2 < \epsilon_m < \epsilon_1$ —— 即薄膜的介电常量介于两个半空间的介电常量之间, 则相互作用为排斥, 且薄膜倾向于变厚. 而在所有其他情形, 相互作用都是吸引的, 且薄膜倾向于变薄. 同样我们注意到, 相互作用正比于 T, 表明这是一个来源于电磁场涨落的经典部分的纯熵性贡献.

2. 在低温, $T \ll \min[\hbar\omega_0, \hbar c/L]$, 变量 $\omega_n = 2\pi nT/\hbar$ 可以被近似为从 0 到 ∞ 的连续变量 ω —— 即,

$$\sum_{n=0}^{\infty} \to \frac{\hbar}{2\pi T}\int_0^\infty \mathrm{d}\omega. \tag{5.43}$$

此外, 当 $L \ll 2\pi c/\omega_0$ 时, 其中 ω_0 是所有介电常量接近于 1 的特征频率, 则 $\rho_j \approx q$, 而且方程 (5.40) 中的第一对数项可以忽略. 因此这个近似忽略了延迟效应 (见下面), 此延迟效应是由于光以相关的最高频率穿过薄膜的时间为有限而产生的. 对第二项进行分部积分, 得到

$$\Delta f(L) = -\frac{\hbar}{32\pi^2 L^2}\int_0^\infty \mathrm{d}\omega \int_0^\infty \mathrm{d}x\ x^2\left[\frac{(\epsilon_1 + \epsilon_\mathrm{m})(\epsilon_2 + \epsilon_\mathrm{m})}{(\epsilon_1 - \epsilon_\mathrm{m})(\epsilon_2 - \epsilon_\mathrm{m})}\mathrm{e}^x - 1\right]^{-1}, \tag{5.44}$$

其中 $\epsilon_j = \epsilon_j(\mathrm{i}\omega)$. 同样地, 如果介电常量之间的差别不太大, 则指数项占优, 可以把此表达式近似为

$$\Delta f(L) \approx -\frac{\hbar}{16\pi^2 L^2}\int_0^\infty \mathrm{d}\omega \left[\frac{(\epsilon_1-\epsilon_\mathrm{m})(\epsilon_2-\epsilon_\mathrm{m})}{(\epsilon_1+\epsilon_\mathrm{m})(\epsilon_2+\epsilon_\mathrm{m})}\right]. \tag{5.45}$$

相互作用与 $\hbar$ 有关, 而与温度无关 —— 即, 它是由于体系的量子力学涨落而产生的; 如上, 相互作用能量以 $1/L^2$ 减小. 比较低温和高温情形的方程 (5.42) 和方程 (5.45), 我们看到, 相互作用的符号由介电函数之差确定. 在高温经典极限, 它主要依赖于零频率的介电函数, 而在低温极限, 它则依赖于这些介电函数之差对于 ω 的平均.

3. 当延迟效应很重要时, 可以得到另一个关于 $\Delta f(L)$ 的有用近似. 我们把方程 (5.40) 分成两部分, 其一为明确计入 $n=0$ 模式的部分, 另一部分则计入 $n=1\cdots\infty$ 的总和. 在第二项中, 我们考虑以下情形: 即使在相关的最低频率 ω_1 (见方程 (5.40) 以及其后对 ω 的定义), 这三种介质的介电常量也是非常相似的. 这既可以应用到 $\rho_1, \rho_2, \rho_\mathrm{m}$ 对于所有频率值都几乎相同的情形, 也可以应用到温度足够高, 故 ω_1 的取值能够使得所有材料都处于其高频极限 (即介电常量几乎为 1) 的情形. 在此近似中, 保持 $n=0$ 项为精确的, 而把方程 (5.40) 中 R 的自变量展开到介电常量之差的最低阶. 于是我们写出[6]:

$$\Delta f(L) \approx -\frac{T}{8\pi L^2}\left[\frac{1}{2}R_0(\epsilon_1)R_0(\epsilon_2) + \sum_{n=1}^{\infty}\int_{r_n}^{\infty}\mathrm{d}x x\,\mathrm{e}^{-x}R_n(\epsilon_1)R_n(\epsilon_2)\right], \tag{5.46}$$

其中

$$r_n = 2\omega_n\sqrt{\epsilon_\mathrm{m}}L/c, \tag{5.47}$$

以及

$$R_n(\epsilon) \approx \frac{\epsilon_\mathrm{m}(\mathrm{i}\omega_n)-\epsilon(\mathrm{i}\omega_n)}{2\epsilon_\mathrm{m}(\mathrm{i}\omega_n)}. \tag{5.48}$$

计算出对变量 x 的积分, 我们得到

$$\Delta f(L) \approx -\frac{T}{8\pi L^2}\left[\frac{1}{2}R_0(\epsilon_1)R_0(\epsilon_2) + \sum_{n=1}^{\infty}R_n(\epsilon_1)R_n(\epsilon_2)(1+r_n)\,\mathrm{e}^{-r_n}\right]. \tag{5.49}$$

此表达式中的第一项是零频率的吸引项, 以 $1/L^2$ 衰减. 我们看到, 第二项的重要性取决于 r_n 的值, 其为厚度 L 的函数. 在此第二项起作用的频率范围内, 如果介电函数仅微弱地依赖于频率, 则我们可以认为 R_n 的各因子为常量, 并计算几何级数. 在 $4\pi LT/(\hbar c) \ll 1$ 的极限下, 我们发现此项以 $1/L^3$ 变化; 这通常称为在延迟相互作用占优的极限情况下的范德瓦尔斯相互作用.

我们注意到, 通常范德瓦尔斯相互作用可以是吸引也可以是排斥的, 取决于介电函数的具体情况. 而且, 对于厚度为 L 的一层位于两个无限大电介质之间的情形, 延迟效应可以引入不同于简单的 $1/L^2$ 形式的随距离变化的相互作用项 (如$1/L^3$ 形式). 特别地, 当 $1/L^2$ 项为吸引的而 (由于延迟效应) $1/L^3$ 项为排斥的情形, 可以得到使总范德瓦尔斯能量取极小值的膜厚度 L 的值. 如果不受限制, 系统会试图 (至少局域地) 达到其厚度的这个最优值. 在表面熔化[7]的讨论中已用过类似的想法, 来估计在三相点 (三相共存的点) 处位于冰块与体蒸气之间的一薄层水的平衡厚度; 这个薄层的厚度估计为几十Å, 表示不完全的表面熔化.

5.5 静电相互作用

5.5.1 带电表面

如果系统中的各带电基团之间存在距离, 因此系统中存在有限力程的内部电场, 则静电相互作用很重要, 且常常是起支配作用的. 例如, 一些表面活性剂分子带有附着于分子上的固定电荷, 以及溶于极性溶剂中的、移动的异号离子. 在 $NaSO_3$ 的极性团中, 带正电的 Na 是移动的, 而 SO_3 团是带负电的固定电荷. 在包含此类基团的两个界面之间, 静电相互作用对于稳定胶体粒子、黏土、胶团与双层结构 (常常涂上表面活性剂或带电聚合物) 很重要. 通常这些相互作用是排斥的 (除了界面间距变为分子尺寸量级的情形), 故当此类 “粒子” 散布于溶液中时, 它们不会聚集. 这些系统中包括: 在胶体粒子或胶团表面上的固定电荷, 以及退定域或移动的异号离子 (由于其处于溶液中, 故熵会增加, 而自由能降低). 重要的问题是, 要找到在固定电荷表面周围的异号离子空间分布. 库仑吸引作用倾向于把异号离子束缚在此界面附近, 而其与溶剂混合的熵则倾向于使它们分散在溶液中. 我们发现, 对于高度带电的界面, 大多数异号离子位于固定电荷附近的薄层中, 其典型尺寸为几Å; 而剩余的异号离子在溶液中的密度随着与固定电荷表面之间的距离缓慢下降 (即幂律). 正是这些退定域电荷引起带电界面的长程相互作用. 一些电荷高度局域在表面附近的事实就提示我们, 在讨论长程相互作用时, 需建立起界面有效电荷的概念, 它对于确定系统的总体结构与相行为很重要.

在本节中, 我们讨论包含固定与移动电荷的系统自由能作为局域电荷密度的函数, 并说明将此自由能极小化是如何确定移动异号离子电荷分布对空间的依赖关系的. 通过考虑系统的总自由能, 使我们可以处理较大范围的问题. 为简单起见, 我们聚焦于固定电荷与移动异号离子在这些异号离子可视为点状离子的稀薄气体极限下的简单情形. 在真实系统中, 对此简单情形的偏离可能很重要, 诸如异号离子的体斥效应 (即有限尺度效应), 表面电荷分布的离散特质, 以及异号离子间的特定相互作用等效应, 都可以通过把自由能推广并取其极小化而包括进来. 我们考虑固定电荷与异号离子的最简单情形, 因为电荷分布表现出幂律、长程、按空间衰减的特点. 下面将显示出, 这会导致两个带固定电荷表面之间的长程排斥作用, 而这一点对于胶体悬浮液的稳定可能是很重要的.

然而, 胶体系统中经常有诸如水之类的溶剂, 其所含的盐会引入带正号或负号的额外移动电荷 (如 Na^+Cl^-). 因此, 除了异号离子以外, 盐离子也参与了对固定电荷的屏蔽, 故我们必须考虑三种类型的移动电荷: 异号离子, 正的盐离子, 以及负的盐离子 —— 如果盐和异号离子是可区别的分子, 则其熵与异号离子的熵明显不同. 盐的加入 (在实验中水里几乎总是或多或少地含盐) 使得固定电荷能够更容易被屏蔽, 从而改变电荷分布的空间依赖关系, 即当离固定电荷表面越来越远, 则相互作用从按幂律减小变为指数衰减. 此指数形式的衰减长度称为屏蔽长度, 与体溶液中平衡盐浓度的平方根成反比. 加入相对少量的盐就可以对两个带电表面的静电排斥作用产生强烈的影响; 不加盐时异号离子的屏蔽是长程的, 而加入盐后, 此屏蔽以至表面间相互作用就变为短程的. 在胶体系统中, 加入盐会引起带电胶体表面之间有效排斥作用的减少, 并可以导致系统的退稳, 这将在第 7 章中讨论.

对自由能求极小化来决定平均电荷分布及其导致的固定电荷表面之间的有效相互作用, 是以如下的假定为前提的: 热涨落不重要, 体系是由随空间变化的平均电荷分布的性质决定的. 但实际情况并不总是这样, 由偏离简单的平均场分布而导致的移动异号离子分布的关联效应, 可以改变固定电荷表面间相互作用的性质, 有时还会导致短程的吸引相互作用[1].

5.5.2 自由能

考虑一个包含密度为 $n(\boldsymbol{r})$ 的 (移动) 异号离子以及密度为 $n_{\mathrm{f}}(\boldsymbol{r})$ 的固定离子的体系. 我们将明确地把异号离子与固定离子符号取为相反, 而认为 n 及 n_{f} 都是正值. 如果把溶液中的异号离子视为稀薄的理想气体, 则系统自由能可以写成:

$$
\begin{aligned}
F = & \ T\int \mathrm{d}\boldsymbol{r}\ n(\boldsymbol{r})\left[\log n(\boldsymbol{r})v_0 - 1\right] + \frac{e^2}{2\epsilon}\int \mathrm{d}\boldsymbol{r}\,\mathrm{d}\boldsymbol{r}'\frac{n(\boldsymbol{r})n(\boldsymbol{r}')}{|\boldsymbol{r}-\boldsymbol{r}'|} \\
& - \frac{e^2}{\epsilon}\int \mathrm{d}\boldsymbol{r}\,\mathrm{d}\boldsymbol{r}'\frac{n(\boldsymbol{r})n_{\mathrm{f}}(\boldsymbol{r}')}{|\boldsymbol{r}-\boldsymbol{r}'|} + \frac{e^2}{2\epsilon}\int \mathrm{d}\boldsymbol{r}\,\mathrm{d}\boldsymbol{r}'\frac{n_{\mathrm{f}}(\boldsymbol{r})n_{\mathrm{f}}(\boldsymbol{r}')}{|\boldsymbol{r}-\boldsymbol{r}'|}.
\end{aligned} \tag{5.50}
$$

这里, 我们假定溶剂可以视为介电常量为 ϵ 的连续液体电介质. (5.50) 式中的第一项是混合熵 (v_0 是每个异号离子的体积), 第二项是异号离子之间的排斥, 第三项是固定电荷对异号离子的吸引, 而最后一项为固定电荷的排斥. 同类电

荷间相互作用的前面出现因子 1/2, 是为了避免把这些相互作用重复计数. 电荷守恒意味着

$$\int n(\boldsymbol{r})\,\mathrm{d}\boldsymbol{r} = \int n_{\mathrm{f}}(\boldsymbol{r})\,\mathrm{d}\boldsymbol{r}. \tag{5.51}$$

为方便起见, 我们定义势:

$$\psi(\boldsymbol{r}) = \int \frac{n(\boldsymbol{r}')}{|\boldsymbol{r}-\boldsymbol{r}'|}\,\mathrm{d}\boldsymbol{r}', \tag{5.52a}$$

$$\psi_{\mathrm{f}}(\boldsymbol{r}) = -\int \frac{n_{\mathrm{f}}(\boldsymbol{r}')}{|\boldsymbol{r}-\boldsymbol{r}'|}\,\mathrm{d}\boldsymbol{r}'. \tag{5.52b}$$

注意: 常见的静电势 $V(\boldsymbol{r})$ 的负梯度就是电场, $\boldsymbol{E} = -\nabla V$, 其与 ψ 的联系为 $V(\boldsymbol{r}) = e\psi/\epsilon$.

本着局域无规混合近似的精神, 我们忽略涨落, 并在电荷守恒的约束下, 通过对自由能求泛函极小来确定异号离子电荷密度. 因此我们对巨热力学势 G 求极小:

$$G = F - T\mu \int n(\boldsymbol{r})\,\mathrm{d}\boldsymbol{r}, \tag{5.53}$$

这里的 F 由方程 (5.50) 给出. 于是我们得到

$$n(\boldsymbol{r}) = n_0\,\mathrm{e}^{-\ell\psi_{\mathrm{t}}}, \tag{5.54}$$

其中

$$n_0 = e^{\mu}/v_0, \tag{5.55}$$

$$\psi_{\mathrm{t}} = \psi + \psi_{\mathrm{f}}, \tag{5.56}$$

而

$$\ell = \frac{e^2}{\epsilon T} \tag{5.57}$$

称为 Bjerrum 长度; 对于水中的单个电荷, 它约为 7 Å. 把这个解代回到自由能 (5.50) 式中, 我们得到

$$F = \frac{T}{2}\int \mathrm{d}\boldsymbol{r}\ \left[n(\boldsymbol{r}) + n_{\mathrm{f}}(\boldsymbol{r})\right](\log n(\boldsymbol{r})v_0 - 1). \tag{5.58}$$

因此, 最小自由能本质上是由异号离子熵的一半给出的.

5.5.3 异号离子的分布

为了解出异号离子的空间分布 (5.54) 式, 我们注意到方程 (5.52) 的势满足拉普拉斯方程:

$$\nabla^2\psi = -4\pi n(\boldsymbol{r}), \tag{5.59a}$$

$$\nabla^2\psi_{\rm f} = 4\pi n_{\rm f}(\boldsymbol{r}). \tag{5.59b}$$

因此, 定义 $n_{\rm t} = n - n_{\rm f}$, 我们可以写出:

$$\nabla^2\psi_{\rm t} = -4\pi n_{\rm t}, \tag{5.60}$$

其中 $n_{\rm f}$ 是由界面 (如胶体粒子, 胶团, 膜) 结构得到的固定电荷分布, 而 $n(\boldsymbol{r})$ 与方程 (5.54) 给出的势相联系. 因此, 我们得到一个关于电荷密度的非线性方程, 或者等价地, 一个势方程.

单个界面周围的电荷分布

考虑位于 $z=0$ 处的一个平界面, 其带有均匀的固定电荷 $n_{\rm f} = \sigma_0\delta(z)$. 定义

$$\phi = \ell\psi_{\rm t}, \tag{5.61}$$

由方程 (5.54,5.60) 我们得到:

$$\nabla^2\phi = -4\pi\ell\left[n_0\,{\rm e}^{-\phi} - \sigma_0\delta(z)\right]. \tag{5.62}$$

n_0 的值通过守恒定律来确定:

$$n_0\int {\rm d}z\,{\rm e}^{-\phi} = \sigma_0. \tag{5.63}$$

方程 (5.62) 的解在 $z\to\infty$ 处衰减为零, 即

$$\phi = 2\log\left[(|z|+\lambda)\sqrt{2\pi n_0\ell}\right], \tag{5.64a}$$

$$n(z) = \frac{1}{2\pi\ell}\frac{1}{(|z|+\lambda)^2}, \tag{5.64b}$$

其中的古依 – 查普曼长度 λ 类似于屏蔽长度, 由下式给出:

$$\lambda = \frac{1}{\pi\ell\sigma_0} \tag{5.64c}$$

电荷密度在长距离处缓慢地下降; 然而, 大多数电荷局域在宽度为 λ 的层内, 当固定电荷密度 σ_0 趋于无穷大时宽度趋向于零.

5.5.4 两个带电表面的相互作用

通过考虑如图 5.4 所示的两个带电表面, 可以获得更多的信息. 现在我们取 $z=0$ 位于分开距离 $2D$ 的两个表面的中线平面. 两表面之间的区域仍然满足方程 (5.62), 但是现在边界条件变为: 在 $z=0$ 处电荷分布与势必须是对称的 (等价于在此平面处电场为零). 在 $-D<z<D$ 的区域满足

$$\nabla^2\phi = -4\pi n_0\ell\,{\rm e}^{-\phi}, \tag{5.65}$$

而且在 $z=0$ 处满足边界条件 $\mathrm{d}\phi/\mathrm{d}z=0$ 的势为

$$\phi=\log\cos^2 k_0 z, \tag{5.66}$$

其中

$$k_0^2=2\pi n_0\ell. \tag{5.67}$$

现在电荷密度为

$$n(z)=\frac{n_0}{\cos^2 k_0 z} \tag{5.68}$$

其中 n_0 是平面 $z=0$ 上的电荷. 由守恒定律可以计算出密度 n_0, 如果考虑此类平面的周期性阵列就能够很容易地得到结果, 故

$$\int_{-D}^{D} n(z)\,\mathrm{d}z=\sigma_0. \tag{5.69}$$

这意味着

$$n_0=\frac{k_0\sigma_0}{2\tan k_0 D}. \tag{5.70}$$

方程 (5.67,5.70) 表明

$$k_0 D\,\tan k_0 D=\pi\ell\sigma_0 D, \tag{5.71}$$

此表达式可用来解出以电荷密度 σ_0 与层间距离 D 表示的参数 k_0 及 n_0. 我们现在考虑电荷密度很小与很大两种极限情况.

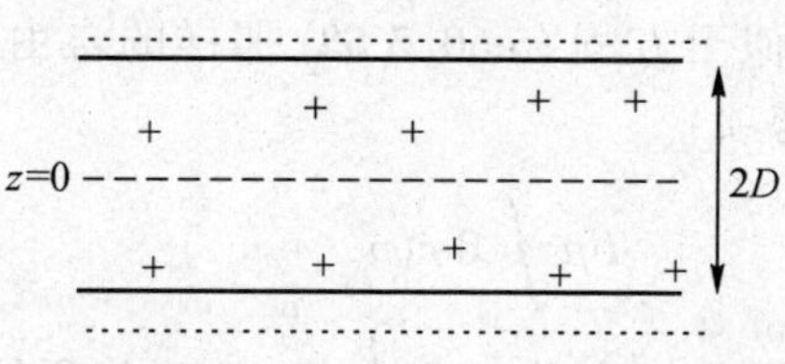

图 5.4 带固定负电荷与正异号离子的两片薄层.
虚线代表 $z=0$ 平面, 两薄层间的距离为 $2D$.

1. 理想气体极限: 在低电荷密度极限下, $D\ell\sigma_0\ll 1$, 方程 (5.67, 5.70) 即意味着 $k_0 D\ll 1$, 故 $n\approx\sigma_0/2D$ 仅微弱地依赖于 z. 这就是**理想气体极限**, 其中异号离子在两层之间近于均匀地分布.

2. 高电荷密度极限: 在高电荷密度极限下, $D\ell\sigma_0\gg 1$ (距离很大, 电荷密度很高), $k_0 D\approx\pi/2$, 方程 (5.67) 意味着 $n_0\ell\sim 1/D^2$. 对于均匀的电荷分布, $n_0\approx\sigma_0/2D$, 故此结果告诉我们, 在中线平面 $z=0$ 上的电荷密度小于均匀分布的电荷, 是后者的 $1/(\ell\sigma_0 D)$. 当界面之间的间隔变大, 则中线平面处电荷与均匀电荷分布之比减小. 此结果强烈地依赖于几何构形. 这些结果提示我们,

可以考虑一个由真实固定电荷 ($Z=\sigma_0 A$, 其中 A 是薄层的面积) 减去那些位于固定电荷附近的异号离子电荷而给出的有效 "固定" 电荷 Z^*. 当距离远大于 λ, 系统就近似表现为, 好像异号离子的有效移动电荷

$$Z^* \approx Z\left(\frac{1}{\ell\sigma_0 D}\right) \tag{5.72}$$

均匀地分布在有效固定电荷之间的区域. 因此, 这些效应会导致库仑相互作用减小, 从而严重影响由这些相互作用决定的长距离性质.

5.5.5 德拜 – 休克尔近似

我们考虑在溶液中有外加盐的情况下, 两个带有 (如负的) 固定电荷平板间的电荷分布. 假定此盐与浓度 (单位体积的电荷数) 为 n_{s} 的盐溶液处于平衡. 溶液中的所有电荷, 包括异号离子, 正的盐离子 (我们假定其与异号离子是同一化学种类), 以及负的盐离子都参与屏蔽平板上的固定电荷, 而我们的目标是找到自洽的电荷分布. 因为有更多的离子可用于屏蔽固定电荷, 我们预期电荷分布不再像以前讨论的不含盐系统那样是长程的. 特别地, 下面我们会发现电荷分布随平板间距离以指数形式衰减; 用于标记此衰减的长度称为屏蔽长度, 而其倒数 κ 通过下面关系式与体盐浓度相联系:

$$\kappa^2 = 8\pi n_{\mathrm{s}}\ell \tag{5.73}$$

正的盐离子与异号离子的全同性意味着我们可以认为它们两者构成同一理想气体. 我们建立类似于方程 (5.50, 5.53) 那样的自由能, 包括所有离子的熵以及下列形式的化学势项

$$T\mu\int \mathrm{d}\boldsymbol{r}(n_+ + n_-), \tag{5.74}$$

其中 n_+ 和 n_- 为盐离子的正电荷与负电荷密度. 此项给正离子和负离子赋予相同的化学势值, 因为电中性使得两种离子的总数相同. 对于和体盐溶液处于平衡的系统, 与盐离子总数 (其数目与体溶液的总体积成比例) 相比, 由固定电荷产生的异号离子 (其数目与横截面积 A 成比例) 可以忽略. 因此, 我们认为这里的 n_+ 包括了所有的正电荷. 守恒定律可用来解释盐离子的化学平衡, 除此以外, 我们还必须要求在面电荷密度为 σ 的两个平板之间区域满足电中性, 即:

$$\int_{-D}^{D}(n_+ - n_-)\,\mathrm{d}z = \sigma. \tag{5.75}$$

像以前那样对自由能求极小, 我们得到泊松 – 玻尔兹曼方程, 其净电荷

$$\rho(\boldsymbol{r}) = n_+ - n_- \tag{5.76}$$

仅来源于正离子与负离子的局域差 (负号是明确考虑了电荷符号):

$$\nabla^2\phi = -4\pi\ell\rho(\boldsymbol{r}) = -4\pi\ell n_{\mathrm{s}}(\mathrm{e}^{-\phi} - \mathrm{e}^{\phi}). \tag{5.77}$$

其中 $\ell = e^2/(\epsilon T)$ 是 Bjerrum 长度, 而 $\phi = \ell\psi(\boldsymbol{r})$ 是无量纲的势:

$$\psi = \int \mathrm{d}\,\boldsymbol{r}\frac{\rho(\boldsymbol{r}')}{|r - r'|}. \tag{5.78}$$

在方程 (5.77) 中我们已经把 $z \to \pm\infty$ 处的势设为零, 故电荷密度满足 $n_+ = n_0\exp(-\phi)$ (n_0 是一个由化学势确定的常数), 在 $z \to \pm\infty$ 处变为 $n_+ \to n_{\mathrm{s}}$, 其中 n_{s} 是体系统的电荷密度. 这就确定了 $n_{\mathrm{s}} = n_0$.

为了解出此势, 我们考虑盐浓度很高以致固定电荷被充分屏蔽的极限. 我们假定势很小 (更确切地说, 从平板到中心处的势变化不大) 并把方程 (5.77) 线性化. 此近似称为德拜 – 休克尔近似. 接着我们得到

$$\nabla^2\phi = 8\pi\ell n_{\mathrm{s}}\phi = \kappa^2\ \phi. \tag{5.79}$$

此方程可以利用位于中线平面 $z = 0$ 处的对称性边界条件 $\partial\phi/\partial z = 0$, 以及 (5.75) 式来解出, 从而得到

$$\phi = -\frac{\sigma\kappa}{4n_{\mathrm{s}}}\frac{\cosh(\kappa z)}{\sinh(\kappa D)}, \tag{5.80}$$

及

$$\rho(z) = \frac{1}{2}\sigma\kappa\frac{\cosh(\kappa z)}{\sinh(\kappa D)}. \tag{5.81}$$

对于大的 κD 值, 位于中线平面 $z = 0$ 处的电荷密度比位于平板处 ($z = \pm D$) 的值小一个正比丁 $\exp(-\kappa D)$ 的因子; 与不含盐情形中较弱的幂律行为相比较, 这种强烈屏蔽的结果是由于盐离子参与了对固定电荷的屏蔽过程.

5.5.6 表面之间的力

我们经常会通过测量两个宏观表面间的相互作用力来探究表面与界面的性质[1]. 对于带电体系, 这些表面可能被带电的表面活性剂或聚合物所覆盖, 并被极性溶剂 (异号离子溶解于其中) 分隔开. 因此计算两个表面间的力是有意义的. 这些力通过系统自由能随系统体积改变而产生的变化来定义, 但其中粒子数 (如, 固定电荷与异号离子) 保持为常量.

位于 $z = D$ 处、法线沿 $\hat{z}$ 方向的表面, 其单位面积上沿 $\hat{z}$ 方向的力为**纵向压强**, $\Pi_\ell(z = D)$, 与自由能对体积变化的导数有关, 而此体积变化由 $\hat{z}$ 方向上的膨胀或压缩引起. 由于系统是各向异性的, 故我们必须区分在纵向 ($\hat{z}$) 和横向 ($\hat{x}$, $\hat{y}$) 的体积变化之间的差别. 单位面积上的力称为应力, 对于各向异性系

统, 应力是张量, 其各分量记作 $\Pi_{ij}(\boldsymbol{r})$. 第一个下标表示力的方向, 而第二个则表示力所作用的表面法线方向. 因为系统可以具有剪切回复力, 故张量 Π 可以有非对角分量. 散度定理告诉我们[8], 作用在体积 V 上的合力 $\boldsymbol{T}$ 可以描述为应力散度的体积分 $\left(\int \mathrm{d}V\right)$ 或应力的面积分 $\left(\int \mathrm{d}A\right)$. 在分量标记法中,

$$T_i = \int \mathrm{d}V \frac{\partial \Pi_{ij}}{\partial r_j} = \int \mathrm{d}A\ \Pi_{ij}\ n_j \tag{5.82}$$

其中 $\boldsymbol{r} = (x, y, z)$, 并且我们用了对重复指标 j 求和的约定. 沿 j 方向的表面法线记为 n_j. 把表面移动一个距离 $\Delta \boldsymbol{R}$ 所做的总功由 $\boldsymbol{T} \cdot \Delta \boldsymbol{R}$ 给出.

在此处的两个无限大平面情形, 两个平面被可以传递应力的介质 (如前面讨论过的带电液体) 分开, 故对于两个面积为 A、法线沿 $\hat{z}$ 和 $-\hat{z}$ 方向的刚性表面, 在两个表面间单位面积上沿 $\hat{z}$ 方向的力由 $\Pi_{zz}(z = D) = \Pi_{\mathrm{l}}(D)$ 给出, 其下标 l 表示这是应力张量的纵向分量. 应力张量的横向分量 $\Pi_{\mathrm{t}}(z) = \Pi_{xx}(z) = \Pi_{yy}(z)$ (对于在垂直于 $\hat{z}$ 方向的平面上为各向同性的系统), 与 $\hat{x}, \hat{y}$ 方向上的力有关, 此力对应于能使系统横截面积增加的位移. 想象对包围系统的 "侧壁" 施力而增大横截面积, 便可以知道相关的法向矢量也在 $\hat{x}, \hat{y}$ 方向.

要计算纵向应力, 可以通过计算任意 z 点的 $\Pi_{\mathrm{l}}(z)$ 然后再取 $z = D$ 值而得到, 或者, 注意到把各表面移动一段距离 (在 $\pm\hat{z}$ 方向上) ΔD 过程中对每单位面积做的功由 $[\Pi_{\mathrm{l}}(D) + \Pi_{\mathrm{l}}(-D)]\ \Delta D$ 给出. 这等于自由能的变化; 注意到由于对称性, $\Pi_{\mathrm{l}}(D) = \Pi_{\mathrm{l}}(-D)$, 因此通过计算

$$\Pi_{zz}(D) = -\frac{1}{2} \frac{\partial f_{\mathrm{s}}}{\partial D}, \tag{5.83}$$

我们就能算出表面间的力, 其中 f_{s} 是单位面积的自由能. 当 $\Pi_{\mathrm{l}}(D) > 0$, 自由能随着体积增加而减少, 各壁之间的力是排斥的, 而当 $\Pi_{\mathrm{l}}(D) < 0$, 各壁之间的力是吸引的.

当增大或减小横截面积时体积会改变, 通过计算由此引起的总自由能变化, 可以计算出横向应力 Π_{t}. 对于由密度 $n(z)$ 描述的系统, 如果 $n(z)$ 仅在 $\hat{z}$ 方向上变化, 而在 $\hat{x}, \hat{y}$ 方向为均匀且各向同性的, 我们可以写出总自由能为

$$F = \int \mathrm{d}z\, \mathrm{d}A\, f[n(z)], \tag{5.84}$$

这里 $\mathrm{d}A$ 是面元, 而单位体积的自由能 $f[n(z)]$ 仅依赖于 $n(z)$. 当横截面积改变而粒子总数保持不变时, 总自由能可通过几个途径发生变化: (i) 面元 $\mathrm{d}A$ 改变; (ii) 局域密度改变, 因为此密度与局域面元成反比; 以及 (iii) 当面元改变时边界条件可能发生变化. 在下面关于异号离子气体横向压强的计算中, 所有这些变化都会被考虑在内.

5.5.7 两个带电表面的纵向应力

利用这些概念, 通过方程 (5.83), 我们可以计算出源于两个带电平板上单位面积作用力的纵向应力 $\Pi_1 = \Pi_{zz}(D)$. 我们考虑横截面积为 A 的一维问题, 并写出单位面积的自由能 $f_{\rm s}$ (见方程 (5.50)). 于是纵向应力为 $\Pi_{zz}(D) = -\frac{1}{2}(\partial f_{\rm s}/\partial D)$, 其中

$$f_{\rm s} = T\int_{-D}^{D} {\rm d}z \left[n(z)\left[\ln v_0 n(z) - 1\right] + \frac{\ell}{2} n_{\rm t}(z)\psi_{\rm t}(z)\right], \tag{5.85}$$

这里 $n(z)$ 为异号离子电荷密度, 而 $n_{\rm t}$ 与 $\psi_{\rm t}$ 表示由方程 (5.59) 定义的总电荷与势. 由于电荷守恒意味着 $\int n_{\rm t}(z)\,{\rm d}z = 0$, 我们看到, 给总势加上任意常数不会改变自由能; 因此, 我们把固定电荷表面的总势选为 $\psi_{\rm t}(D) = \psi_{\rm t}(-D) = 0$. 接着我们对此问题进行重新标度, 使距离为无量纲的, 并在方程 (5.83) 中取对 D 的各导数. 为了使之可行, 边界条件必须与 D 无关; 而这一点对于电荷守恒的情况是不正确的. 然而我们注意到, 如果把独立变量从电荷密度 n 变为电场, 则电场满足的边界条件就与 D 无关. 所以, 我们利用势 $\psi_{\rm t}$ 与重新标度的电场 $\boldsymbol{\varepsilon}$ (不要和介电常量 ϵ 混淆) 之间的关系, 其定义为 $\boldsymbol{\varepsilon} = -\nabla\psi_{\rm t}$, 以及

$$\frac{\partial^2 \psi_{\rm t}}{\partial z^2} = -\varepsilon_z = -4\pi n_{\rm t}(z), \tag{5.86}$$

可以求出

$$n_{\rm t} = \frac{1}{4\pi}\varepsilon_z. \tag{5.87}$$

在紧邻带电表面外侧的区域, 有 $n_{\rm t} = n(z)$, 即异号离子的密度. 在此区域, 电荷守恒 $\int n(z)\,{\rm d}z = \sigma$ 变成关于 ε 的边界条件:

$$\varepsilon(D) - \varepsilon(-D) = 4\pi\sigma \tag{5.88}$$

(这里 $\varepsilon(D)$ 指 $z \to D$ 的极限, 故不必把基于固定电荷的场的不连续性包括在内). 对于一个对称的问题, $\varepsilon(D) = -\varepsilon(-D)$ 意味着

$$\varepsilon(z = 0) = 0. \tag{5.89}$$

这两个边界条件相对于 z 坐标的重新标度是不变的.

我们首先对方程 (5.85) 中的第二项进行部分积分, 得到:

$$\int {\rm d}z n(z)\psi(z) = -\int {\rm d}z\frac{1}{4\pi}\psi_{zz}\psi = \int {\rm d}z\frac{1}{4\pi}(\psi_z)^2 = \int {\rm d}z\frac{1}{4\pi}\varepsilon^2, \tag{5.90}$$

这里为了清楚起见, 我们省略了 n 和 ψ 的下标 t, 并利用了在边界 $z=\pm D$ 处势为零的条件. 于是我们得到

$$f_{\mathrm{s}}=T\int_{-D}^{D}\mathrm{d}z\left[n(z)\left[\ln v_0 n(z)-1\right]+\frac{\ell}{8\pi}\varepsilon^2\right]. \tag{5.91}$$

接着, 我们对空间变量进行重新标度, 使 $w=z/D$, 可以求出

$$f_{\mathrm{s}}=\frac{T}{4\pi}\int_{-1}^{1}\mathrm{d}w\left[\varepsilon_w\left(\ln\frac{\varepsilon_w v_0}{4\pi D}-1\right)+\frac{\ell D}{2}\varepsilon^2\right]. \tag{5.92}$$

从方程 (5.83) 我们得到, 压强由

$$\Pi_{zz}(D)=\frac{T}{8\pi}\int_{-1}^{1}\mathrm{d}w\left[\frac{\varepsilon_w}{D}-\frac{\ell}{2}\varepsilon^2\right] \tag{5.93}$$

给出. 但是, 对应于 f_{s} 对 ε 求极小的欧拉 – 拉格朗日方程可导出

$$\varepsilon_{ww}-\ell D\,\varepsilon\,\varepsilon_w=0. \tag{5.94}$$

对此方程进行一次积分, 并利用 $w=0$ 处 $\varepsilon=0$ 的边界条件, 可以得到

$$\frac{\varepsilon_w}{D}-\frac{\ell\varepsilon^2}{2}=\frac{\varepsilon_w(0)}{D}=\varepsilon_z(0)=4\pi n(0), \tag{5.95}$$

其中 $n(0)$ 是中线平面处的电荷密度值. 因此方程 (5.93) 变成

$$\Pi_{zz}(D)=Tn(0) \tag{5.96}$$

纵向应力由对应于中线平面处电荷密度的理想气体压强给出, 而由电场产生的压强为零. 在以前讨论过的低电荷密度极限, 此压强确实是局限在两层之间的理想气体压强, $\Pi_{zz}(D)=T(\sigma/2D)$. 在高电荷密度极限, $n_0\sim 1/(\ell D^2)$, 与理想气体极限相比较, 作用在局限层上的压强大大减小. 方程 (5.96) 表明, 这是由于在高电荷密度极限下, 远离固定电荷平面处的电荷密度会急剧减小.

5.5.8 两个带电表面的横向应力

横向应力或压强 $\Pi_{\mathrm{t}}(z)=\Pi_{xx}(z)$ 与由体积改变而引起的总自由能变化联系起来, 此体积变化仅由横截面积改变引起 —— 即, 平板间距离保持不变, 以及粒子数保持不变. 考虑由方程 (5.91) 给出的单位面积自由能表达式, 以及边界条件 (5.88, 5.89) 式. 边界条件 (5.88) 式依赖于单位面积的电荷 σ, 故与横截面积有关 (因为总电荷保持固定). 为了计算由横截面积改变而引起的自由能变化, 我们必须对问题进行重新标度, 使得边界条件相对于横截面积的变化是不变的. 我们定义一个新的独立变量, $\eta=\varepsilon/\sigma$, 其中 ε 是经过重新标度的电场,

由 $\varepsilon=-\nabla\psi_{\rm t}$ 确定. 现在边界条件就与横截面积无关, 故我们可以通过取自由能的微商来计算出压强. 边界条件可以写成变量 η 的关系式:

$$\eta(D)-\eta(-D)=4\pi, \tag{5.97}$$

$$\eta(z=0)=0. \tag{5.98}$$

由方程 (5.87, 5.91), 可以写出每单位长度自由能 f_1 关于 η 的表达式为

$$f_1=A\frac{T}{4\pi}\left[\sigma\eta_z\left(\ln\frac{\eta_z\sigma v_0}{4\pi}-1\right)+\frac{\ell}{2}\sigma^2\eta^2\right], \tag{5.99a}$$

其中 A 是横截面积. 注意, 我们现在写出的自由能是未标度单位的 (即, 纵向坐标为 $z=wD$, 因为体积的变化不包括间隔 D). 写出 $\sigma=N_{\rm f}/A$, 其中 $N_{\rm f}$ 是固定电荷数, 我们可以明确地给出自由能对于横截面积的依赖关系; 经我们重新标度的边界条件意味着, 当横截面积改变时, η 不变化.

$$f_1=\frac{TN_{\rm f}}{4\pi}\left[\eta_z\left(\ln\frac{\eta_z N_{\rm f}v_0}{4\pi A}-1\right)+\frac{\ell N_{\rm f}}{2A}\eta^2\right]. \tag{5.99b}$$

横向压强由

$$\Pi_{\rm t}=-\frac{\partial f_1}{\partial A} \tag{5.100}$$

给出. 取相对于 A 的导数, 我们可以用经过标度的电场 $\varepsilon=\eta\sigma$ 来表示 $\Pi_{\rm t}$:

$$\Pi_{\rm t}=\frac{T}{4\pi}\left[\varepsilon_z+\frac{\ell}{2}\varepsilon^2\right]. \tag{5.101}$$

利用方程 (5.87, 5.95) 我们把 $\Pi_{\rm t}$ 用电荷密度来表示并得到

$$\Pi_{\rm t}-T\left(2n(z)-n(0)\right). \tag{5.102}$$

我们注意到, 尽管纵向压强是一个与 z 无关的常量 (如力学平衡所要求的那样), 但横向压强确实与 z 有关. 在一个各向同性系统的极限情形 (即, $n(z)$ 与 z 无关), $\Pi_{\rm t}=\Pi_1=Tn(0)$; 则我们重新得到理想气体定律.

5.6 溶质诱导的相互作用

当两个带电表面之间有异号离子溶液, 则对于这两个表面间静电相互作用的讨论, 是有关溶质诱导的相互作用的更普遍问题之特殊情形. 就是说, 我们考虑以两个表面为界的溶剂中的溶质. 溶质与壁、溶质与溶剂, 以及溶质相互之间的作用, 确定了包括溶剂、溶质与壁的体系的自由能. 通过自由能对于两壁间距离的依赖关系, 我们可以得到两壁之间力的符号和大小. 静电情形侧重于长程相互作用. 在本节中我们将证明, 即使是具有短程相互作用的溶质也

会导致两个边界表面之间的有效吸引相互作用. 无论壁对溶质是吸引还是排斥, 相互作用都是吸引的, 因为吸引力的起源是由于壁的存在而产生的成分梯度. (当壁排斥溶质, 这称为由溶质诱导的**排空相互作用**.) 当两壁间距离减小时, 整体的梯度能量是减小的, 而由于两壁间区域的渗透压低于壁外区域的渗透压, 就会产生吸引力; 此压强差会导致一个使两壁靠近的力.

5.6.1　模型自由能与边界条件

我们考虑一维模型系统, 由溶质分子溶于溶剂中所构成的二分量溶液以位于 $z=\pm D$ 处的两壁为边界. 我们假定壁对于溶质分子是可渗透的, 故两壁间区域的溶液与体系统处于平衡. 在体溶液中的溶质浓度记为 $c_{\rm b}$. 位于 $z=\pm D$ 处的两壁改变了系统的局域成分 $c(z)$, 这里假定其仅在 $\hat{z}$ 方向发生变化. 以 $k_{\rm B}T$ 为单位的每单位面积的体自由能是局域溶质成分 $c(z)$ 的函数. 由于溶质与壁的相互作用会引起浓度分布形态的改变, 我们考虑由于浓度分布改变而引起的系统自由能变化. 继续第 1 章和第 2 章中的讨论, 我们写出含壁系统的体自由能与位于 $-D<z<D$ 区域内的 (不含壁) 体溶液的自由能之差 Δf (每单位面积), 即

$$\Delta f=\int_{-D}^{D}{\rm d}z\left[f_{\rm b}[c(z)]-f_{\rm b}[c_{\rm b}]+\frac{1}{2}B\left(\frac{\partial c(z)}{\partial z}\right)^2\right], \tag{5.103}$$

其中 $f_{\rm b}[c(z)]$ 为体自由能, 是局域密度的泛函, 而 $c=c_{\rm b}$ 是溶质浓度的体值. 总自由能与 Δf 相差一项, 此项包括体溶液的自由能密度对整个系统的积分; 其与 D 无关故扔掉了. 在方程 (5.103) 中, $f_{\rm b}[c(z)]$ 是局域成分的泛函, 而正比于 B 的项计入了由成分梯度产生的短程相互作用能量. 除了此自由能以外, 还有一项来源于溶质与壁相互作用的贡献. 我们把单位面积自由能的此贡献项写成

$$f_0=f_{\rm w}[c(D)]+f_{\rm w}[c(-D)]. \tag{5.104}$$

对于这里处理的对称性问题, $c(D)=c(-D)$. 由于溶质 - 壁相互作用的短程性质, 我们假定壁 - 溶质相互作用能量 $f_{\rm w}$ 仅依赖于壁上溶质分子成分的*局域值*. 函数 $f_{\rm w}[c]$ 的细节依赖于与壁的特定相互作用. 例如, 当 $a_1>0$ 时 $f_{\rm w}=-a_1c$ 表示壁对溶质的吸引, 而 $a_1<0$ 则代表排斥; 吸引作用就正比于吸附的分子数. 每单位面积的总自由能为和 $\Delta f+f_0$.

接着我们按照以前关于静电力的讨论方法, 考虑无量纲变量 $w=z/D$. 我们将在系统保持化学平衡的约束条件下取所有的微商. 因此, 我们给内部区域及体的自由能中都加上一项化学势. 定义 $\varPi_{\rm b}[c]=\mu c(z)-f_{\rm b}[c]$ 为局域渗透

压, 而 μ 为化学势, 我们把每单位面积的总巨热力学势 g 写成

$$g = 2f_{\mathrm{w}}[c(w=1)] + D\left[\int_{-1}^{1} \mathrm{d}w \left[-\Pi_{\mathrm{b}}[c(w)] + \Pi_{\mathrm{b}}[c_{\mathrm{b}}] + \frac{B}{2D^2}\left(\frac{\partial c(w)}{\partial w}\right)^2\right]\right]. \tag{5.105}$$

化学平衡的条件要求系统中各处的化学势都相同, 故可由其在体溶液中的值给出, 其成分为 c_{b}:

$$\mu = \left(\frac{\partial f_{\mathrm{b}}[c]}{\partial c}\right)_{c_{\mathrm{b}}}. \tag{5.106}$$

这样就通过 c_{b} 确定了 μ. g 对于泛函 $c(w)$ 取极小化的边界条件为 (i) 对称性条件, (见图 5.5), 即在中线平面 $w=0$ 处 $\partial c/\partial w = 0$, 以及 (ii) $\partial g/\partial c\ (w=1) = 0$, 巨热力学势相对于壁上的 c 值取极小. 我们认为 $c(w)$, $c(w=1)$ 与 D 为相互独立的自由度, 可以分开取极小.

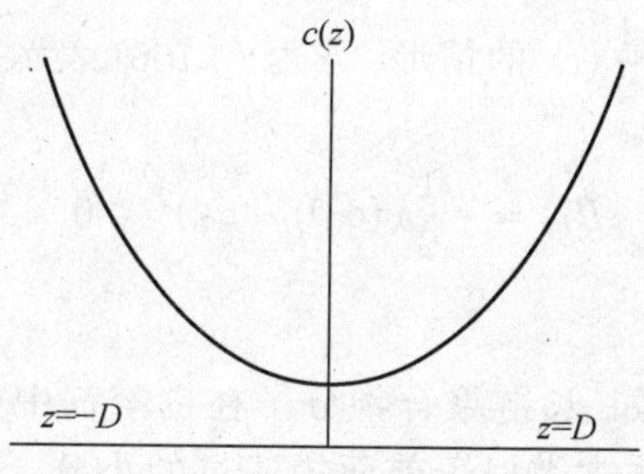

图 5.5 关于溶质被两壁吸引的情形的浓度分布形态 $c(z)$. 两壁位于 $z=\pm D$.

5.6.2 壁上的压强

通过增大或减小纵向尺寸 D 可以改变体积, 作用在壁上的净纵向压强 Π_{zz} 是总巨热力学势 G 对体积 V 的导数之负值. 我们把它用每单位面积的巨热力学势 g 和 D 表示为

$$\Pi_{zz} = -\frac{\partial G}{\partial V} = -\frac{1}{2}\frac{\partial g}{\partial D}. \tag{5.107}$$

这就导出

$$\Pi_{zz} = \frac{1}{2}\int_{-1}^{1} \mathrm{d}w \left[\Pi_{\mathrm{b}}[c(w)] - \Pi_{\mathrm{b}}[c_{\mathrm{b}}] + \frac{B}{2D^2}\left(\frac{\partial c(w)}{\partial w}\right)^2\right]. \tag{5.108}$$

但是 $c(w)$ 满足的欧拉 – 拉格朗日方程意味着

$$\frac{B}{2D^2}\left(\frac{\partial c(w)}{\partial w}\right)^2 = -\Pi_{\mathrm{b}}[c(w)] + \Pi_{\mathrm{b}}[c(0)], \tag{5.109}$$

其中 $c(0)$ 是在中线平面处的浓度值. 因此, 我们求出压强为:

$$\Pi_{zz} = (\Pi_{\mathrm{b}}[c(0)] - \Pi_{\mathrm{b}}[c_{\mathrm{b}}]), \tag{5.110}$$

这里体系统的渗透压等于 $\Pi_{\mathrm{b}}[c_{\mathrm{b}}]$, 而两壁间溶质的渗透压等于 $\Pi_{\mathrm{b}}[c(0)]$. 和以前一样, 作用在壁上的压强与系统在体中和中线平面处的渗透压之差有关. 当在体中的系统渗透压大于中线平面处的渗透压, 则作用在壁上的净力倾向于使两壁靠近, 故是吸引的.

在平衡状态, 如果要使单相系统稳定, 则 $\Pi_{\mathrm{b}}[c_{\mathrm{b}}]$ 一定是极大值, 所以我们可以看到两壁间的力是吸引的 —— 即, 如果对应于同一个化学势还有另一个成分值, 其 $\Pi_{\mathrm{b}} = \mu c_{\mathrm{b}} - f_{\mathrm{b}}[c_{\mathrm{b}}]$ 大于或等于 $\Pi_{\mathrm{b}}[c_{\mathrm{b}}] = \mu c(z) - f_{\mathrm{b}}[c(z)]$, 则系统会相分离. (注意, 对巨热力学势 $f - \mu c$ 取极小意味着 Π 取极大.) 于是, 对于固定的化学势, $\Pi_{\mathrm{b}}[c(0)] < \Pi_{\mathrm{b}}[c_{\mathrm{b}}]$ 及 $\Pi_{zz} < 0$, 表示两壁间为吸引相互作用. 作为一个特殊例子, 考虑 $f_{\mathrm{b}} = \dfrac{1}{2}\chi c^2$ 的情形. 方程 (5.106) 表示 $\mu = \chi c_{\mathrm{b}}$ 所以

$$\Pi_{zz} = -\frac{1}{2}\chi(c(0) - c_{\mathrm{b}})^2 < 0. \tag{5.111}$$

5.6.3　聚合物溶液

平衡聚合物溶液 (如, 长链聚合物分子在良溶剂中) 也会导致[9] 表面间的吸引相互作用, 其方式非常类似于前面描述过的小分子溶液情形. 在参考文献 [9] 中描述了可逆与不可逆吸附两种情形. 与方程 (5.103) 相似, 体的自由能并非浓度的泛函, 而是变量 $\psi(\boldsymbol{r})$ 的泛函, 其平方正比于聚合物的浓度. 这可以通过一种启发性的方式来理解, 注意到在空间找到链上一给定断片的概率依赖于沿着链的两个相邻单体的联合概率 (更严格的描述请见参考文献 [10]). 表面相互作用项也与前面所描述的类似, 只是把表面浓度用变量 ψ 的平方来代替. 对于可逆的吸附, 聚合物与体溶液处于平衡, 平板间的相互作用总是吸引的. 对于不可逆的吸附, 表面间的相互作用可以是排斥的.

5.6.4　表面间的排斥相互作用

在上节中, 我们证明了存在于两个对称壁之间的溶质会导致两壁之间的有效相互作用. 此结果依赖于两壁间的溶质与体处于平衡这一事实. 然而, 还有一些情形中两壁间的相互作用可以是排斥的. 当两壁处的边界条件是高度不对称时 (见图 5.6) 这种情况可能发生, 因此会给 $z = 0$ 处的浓度加上很大梯度; 两壁会互相排斥以减小这些大梯度效应.

通过对压强 (5.108) 式的考虑可以看到这一点. 不管边界条件如何, 此表达式都是正确的. 然而, 欧拉 – 拉格朗日方程 (5.109) 式仅在对称边界条件情

形 (其中, 在 $z=0$ 处浓度分布的微商为零) 是正确的. 更普遍地, 可以写出欧拉–拉格朗日方程的第一积分为

$$\frac{B}{2D^2}c_{\mathrm{w}}^2=-\Pi_{\mathrm{b}}[c(w)]+\Pi_{\mathrm{b}}[c(0)]+\frac{B}{2D^2}c_{\mathrm{w}}^2(0), \tag{5.112}$$

其中 $c_{\mathrm{w}}=\partial c/\partial w$. 把这个用到方程 (5.108) 中, 我们得到

$$\Pi_{zz}=\frac{B}{2}c_z^2(0)+(\Pi_{\mathrm{b}}[c(0)]-\Pi_{\mathrm{b}}[c_{\mathrm{b}}]), \tag{5.113}$$

这里我们已经把梯度用未经标度的坐标 $z=wD$ 来表示. 所以压强可以为正 (表示排斥相互作用) 也可以为负 (表示吸引相互作用). 在与壁的相互作用为完全不对称的情形, 可赋予条件 $c(z=D)=c_{\mathrm{b}}(1+\delta)$ 与 $c(z=-D)=c_{\mathrm{b}}(1-\delta)$, 其中 δ 由边界条件确定, 我们可以预期: 由于对称性, 有 $c(0)=c_{\mathrm{b}}$. 方程 (5.113) 中的第二项和第三项会精确地抵消掉, 而两壁间的相互作用是排斥的 (由于梯度平方项为正). 因此, 对于两壁高度不对称的情形, 在 $z=0$ 处必定存在浓度的强梯度, 其会导致排斥相互作用, 从而倾向于减小这些梯度的效应.

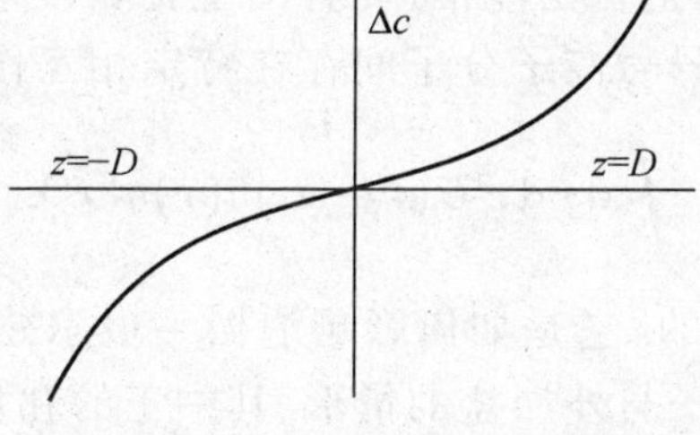

图 5.6 关于完全不对称边界条件 (即, 溶质被右壁吸引而被左壁排斥) 的浓度分布形态, 其中 $\Delta c=c(z)-c_{\mathrm{b}}$, 而 c_{b} 是体中的溶质浓度. 两壁位于 $z=\pm D$ 处.

5.7 问题

5.7.1 范德瓦尔斯相互作用

计算两个厚度为 $2d$、其中心相距 $2D$ 的膜的范德瓦尔斯相互作用能量. 对于 $D\gg d$ 的情形, 相互作用的极限值是多少? 在膜间距相对于膜厚很小的情形, 相互作用的极限值是多少?

通过变换为相对坐标: $Z=(z+z')/2$ 与 $\zeta=(z-z')/2$, 来计算方程 (5.15) 中的范德瓦尔斯作用. 必须仔细地对积分区域进行变换.

5.7.2 色散关系

对于波在包含厚度为 L、介电函数 $\epsilon_{\mathrm{m}}(\omega)$ 的介电膜的一维系统 (此系统被两个介电函数分别为 $\epsilon_1(\omega)$ 和 $\epsilon_2(\omega)$ 的半空间所包围) 中传播的情形, 利用

麦克斯韦方程组以及正文中所描述的边界条件, 推导出关于其电磁简正模的色散关系 (5.37) 式.

5.7.3 渗透压与静电学

对于固定电荷密度为 σ_0、间距为 $2D$ 的平板的周期性阵列, 其相互作用能量作为平板间距的函数形式如何? 利用关于 $n(z)$ 的解, 从自由能出发详细地计算出此能量. 求出纵向渗透压, 并与上面推出的渗透压: $\Pi_1 = Tn(0)$, 进行比较.

5.7.4 德拜 – 休克尔近似中的相互作用

对于两个带有固定电荷密度 σ 的平板, 当其间区域的溶液中包括异号离子与外加盐 (此盐与体溶液处于平衡, 浓度为 n_s) 时, 此两平板间的相互作用如何? 利用正文中讨论过的德拜 – 休克尔近似.

5.7.5 静电学: 一种自由能方法

在正文中, 我们从考虑自由能作为局域电荷密度的函数开始讨论静电相互作用. 这就使我们能够研究不同于简单理想气体极限的情形, 因为通过加入合适的项或自由度可以把自由能推广, 并对电荷密度取极小而得到确定局域电荷密度的方程. 考虑异号离子分子间存在特定相互作用

$$\int \mathrm{d}\boldsymbol{r}\mathrm{d}\boldsymbol{r}' U(\boldsymbol{r}-\boldsymbol{r}')n(\boldsymbol{r})n(\boldsymbol{r}') \tag{5.114}$$

的情形, 其中 U 是短程的. 它是如何影响泊松 – 玻尔兹曼方程的?

接着, 考虑异号离子与外加盐的情形, 其中正的和负的盐离子与异号离子都是化学可分辨的. 这会如何改变自由能和其导致的泊松 – 玻尔兹曼方程?

5.7.6 表面力与静电学

如果我们在自由能中包括进相互作用 (如, 有限尺寸异号离子之间的体斥相互作用), 如何对方程 (5.96) 的结果加以推广呢? 为此, 给方程 (5.85) 加上一项 $\dfrac{1}{2}Bn^2$, 并试着重复关于压强的计算.

5.7.7 溶质诱导的相互作用

考虑体自由能由二次式 $f_\mathrm{b}[c] = \dfrac{1}{2}\chi c^2$ 给出的特殊情形, 其中与壁的相互作用形式为 $f_\mathrm{w} = -a_1 c(D)$. 假定 $c(D)$ 是确定的, 求出使巨热力学势取极小 (即, 在溶质守恒约束下的自由能) 的浓度分布形态. 然后, 利用 $c(z)$ 的此解, 来计算总 (体和壁的) 亥姆霍兹自由能, 并把它对 $c(D)$ 求极小以得到壁上的浓度. (求此极小可以直接做, 也可以用类似于第 4 章中讨论过的 (4.49) 式的方法来做.) 现在, 利用此 $c(D)$ 值来算出总亥姆霍兹自由能作为两壁间距的函数

(考虑间距很大和很小的极限情形), 并讨论两壁间相互作用的性质与作用程. 证明: 此相互作用与 a_1 的符号无关 —— 壁是相互吸引还是排斥的无关紧要. 与在正文中推导出的作用于壁上的压强表达式进行比较.

5.7.8 具有吸引壁的理想气体压强

如果体的自由能是理想气体自由能, 利用方程 (5.110), 求出作用在壁上的压强以 $c(0)$ 和 $c_{\rm b}$ 表示的形式. 证明两壁间的力是吸引的.

5.7.9 互相吸引的壁之间的聚合物链

考虑位于相距 $2D$、相互吸引的两壁之间的一个聚合物链. 此体系统的每单位面积局域自由能由泛函

$$f_{\rm b} = \frac{1}{2}B\int_{-D}^{D}{\rm d}z\left(\frac{\partial\psi}{\partial z}\right)^2 \tag{5.115}$$

描述[10], 其中聚合物浓度 $c(z)$ (每单位体积的单体数) 与 ψ 的关系为 $c(z) = \psi^2(z)$[10]. 假定其与壁间相互作用的自由能为以下形式:

$$f_{\rm w} = -a_1c(z) = -a_1\psi^2. \tag{5.116}$$

对于单体与壁间为吸引相互作用情形, 参数 $a_1 > 0$, 而对于排斥相互作用情形, 有 $a_1 < 0$. 在两壁间单体总数守恒的约束条件下, 把自由能对 ψ 取极小, 以求得总自由能作为间距 D 的函数. 讨论当参数 a_1 变化时, 两壁间相互作用的吸引或排斥性质. 找出作用在壁上的压强, 并与正文中推出的普遍表达式进行比较. 此情形与小分子情形中溶质诱导的相互作用有何不同? 如果聚合物是放在一个不良溶剂中的, 关于平板间相互作用的讨论请见参考文献 [11].

5.7.10 两壁间的吸引相互作用

考虑被分开 $2D$ 距离的两壁之间存在介质的系统. 两壁的法线在 $\hat{z}$ 方向, 而平面 $z = 0$ 是两壁间的中线平面. 介质由非守恒的序参量 ψ (可以为正也可以为负) 以及一个简单的每单位体积自由能 f 描述:

$$f = \int{\rm d}\boldsymbol{r}\left(g[\psi] + \frac{1}{2}B|\nabla\psi|^2\right),$$

其中 $g[\psi] = \dfrac{1}{2}\alpha\psi^2$. 如果与壁的相互作用很强, 则它们决定了表面的边界条件. 考虑这个可以导致在右壁的边界条件为 $\psi = \psi_0$、在左壁的边界条件为 $\psi = -\psi_0$ 的情形.

计算在两壁间区域的序参量分布. 两壁间有效相互作用作为 D 的函数形式如何?

哪些物理系统可能会表现出此类行为?

考虑具有一般局域自由能 $g[\psi]$ 的同一个问题, 其中 $g[0]=0$. 写出此普遍形式的欧拉 – 拉格朗日方程的第一积分, 并把积分常数用中线平面处的 ψ 梯度值确定下来. 接着, 考虑以标度后的单位 $w=z/D$ 表示的自由能

$$f = D\int_{-1}^{1}\mathrm{d}w\left(g[\psi]+\frac{B}{2D^2}|\nabla\psi|^2\right).$$

f 随 D 改变而产生的变化可以明确地计算出来:

$$\frac{\partial f}{\partial D}=\int_{-1}^{1}\mathrm{d}w\left(g[\psi]-\frac{B}{2D^2}|\nabla\psi|^2\right).$$

利用此表达式和欧拉 – 拉格朗日方程的第一积分, 来确定在此更普遍情形中相互作用是吸引的还是排斥的.

5.8 参考文献

1. J. N. Israelachvili, *Intermolecular and Surface Forces*, 2nd ed. (Academic Press, New York, 1992).
2. L. I. Schiff, *Quantum Mechanics* (McGraw-Hill, New York, 1968), ch. 8.
3. B. W. Ninham, V. A. Parsegian, and G. H. Weiss, *J. Statistical Physics*, **2**, 323 (1970).
4. Yu. S. Barash and V. L. Ginzburg, in *The Dielectric Function of Condensed Systems*, eds. L. V. Keldysh, D. A. Kirzhnitz, and A. Maradudin, Vol. 24 in the series, *Modern Problems in Condensed Matter Sciences*, eds. V. M. Agranovich and A. A. Maradudin (North Holland, New York, 1989), p. 389.
5. L. D. Landau, and E. M. Lifshitz, *Statistical Physics*, 3rd ed., revised and enlarged by E. M. Lifshitz and L. P. Pitaevskii (Pergamon, New York, 1980), p. 159.
6. V. A. Parsegian, in *Annual Review of Biophysics and Bioengineering*, eds. L. J. Mullins, W. A. Hagins, and L. Stryer (Annual Reviews Inc., Palo Alto, CA, 1973) p. 221.
7. M. Elbaum and M. Schick, *Phys. Rev. Lett.* **66**, 1713 (1991); *J. Phys. I* (*France*) **1**, 1665 (1991).
8. L. D. Landau, and E. M. Lifshitz, *Theory of Elasticity*, 2nd ed., revised and enlarged (Pergamon, New York, 1970).
9. P. G. de Gennes, *Macromolecules*, **15**, 492 (1982).
10. P. G. de Gennes, *Scaling Concepts in Polymer Physics* (Cornell University Press, Ithaca, NY, 1979).
11. K. Ingersent, J. Klein, P. Pincus, *Macromolecules*, **19**, 1374 (1986).

第 6 章

柔性界面

液体膜

6.1 引言

上一章着重讨论了刚性表面或界面之间的相互作用. 然而, 自然界中存在的最令人感兴趣的界面类型之中有些并非简单的平界面, 而是具有内在粗糙度的 (其经常源于热效应, 在诸如膜之类的二维系统中可以是很重要的). 本章中我们考虑柔性界面或膜的性质. 我们首先讨论液体膜, 并给出其自由能作为曲率函数的描述. 给出唯象模型及更微观的模型. 接着, 我们描述热涨落对于这些近平直膜的效应. 最后, 我们考虑涨落膜之间的相互作用效应, 并指出两个膜不能互穿这一事实是如何导致两者之间的一个有效长程排斥作用. 在本章中, 我们着重于平面几何构形的情况; 我们假定分子已经自组装为一个近平直膜. 曲率弹性以及热涨落对于球形与柱形系统产生的效应将在第 8 章中处理, 在那里我们会讨论在自组装分子过程中不同形状之间的竞争. 近平直膜的性质对于理解自组装复杂流体的体性质很重要, 例如前面讨论过的微乳液与囊泡, 因为这些系统可以被看成是具有相互作用的膜的系综.

6.2 液体膜与表面活性剂

6.2.1 膜

本章中, 我们用膜这个术语指一种材料的薄层, 它把两种相似 (双层膜) 或相异 (单层膜) 的材料分开. 我们聚焦于液体膜 (其没有平面剪切模量, 而仅有的平面形变为压缩/膨胀), 在诸如封装和净化的工业应用中很重要. 而且, 有些液体膜是生物系统的原型, 不过我们还是应注意到, 真实的生物膜常常具有好几种成分, 有时甚至会有一个类固体的支撑, 它可以给膜提供剪切刚度.

柔性的固体膜同样是很有意义的. 然而, 它们在实验上远不如液体膜普遍, 而且处理起来更复杂一些, 因为除了膜的形状以外, 还必须把剪切效应包括进去. 它们的弯曲能将在本章末的问题中讨论. 获得很多理论关注的另一类系统是系链膜[1], 可用来描述聚合而非结晶状的片层. 如果说不受壁或其他膜限制的单个液体膜会受到热涨落的强烈影响 (“产生褶皱”), 那么固体膜 (尤其是当膜的自回避包括进来之后) 受涨落的影响则较微弱所以 “更平”.

6.2.2 两亲化合物

表面活性剂或**两亲化合物**中所包含的分子, 结合了极性和非极性两个部分 (见图 6.1). 由于第 5 章中讨论过的疏水相互作用, 这些分子倾向于在极性 – 非极性 (如水 – 油) 界面形成单层薄膜, 分子的极性部分溶于水中, 而分子的碳氢化合物部分溶于油中. 在此情形中, 一般来说, 薄膜的性质关于界面是不对称的. 在单个溶剂 (如水) 中, 这些分子倾向于形成*双层*, 其每个单层的碳氢化合物部分聚集在双层中央以减少水与分子非极性部分的接触. 当其仅由单一种类构成时, 这种双层薄膜的性质是关于其两侧对称的. 脂质分子是类表面活性剂的物体, 一般有一个极性头部团以及一个双链的碳氢化合物尾部. 它们在生物应用中很重要. 另一种具有两亲性质的系统是嵌段共聚物, 由两个不互溶的聚合物通过共价键连结在一起而构成 (见图 6.2). 如果两个聚合物分别是水溶性与油溶性的, 这些集团就正好与表面活性剂相似, 故可以在水 – 油界面上形成单层薄膜. 由嵌段共聚物表现出的另一类界面活性是, 在构成集团的两个 (不互溶) 同聚物之间的界面上具有形成薄膜的倾向. 此类分子作为两个同聚物的相容剂是很有用的, 能够用来形成一种聚合物在另一种里面的稳定分散体系. 这就使我们能够构造出具有特殊性质的复合材料, 其可以通过两类聚合物的分散而达到最优化. (当不存在相容剂时, 同聚物在平衡状态会发生相分离 —— 即分散系统是不稳定的.)

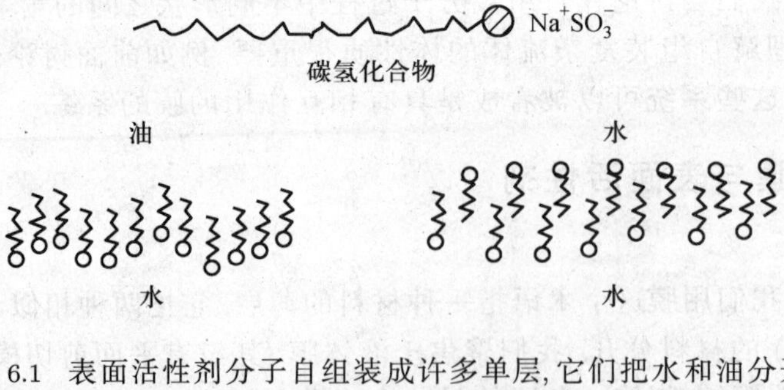

图 6.1 表面活性剂分子自组装成许多单层, 它们把水和油分开; 表面活性剂分子自组装成许多双层, 它们把两个水域分开.

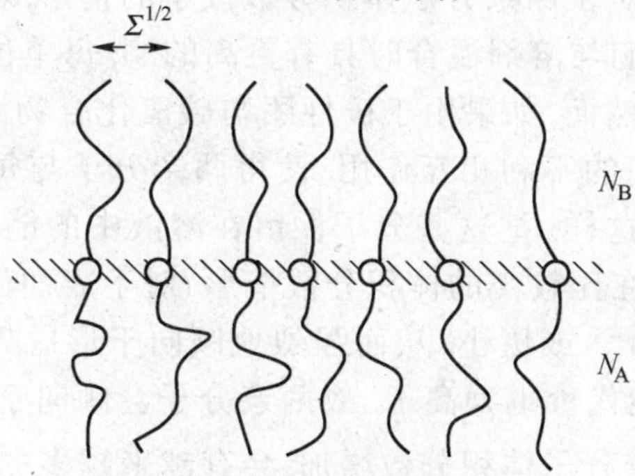

图 6.2 在关于 "A" 段的良溶剂与关于 "B" 段的良溶剂之间界面处的嵌段共聚物. 两种嵌段的聚合度分别为 N_A 和 N_B, 而 Σ 是界面处每个分子的平均面积.

6.3 液体膜的曲率弹性

6.3.1 形变模式

虽然液体膜可以由许多不同的化学类型和分子种类构成, 它们的行为 (形状, 涨落, 热力学) 却能够通过一个统一观点 (即考虑膜的形变自由能) 来理解. 如果把膜限制在一平面内, 则唯一相关的能量就是分子的压缩 —— 即, 每个分子平均面积的变化. 这就类似于三维流体中的声波; 系统对于剪切没有低频反应. 然而, 由于膜还能在法线方向 (平面外) 发生形变, 故有一组另外的 "模式" 可以描述薄膜的形态. 这些平面外的形变称为弯折或弯曲模式, 而与此类模式相联系的自由能称为弯曲自由能. 对于有限厚度的膜, 我们把那些不改变膜的总体积、但在薄膜不同部分可以有局域伸展和压缩的膜扰动记作纯的弯曲形变. 尽管膜的广义形变包括体积与曲率两者的变化, 但我们将看到最低能量形变通常仅包含曲率. 在大多数系统中, 改变膜的平均体积是一个更高能量的过程, 因此把膜的热行为效应考虑进来时, 前者就不太重要了. 此外, 如果取至弯曲能的最低阶, 则我们可以选择界面在有限厚度膜内的位置, 从而使得决定此界面的表面不经历伸展或压缩 (中性表面). 然而, 除了关于其中线平面完全对称的膜之外, 此表面的选择随着系统的不同弹性常量而不同, 故是与系统有关的. 对于长波长弯曲形变 (其波长远大于膜厚度), 界面在膜内的精确位置并不是关键性的.

6.3.2 饱和界面与压缩

我们考虑位于水 – 油界面的一个液体单层膜, 与两亲分子在水和油中形成的稀溶液处于平衡. 一般来说, 那些被吸附在界面上的两亲分子与体溶液中的分子会达到平衡. 对于两亲分子体积分数极小的情形, 表面活性剂更倾向于待在溶液中, 因为它们与溶剂混合时具有更高的熵; 每单位面积界面吸附的两亲分子数相对较小. 然而, 如果由于极性团与碳氢化合物溶剂、以及碳氢化合物团与极性溶剂之间的不利相互作用, 使得两亲分子与每种溶剂都强烈地不相溶, 则情况就不是这样. 把这些分子保留在溶液中的能量代价很大, 超过了它们的混合熵; 即使在比较小的体积分数情形 (对于表面活性剂这个值实际上可以很低, 约为 $\sim 10^{-4}$ 或更小, 从而强烈地倾向于形成界面), 把这些分子保留在溶液中的自由能代价也太高了, 故两亲分子会倾向于在界面上积聚.

当溶液中的两亲分子体积分数增加, 会有越来越多的分子跑到界面上, 故界面上每个分子所占面积 Σ 会减小. 然而, 分子不能以无限大的密度堆积在界面上. 当平界面的堆积能在 $\Sigma = \Sigma_0$ 处取极小时, 系统会持续地往平界面加上两亲分子, 直到 Σ 减小为一个接近 Σ_0 的值. 如果有更多分子被加到系统中, Σ 不会进一步减小从而增大自由能 (因为 $\Sigma = \Sigma_0$ 是极小值), 相反地, 两亲分子会维持其取值为 $\Sigma \approx \Sigma_0$ 的堆积, 而通过产生更多界面来容纳额外分子 (例如, 使得平界面呈波状或者把油加入水中使之混合, 从而额外分子可位于由此产生的额外界面上). 当发生这种情况时, 我们就说界面是饱和的; 体系并不改变堆积面积, 而是在把自由能对 Σ 取极小的情况下, 通过制造更多界面来容纳更多的两亲分子. 当然, 界面会因此具有曲率, 而 Σ 的真实值可能依赖于曲率 (见下文).

一般来说, 我们必须考虑一个分子在界面上与在溶液中的化学势. 平衡准则是这两个化学势相等, 从而可确定界面上每个分子的平均面积. 当界面数量确定, 就像在单个水 – 油界面情形, 此等式就确定了 Σ (见第 2 章末的问题). 然而, 当界面数量可以改变从而使自由能取极小时, 则 Σ 可以通过对每个分子的平均界面自由能求极小来确定[2]; 所以化学势可以决定体系中存在的界面数, 以及没有被这些界面吸收的表面活性剂的 (小) 体积分数; 每个界面性质的第一步近似可以通过对薄膜的局域自由能求极小来得到.

在参考文献 [2] 中对这些过程的热力学作了详细讨论, 表明体系中存在着表面活性剂的一个临界体积分数 ϕ^*, 大于此值时体系中有很多界面, 而没有被这些界面吸收的表面活性剂数量很小, 并且当表面活性剂总数 ϕ 增加时 (ϕ^* 类似于临界胶束浓度 —— 见第 8 章) 它近似保持为常数. 因此我们考虑表面活性剂具有强烈表面活性 (强烈不溶于体系统) 的简单情形, 以至于即使当两亲分子体积分数非常小 ($\phi^* \ll \phi \ll 1$) 时, 平衡体系中也存在许多界面 (如囊泡、微乳液等). 在此近似下, 溶液中表面活性剂的份数非常少; 而其体积分数却近似为常量. 体系的性质可以通过聚焦于界面性质来得到. 除此之外, 当这些界面间相互作用及其平动熵与薄膜的局域形变能相比可以忽略时, 我们可以首先对这些局域形变能求极小, 来得到界面的尺寸与形状, 然后再把熵和相互作用效应作为对形状的较高阶修正考虑进去, 这可通过前面讨论过的弯曲能来确定.

界面膜除了用每个两亲分子所占的面积来表征外, 还可以用其厚度 λ 来表征, 因为薄膜形变时厚度也会变化. 为简单起见, 我们假定平直膜的状态方程确定了厚度作为每个分子平均面积的函数. (简单例子是一个不可压缩分子情形, 其积 $\lambda\Sigma$ 被限定为等于分子体积, 故 $\lambda \sim 1/\Sigma$.) 因此我们认为平直膜的特性仅由每个分子的平均面积 Σ 来描述; 而弯曲膜的特性则由其曲率及每个分子的平均面积两者共同表征.

首先考虑一个局部平坦的孤立界面. 饱和发生在界面自由能达到极小的情况:

$$\frac{\partial f_0}{\partial \Sigma} = 0, \tag{6.1}$$

其中 f_0 是一个平层上的每个分子自由能而 Σ 是每个分子的平均面积. 当 $\Sigma = \Sigma_0$ 时每个分子自由能取极小. 每个分子平均面积的极值来源于诸如熵的项与界面张力项或吸引作用之间的平衡. 熵倾向于使每个分子占据较大的面积 —— 因为质心位置数很多, 链的构型也很多 —— 而界面张力项 (如碳氢化合物链与水的接触) 和吸引作用则倾向于使 Σ 取较小值. 当然, 每个分子平均面积可能会偏离此极小值, 而此类压缩或膨胀的能量代价为

$$\Delta f_0 = \frac{1}{2} f_0''(\Sigma - \Sigma_0)^2, \tag{6.2}$$

这里撇号表示对 Σ 求微商. 然而, 这些形变一般比弯曲形变具有更高能量; 膜可以通过比使其压缩或膨胀低得多的自由能代价来改变其形状或尺寸. 因此重要的是应记得, 对于不可溶的两亲分子, 正是界面饱和与每个分子平均面积取极小这两点使得我们可以忽略通常的表面张力项; 而微商 $\partial f/\partial\Sigma = 0$. 由于分子会调整其面积以达到自由能极值, 故表面张力不再是相关的, 因此弯曲能是决定薄膜性质的主要因素.

6.3.3 曲率形变

现在我们考虑一个弯曲界面, 其曲率为 κ_1 和 κ_2 (见第 1 章). 平均曲率为

$$H = \frac{1}{2}(\kappa_1 + \kappa_2), \tag{6.3}$$

而高斯曲率为

$$K = \kappa_1\, \kappa_2. \tag{6.4}$$

现在, 我们取极性 - 非极性界面为量度曲率的分隔表面. 下面我们会证明, 存在一种*中性表面*, 其伸展或压缩模式与弯曲形变是退耦的; 而对于这里

处理的一般表面, 我们必须考虑这种耦合. 尽管处理一个普遍界面情形会使问题变得更复杂, 但它是有用的, 因为虽然中性表面是一种数学上方便的结构, 但两亲界面的微观模型却常常把界面位置与特殊分子位置联系在一起 (如把嵌段共聚物的两部分连接起来的键, 以及表面活性剂中的极性头部). 现在每个分子自由能是 Σ 与曲率两者的函数. 为了描述在这些体系中观察到的新奇的大尺度结构, 也为了描绘受到热涨落强烈影响的低能量形变特征, 我们考虑曲率半径的长度尺度远大于分子尺寸的情形. 关于弯曲界面自由能的一些特殊分子模型在下一节中考虑. 这里我们说明, 可以由非常普遍的考虑来得到自由能作为曲率函数的形式.

我们写出平均每个分子自由能 f 对小曲率 (真正的小参数是曲率与膜厚度之积) 的展开式, 取至 κ_1, κ_2 的二阶. 如同第 1 章中解释过的, 取至曲率这一阶的两个表面不变量是平均曲率和高斯曲率; 由于液体膜的自由能必须是关于坐标系转动为不变的, 故 f 是 H, H^2 与 K 的 (取至我们所考虑阶的) 函数. 因此,

$$f(\Sigma, H, K) = f_0(\Sigma) + f_1(\Sigma)H + f_2(\Sigma)H^2 + \bar{f}_2(\Sigma)K, \tag{6.5}$$

其中曲率的系数一般是每个分子平衡面积的函数, 而此面积本身也可能与曲率有关. 平直薄膜的自由能为 f_0, 而 $f_1, f_2, \bar{f}_2$ 分别是自由能相对于 H, H^2, K 的微商. 由于平层的自由能在 $\Sigma = \Sigma_0$ 处取极小, 故 Σ 关于曲率的线性变化会导致自由能关于曲率平方的贡献项; 自由能中没有与 $\Sigma - \Sigma_0$ 成线性的项, 因为 $\partial f_0/\partial \Sigma_0 = 0$. 因此我们把 f_0 展开至 $\Sigma - \Sigma_0$ 的二阶, 把 f_1 展开至 $\Sigma - \Sigma_0$ 的一阶, 从而得到

$$\begin{aligned} f(\Sigma, H, K) \approx{}& f_0(\Sigma_0) + \frac{1}{2} f_0''(\Sigma_0)\,(\Sigma - \Sigma_0)^2 + f_1(\Sigma_0)H \\ &+ f_1'(\Sigma_0)\,(\Sigma - \Sigma_0)H + f_2(\Sigma_0)H^2 + \bar{f}_2(\Sigma_0)K, \end{aligned} \tag{6.6}$$

其中

$$f_0''(\Sigma_0) = \left(\frac{\partial^2 f_0}{\partial \Sigma^2}\right)_{\Sigma_0}, \tag{6.7}$$

及

$$f_1'(\Sigma_0) = \left(\frac{\partial f_1}{\partial \Sigma}\right)_{\Sigma_0}. \tag{6.8}$$

而正比于 H^2 与 K 的项在我们的展开式中已经是二阶的了. 只需把它们的系数保留至 Σ 的展开式最低阶, 即由 $\Sigma = \Sigma_0$ 处的 f_2 和 $\bar{f}_2$ 给出. 取极小化可以得到弯曲界面的每个分子平衡面积 Σ^*, 故我们得到

$$\Sigma^* = \Sigma_0 - \left(\frac{f_1'}{f_0''}\right) H. \tag{6.9}$$

对每个分子面积的极值 Σ^* 计算自由能, 我们看到, f 仅依赖于 H 和 K. 于是通过

$$f(\Sigma^*, H, K) = g_0 + g_1 H + g_2 H^2 + \bar{g}_2 K \tag{6.10a}$$

可以确定**弯曲自由能**, 其中 $g_0 = f_0(\Sigma_0)$, $g_1 = f_1(\Sigma_0)$, $\bar{g}_2 = \bar{f}_2(\Sigma_0)$, 以及

$$g_2 = f_2(\Sigma_0) - \frac{1}{2}\frac{{f_1'}^2}{f_0''}. \tag{6.10b}$$

注意, 基于每个分子平均面积依赖于曲率这一事实而产生的修正项总是负的, 因为由极小化条件及平层的稳定性有 $f_0'' > 0$. 在物理上, 这意味着如果每个链可以根据曲率来调整其分子面积, 则对于弯曲形变, 单层将不像每个分子平均面积固定的情形那么刚性. 因此我们看到, 有一项与曲率无关 (处于饱和时的平层自由能), 一项与曲率成线性关系 —— 对于对称双层则此项应消失, 但对于单层此项是存在的 —— 还有关于曲率平方的一项.

6.3.4 中性表面

在上面的讨论中, 每个分子平均面积有一个源于曲率的修正项. 这是由于伸展与表面曲率之间的耦合产生的 —— 即 (6.6) 式中正比于 $(\Sigma - \Sigma_0)H$ 的项. 此耦合可以通过把曲率表面的法线方向移动一个量 λ 来消除, λ 的值由下面所述确定. 在新的界面上曲率依照

$$H' \approx H(1 + 2\lambda H) - \lambda K \tag{6.11}$$

变化 (见第 1 章中平行表面的讨论). 如果仅保留自由能关于曲率的二阶项, 则更高阶项以及高斯曲率的变化可以忽略. 对于新界面所定义的每个分子平均面积 Σ' 与对于原界面所定义的每个分子面积之间的联系为

$$\Sigma' \approx \Sigma(1 - 2\lambda H), \tag{6.12}$$

这里我们仅保留至 H 的线性项, 因为能量 (6.6) 式依赖于 Σ 对其在平直界面上值的偏离的平方. 把弯曲能重新写成 Σ' 与曲率 (而源于界面位置移动的更高阶修正项可忽略) 的函数, 并保留至 H^2, $(\Sigma - \Sigma_0)^2$ 与 $(\Sigma - \Sigma_0)H$ 的项, 则 (6.6) 式变成

$$\begin{aligned} f(\Sigma', H', K') \approx\ & f_0(\Sigma_0) + \frac{1}{2}f_0''(\Sigma' - \Sigma_0)^2 + f_1(\Sigma_0)H' \\ & + H'(\Sigma' - \Sigma_0)\left[f_1' + 2\Sigma_0\lambda f_0''\right] + \bar{f}_2(\Sigma_0)K' + f_1(\Sigma_0)\lambda K' \\ & + \left[2f_0''\Sigma_0^2\lambda^2 + 2f_1'\Sigma_0\lambda + f_2(\Sigma_0) - 2f_1(\Sigma_0)\lambda\right]{H'}^2, \end{aligned} \tag{6.13}$$

这里附加项是由于界面位置改变而产生的.

选择界面位置的移动值 λ 使得 $f(\Sigma, H, K)$ 中没有面积与曲率的耦合项，由此可以得到中性表面. 由方程 (6.13), 我们看到这就是当

$$\lambda = -\frac{f_1'}{2\Sigma_0 f_0''} \tag{6.14}$$

的情形. 自由能中唯一与 Σ' 有关的是正比于 $(\Sigma' - \Sigma_0)^2$ 的项, 所以在中性表面, 最小自由能构型由 $\Sigma' = \Sigma_0$ 给出; 即每个分子的平均面积与平表面情形相同. 当我们取 Σ' 的极小值来计算自由能时, 其仅有纯的弯曲项贡献, 故可以得到方程 (6.10) 形式的自由能, 其中 g_1 和 $\bar{g}_2$ 是前面给出的, 但是 ${H'}^2$ 的系数 g_2 则包含几个额外的贡献 (见本章末的问题). 对 λ 也可以做其他选择, 例如, 使得正比于 K' 的项为零.

6.3.5 弯曲能

我们也可以利用对称性来讨论弯曲能, 并把它与以前分析过的模型联系起来. 取至两个曲率 κ_1 和 κ_2 的二阶项, 则单位面积弯曲自由能 f_{c} 的最普遍形式可以用平均曲率和高斯曲率 (由方程 (6.3, 6.4) 确定) 来表达. 我们写出:

$$f_{\mathrm{c}} = 2k\,(H - c_0)^2 + \bar{k}\;K, \tag{6.15a}$$

它就等价于

$$f_{\mathrm{c}} = \frac{1}{2}k\,(\kappa_1 + \kappa_2 - 2c_0)^2 + \bar{k}\;\kappa_1\kappa_2. \tag{6.15b}$$

黑尔弗里希 (Helfrich) 讨论过关于每单位面积自由能的这个形式[3], 并说明, 使自由能取极小的平均曲率为值 c_0, 称为膜的**自发曲率**. 偏离自发曲率的自由能值为**弯曲或曲率模量** k. 参数 $\bar{k}$ 称为**鞍形 – 展曲模量**, 可用于量度类鞍点形变的能量值.

自发曲率可以描述表面活性剂薄膜是具有向水弯折的倾向 (依照约定为 $c_0 < 0$) 还是具有向油弯折的倾向 ($c_0 > 0$). 我们认为其 —— 在无长程相互作用的情形 —— 起源于表面活性剂分子的极性头部和碳氢化合物尾部的堆积面积之间的竞争. 如果极性头部间的相互作用 (通过其间的水和电解质传递) 与尾部 – 油 – 尾部相互作用主导的情形相比, 有利于较小的堆积面积, 则表面活性剂薄膜将倾向于弯曲, 以使头部 (和水) 位于界面的 “内部”. 弯曲模量 k 和 $\bar{k}$ 来自于由头部 – 头部相互作用和尾部 – 尾部相互作用确定的弹性常量. 我们可以预期, 这些模量敏感地依赖于表面活性剂链的长度, 但只是微弱地依赖于头部 – 头部相互作用强度.

黑尔弗里希参数 c_0, k 和 $\bar{k}$ 可以由方程 (6.10) 推导出来. 与方程 (6.10, 6.15) 比较, 并注意到 f 是每个分子能量, 而 f_{c} 是每单位面积能量, 我们确定

如下等式

$$k = \frac{g_2}{2\Sigma_0}, \tag{6.16a}$$

$$\bar{k} = \frac{\bar{g}_2}{\Sigma_0}, \tag{6.16b}$$

$$c_0 = -\frac{g_1}{2g_2}. \tag{6.16c}$$

这使得我们可以从 (结合了每个分子平均面积和曲率两者变化的) 给定微观模型的参数出发, 来得到曲率模量. 我们注意到, 一个稳定薄膜总是有 $k > 0$. 然而, $\bar{k}$ 的符号可以为正也可为负; 倾向于各向同性形状的薄膜 (其高斯曲率 $K > 0$) 诸如球或平面会有 $\bar{k} < 0$, 而倾向于鞍点形状的薄膜 (其高斯曲率 $K < 0$) 诸如球或平面则有 $\bar{k} > 0$. 可以证明要求二次项为正定的条件意味着薄膜仅在 $2k + \bar{k} > 0$ 时才稳定; 否则就需要更高阶的曲率项来使系统达到稳定.

6.3.6 一个简单的微观模型

为了对曲率弹性模量的意义有更多的物理理解, 我们考虑一个简单的微观模型, 即把单层链取作弹簧常量为 k_s、平衡弹簧长度为 ℓ_s 的弹簧模型 (见图 6.3). 把弹簧的真实 (伸展或压缩的) 长度记作 ℓ. 我们假定这些链形成一个不可压缩的 "熔化物", 即溶剂不会渗透到链里. 其自由能仅正比于弹簧的伸展; 此图像可以应用于那些不可压缩地堆积起来的、但可以在界面附近伸展的聚合物分子, 所以其自由能仅来源于伸展作用. 假定界面上每个链的面积固定为一个值 Σ_0; 这个值实际上是由作用于极性头部基团上的相互作用确定的, 并且我们的近似中假设这些相互作用比链的伸展能量强得多, 以至于由极性层中的相互作用所确定的最佳头部面积 Σ_0 不受链的影响. 因此每条链的能量为

$$f = \frac{1}{2}k_s(\ell - \ell_s)^2, \tag{6.17}$$

而链的不可压缩性意味着此层占覆的体积为常量. 对于一个平层, 这可以写成: $\Sigma_0\ell = v_0$, 其中 v_0 为分子体积. 对于弯曲层, 链所占覆的体积与曲率有关. 每个分子的体积为

$$v_0 = \Sigma_0\ell\left(1 + \ell H + \frac{1}{3}\ell^2 K\right), \tag{6.18}$$

其中 H 和 K 为平均和高斯曲率. (此式基于对第 1 章中讨论过的平行表面面积的表达式取积分; 也可以通过考虑球与柱体的情形而推导出来.)

因此, 不可压缩条件把层厚度 ℓ 与每个分子平均面积 Σ_0 联系起来. 对于固定的 Σ_0, 通过求解方程 (6.18) 得到 ℓ 并把此 ℓ 值用于方程 (6.17) 中, 就可以

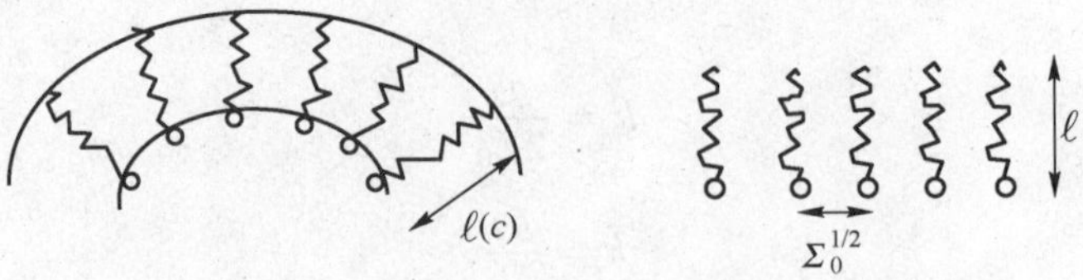

图 6.3 弯曲的表面活性剂单层, 其厚度为 $\ell(c)$.

确定自由能作为曲率的函数. 结果为

$$\ell=\ell_0+\ell_1 H+\ell_2 H^2+\ell_3 K, \tag{6.19}$$

其中 $\ell_0=v_0/\Sigma_0$, $\ell_1=-\ell_0^2$, $\ell_2=2\ell_0^3$, $\ell_3=-\ell_0^3/3$. 注意, 对于一个平层, 不可压缩的约束条件确定了层厚度等于 v_0/Σ_0; 一般来说, 这并不等于使链的伸展能取极小的厚度 ℓ_{s}. 一般地, 平层并非最低能态, 意味着此单层具有自发曲率, 其与设置的厚度 $\approx\ell_0$ 和首选厚度 ℓ_{s} 之差有关. 仅当这两个长度相等时, 平的单层才能避免由这两个长度不匹配而引起的抑止.

利用此不可压缩关系, 我们得到, 当 $c_0\ell_0\ll 1$, 每个链的弹性能取至最低阶为

$$f=\frac{k_{\mathrm{s}}\ell_0^4}{2}\left[(H-c_0)^2-\frac{2c_0\ell_0}{3}K\right], \tag{6.20}$$

这里已经忽略了 $c_0\ell_0H^2$ 的一个更高阶项. 由头部堆积所主导的每个链最佳面积 Σ_0 与链的伸展能所偏好的 v_0/ℓ_{s} 之差, 可以和自发曲率 c_0 相联系:

$$c_0=\frac{(v_0-\ell_{\mathrm{s}}\Sigma_0)}{\Sigma_0\ell_0^2}. \tag{6.21}$$

通过一个简单的变换, 方程 (6.20) 就等价于弯曲自由能的 "黑尔弗里希" 形式. 弯曲模量 (H^2 的系数) 与鞍形 – 展曲模量 (K 的系数) 都随着链的长度成指数增长. 当然, 弹簧常量 k_{s} 也与平衡弹簧长度 ℓ_{s} 有关; 一个简单的聚合物类比可以导出小曲率极限, $k_{\mathrm{s}}\sim 1/\ell_{\mathrm{s}}\approx 1/\ell_0$. 在此情形中, 弯曲模量 $k\sim\ell_{\mathrm{s}}^3$. 如参考文献 [4] 中讨论过的, 弯曲模量随着厚度立方的这个变化也描绘出了一个弯曲的固体弹性平板的特征. 那里同样证明了, 对于一个各向同性固体, 弯曲模量的起源是材料的剪切模量.

量 c_0 是膜的自发曲率, 模型会对其给出一个简单的物理意义: 当设置的头部面积 Σ_0 大于由链的堆积所主导的最佳面积 v_0/ℓ_{s} 时, 倾向于取负的曲率; 体系偏向于以头部 "在外" 堆积. 注意, 弯曲界面的自由能低于平界面的自由能; 体系会调和由弯曲引起的头部和链之间不匹配而产生的部分应变.

最后我们注意到, 对于由两个单层构成的一个对称双层, 弯曲自由能由各单层的弯曲能相加而得到 (如果互穿可以忽略的话). 然而, 由于每层都有一个

有限厚度, 我们必须小心地取每层曲率的符号以及弯曲表面的位置 (见本章末的问题). 在每个单层的自发曲率为零的情形中 —— 即两亲分子关于其头部与尾部的堆积达到平衡 —— 双层的每单位面积弯曲自由能具有简单形式:

$$f_{\mathrm{c}} = \frac{1}{2} k_{\mathrm{b}} \left(\kappa_1 + \kappa_2\right)^2 + \bar{k}_{\mathrm{b}}\, \kappa_1 \kappa_2, \tag{6.22}$$

其中 $k_{\mathrm{b}} = 2k, \bar{k}_{\mathrm{b}} = 2\bar{k}$. 在曲率很小的近似下, 并且忽略由两个曲率并非精确相等而符号相反这点所引起的修正时, 此表达式是正确的, 因为那些修正导致的是 f_{c} 的更高阶项.

6.4 曲率模量

对于小曲率情形, 方程 (6.15) 表明, 一个薄膜的弯曲能可以用三个参数 k, $\bar{k}$ 和 c_0 表征. 任意体系的定性行为, 包括诸如平衡形状、热涨落大小以及任何相变的性质都可以作为这些常数的函数而计算出来. 然而, 体系的物理可以依物理参数的不同而完全不同; 例如, 对 c_0 的一个改变可以导致体系形状的变化. 因此, 把弯曲弹性模量及自发曲率与相关特殊体系的物理联系起来是有意义的. 本节将首先表明这些参数是如何与膜内的压强分布相联系的, 然后提出一个简单但有启发性的微观模型以把 $k, \bar{k}$ 和 c_0 与更多的分子性质联系起来.

6.4.1 与压强分布的关系

弯曲弹性模量由体系自由能对于曲率的依赖关系确定, 即体系对于弯曲会有一个抗拒. 对于曲率的此依赖关系与局域面积变化有关; 曲率会改变局域面元. 对于一个各向同性的均匀液体, 为改变体积所做的功可以利用关系式

$$\Delta F = -\int_{V_0}^{V} \Pi(V')\, \mathrm{d}V' \tag{6.23}$$

来计算, 其中 ΔF 是对应于体积从 V_0 增大为 V 的自由能变化, 而 $\Pi(V)$ 是局域压强 (对于可压缩体系) 或渗透压 (对于溶剂与溶质组成的体系), 此功就是抵抗这个压强的. 通常 Π 是 V 的函数, 而方程 (6.23) 计入了把体系从 V_0 膨胀为 V 的过程中做的总功; 这要求我们获得在 V_0 与 V 之间的所有体积对应的 Π 的知识, 而并非只是 $\Pi(V_0)$. 然而, 对弯曲表现出抗拒的液体薄膜是各向异性的, 我们必须分开考虑 (抗拒薄膜厚度变化的) 纵向压强 Π_{l} 和 (抗拒薄膜面积变化的) 横向压强 Π_{t}. 在第 5 章中关于静电相互作用的讨论中, 纵向和横向压强分别记作 Π_{zz} 和 Π_{xx}. 一般来说, 这些量可以在薄膜内变化.

至于固体薄膜 (即具有剪切模量的薄膜), 其对弯曲有一个来源于对抗剪切形变的额外的抗拒[4]. 即使对于一个整体具有各向同性弹性性质的体系, 这也会导致一个非零的曲率模量. 下面将说明, 对于剪切模量为零的体系, 情况并不是这样; 各向同性液体对于弯曲形变不会表现出抗拒.

由于弯曲可以引起面元变化, 而弯曲能在本质上就是改变膜的局域体积所做的功; 即使膜的体积没有整体变化, 也需要做功. 所以, 我们将利用方程 (6.23) 的局域形式来计算弯曲能, 并考虑由于弯曲而产生的体积变化. 在参考文献 [5], [6] 中介绍了这种计算弯曲能的方法, 其中考虑了面积变化.

我们考虑厚度为 λ、每个分子面积为 Σ (如图 6.4 中所示, 定义在膜的 "底部" ($\zeta = 0$) 平面上) 的无限大膜, 并计算弯曲自由能作为描述膜整体特性的这些参数的函数. 实际上, Σ 和 λ 两者都是曲率的函数. 然而最简单的是, 首先保持这些参数固定, 并推导出弯曲能的展开式; 这就要求我们知道对于任意给定的 Σ 和 λ 的 Π. 接着, 我们可以求出自由能对这些参数的极小 (等价于确定了状态方程) 和/或利用体积为常数的约束条件来限定它们中的一个或两个. (以前一节为例可以看到每个分子平均面积的平衡是如何影响弯曲模量的.) 例如, 通过要求弯曲能仅包括纯弯曲形变 —— 即膜没有整体压缩或膨胀, 可以求出膜的厚度. 这里我们就做此选择, 并通过要求系统总体积保持常数 (即要求整体不可压缩性) 来确定弯曲薄膜的厚度 λ.

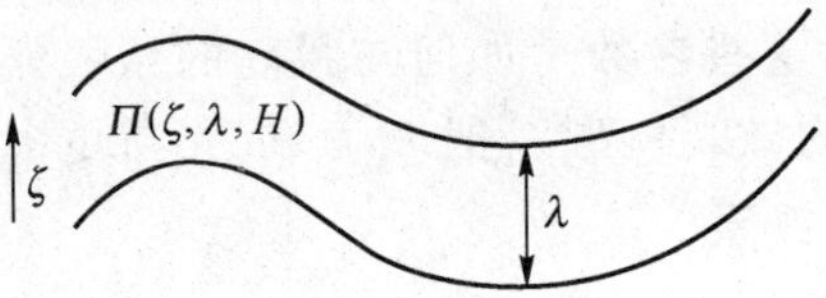

图 6.4 厚度为 λ 的膜. 其法线坐标为 ζ, 而压强在 $\hat{\zeta}$ 方向变化, 也是曲率的函数.

对于常数曲率或缓慢变化的曲率, 面元会由于弯曲而变化. 关于平膜和弯曲膜的体积相等可以写成 (见第 1 章):

$$\Sigma \int_0^{\lambda} \mathrm{d}\zeta \left(1 + 2\zeta H + \zeta^2 K\right) = \Sigma_{\mathrm{f}}\ \lambda_{\mathrm{f}}, \tag{6.24}$$

其中 λ_{f} 和 Σ_{f} 分别是平膜的厚度和每个分子平均面积. 坐标 ζ 是在法线方向离膜底部平面的距离, 而 H 和 K 分别为平均和高斯曲率. 为了把每个分子平均面积变化的效应考虑进来, 我们定义

$$\lambda_0 = \lambda_{\mathrm{f}} \frac{\Sigma_{\mathrm{f}}}{\Sigma}. \tag{6.25}$$

于是, 我们把参数对于弯曲膜每个分子真实面积 Σ 的所有依赖关系都包括进其作为 λ_0 函数的行为, 而把方程 (6.24) 重新写为

$$\int_0^{\lambda} \mathrm{d}\zeta\ \left(1 + 2\zeta H + \zeta^2 K\right) = \lambda_0. \tag{6.26}$$

前面曾经提到过, 一旦得到弯曲能对 λ_0 的展开式, 就可以进一步对 Σ 求极小, 并且可以推导出 "关于面积平衡的" 展开式, 如同在方程 (6.5, 6.9, 6.10) 中所做的那样. 这意味着在局域体积为常数的约束下, 弯曲膜厚度 λ 与平膜厚度 λ_0 的关系为

$$\lambda\left(1+\lambda H+\frac{K\lambda^2}{3}\right)=\lambda_0. \tag{6.27}$$

取至曲率的二阶项, 这意味着

$$\lambda \approx \lambda_0\left(1-\lambda_0 H-\frac{K\lambda_0^2}{3}+2\lambda_0^2 H^2\right). \tag{6.28}$$

我们假设曲率在膜的平面内缓慢变化 (或者在诸如柱形和球形情形中, 曲率为常数), 故压强仅依赖于 ζ. 曲率表面从位于 $\zeta=0$ 的膜底部开始测量. 我们通过 (基于曲率 H' 和 K' 的) 局域面元变化, $A_0(2\zeta H'+\zeta^2 K')$, 而产生的自由能改变, 来计算膜基底 A_0 (现在取其为固定的) 的每单位面积弯曲自由能 f_{c}. 为了利用虚功原理计算自由能, 我们注意到, 此功与选择的路径无关. 因此, 我们首先保持厚度固定为 λ_0, 接着改变与曲率相应的面积元. 由于需要取至曲率二阶项的贡献, 我们考虑在把平均曲率从 $H'=0$ 连续改变为 $H'=H$, 并把高斯曲率从 $K'=0$ 连续改变为 $K'=K$ 的过程中所做的功. 在第 1 章中讨论过, 平均曲率与高斯曲率是膜的两个独立自由度. 这要求对曲率的微分变化计算积分. 于是我们有一个厚度为 λ_0 的弯曲膜. 对于这个局域面积改变的过程, 抗拒体积微小变化做功的是横向压强 Π_{t}; 由于把 H' 增大 $\mathrm{d}H'$ 及把 K' 增大 $\mathrm{d}K'$ 会引起面元变化, 初始体积元 $A_0(1+2H'\zeta+K'\zeta^2)\,\mathrm{d}\zeta$ 的改变量为:

$$\mathrm{d}V=A_0\left(2\zeta\,\mathrm{d}H'\,\mathrm{d}\zeta+\zeta^2\,\mathrm{d}\zeta\,\mathrm{d}K'\right). \tag{6.29}$$

接着, 我们计算把此弯曲膜的厚度从 λ_0 改变为 λ 所需要做的功. 这里, 位于 $\zeta=\lambda'$ 处的膜表面抗拒厚度变化而做功, 我们把顶部表面处的纵向压强 Π_{l} 乘以体积元 $\mathrm{d}\lambda'$ 并对 λ' 从 λ_0 到 λ 积分, 就可以计算出此功. 于是我们写出:

$$f_{\mathrm{c}}=-f_{\mathrm{a}}-f_{\mathrm{t}}, \tag{6.30a}$$

其中

$$f_{\mathrm{a}}=\int_0^H \mathrm{d}H' \int_0^{\lambda_0} \mathrm{d}\zeta\; 2\zeta\; \Pi_{\mathrm{t}}(\zeta,\lambda_0,H',K') + \int_0^K \mathrm{d}K' \int_0^{\lambda_0} \mathrm{d}\zeta\; \zeta^2\; \Pi_{\mathrm{t}}(\zeta,\lambda_0,H',K'). \tag{6.30b}$$

$$f_{\mathrm{t}}=\int_{\lambda_0}^{\lambda} \mathrm{d}\lambda'\; \Pi_{\mathrm{l}}(\lambda',\lambda',H,K)(1+2H\lambda'+K\lambda'^2), \tag{6.30c}$$

这里 $\Pi_{\mathrm{t}}(\zeta,\lambda_0,H',K')$ 是作用于厚度为 λ 的膜上、依赖于 ζ 的局域横向压强，膜会随着平均曲率和高斯曲率 H',K' 而弯曲. 纵向压强 Π_{l} 也是厚度与曲率的函数. 标记为 f_{a} 的项是由于在固定厚度 $\lambda=\lambda_0$ 处的面元变化所做的功, 而标记为 f_{t} 的项是由于弯曲膜的厚度变化所做的功. f_{c} 的这个形式保证了弯曲能是相对于平直状态计算出来的 —— 即, 如果 $H=K=0$ (故 $\lambda=\lambda_0$), 则弯曲能必为零. 更重要的是, 方程 (6.30) 具有如下性质: 压强中的常数项、各向同性项对于弯曲能 f_{c} 没有贡献. 我们把关于 λ 的方程 (6.27) 用到方程 (6.30) 中, 并取 $\Pi_{\mathrm{t}}=\Pi_{\mathrm{l}}$ 等于常数, 就可以很清楚地看出这一点. 其物理原因是, 弯曲能需要一个延伸到整个膜厚度的相互作用; 如果一个理想气体或小分子液体的密度为常数以至 $\Pi_{\mathrm{t}}=\Pi_{\mathrm{l}}$ 为常数, 则其所取的形状即为容器的形状, 在没有压缩或膨胀的情形, 由方程 (6.27) 保证其弯曲能为零.

原则上, 为算出弯曲能我们必须知道在所有中间曲率值 H',K' 处的压强. 然而, 为了求出取至曲率二阶项的 f_{c}, 把每个压强 Π_i $(i=\mathrm{t},\mathrm{l})$ 展开到 H 的一阶项就足够了, 故我们写出:

$$\Pi_i(\zeta,\lambda,H',K')\approx\Pi_{i0}(\zeta,\lambda)+\left(\frac{\partial\Pi_i}{\partial H'}\right)_{H'=0}H'+\cdots \tag{6.31}$$

这里 $\Pi_{i0}(\zeta,\lambda)$ 是厚度为 λ 的膜处于平直状态时的局域横向 $(i=\mathrm{t})$ 或纵向 $(i=\mathrm{l})$ 压强. 方程 (6.31) 要求我们解出膜处于弯曲状态时的自由能; 即我们必须解出整个问题, 取至曲率的线性项, 并得到压强, 然后计算曲率的微商. 我们利用这个关于 f_{a} 和 f_{c} 的展开式, 并对 f_{a} 的所有哑曲率变量计算积分. 把此积分展开至小量 $\lambda-\lambda_0$ (见方程 (6.28)) 的二阶项就可以计算出源于 f_{t} 的贡献. 保留至曲率的二阶项, 我们得到

$$\begin{aligned} f_{\mathrm{c}}=&-\int_0^{\lambda_0}\mathrm{d}\zeta\left[\Pi_{\mathrm{t}0}(\zeta,\lambda_0)\left(2\zeta H+\zeta^2K\right)+\left(\frac{\partial\Pi_{\mathrm{t}}}{\partial H}\right)_{H=0}H^2\zeta\right]\\ &-\lambda_0\left(-\lambda_0H-\frac{K\lambda_0^2}{3}\right)\Pi_{\mathrm{l}0}(\lambda_0,\lambda_0)+\left(\lambda_0^2H^2\left(\frac{\partial\Pi_{\mathrm{l}}(\lambda_0,\lambda_0)}{\partial H}\right)_{H=0}\right)\\ &-\frac{1}{2}\left(\lambda_0^4H^2\left(\frac{\partial\Pi_{\mathrm{l}}(\lambda',\lambda')}{\partial\lambda'}\right)_{\lambda'=\lambda_0}\right). \end{aligned} \tag{6.32}$$

比较方程 (6.15, 6.27, 6.32) 中 H,H^2 与 K 的幂次, 就可以把各曲率模量与压强分布的各矩等同起来. 因此,

$$kc_0=\frac{1}{2}\int_0^{\lambda_0}\tilde{\Pi}_0(\zeta,\lambda_0)\,\zeta\,\mathrm{d}\zeta, \tag{6.33a}$$

$$\bar{k}=-\int_0^{\lambda_0}\tilde{\Pi}_0(\zeta,\lambda_0)\,\zeta^2\,\mathrm{d}\zeta, \tag{6.33b}$$

$$k = -\frac{1}{2}\int_0^{\lambda_0} \left(\left[\frac{\partial \tilde{\Pi}_0}{\partial H} \right]_{H=0} - \left(\left[\frac{\partial \Pi_1(\lambda_0, \lambda_0)}{\partial H} \right]_{H=0} + \left[\frac{\partial \Pi_1(\lambda, \lambda)}{\partial (1/\lambda)} \right]_{\lambda=\lambda_0} \right) \right) \zeta \, \mathrm{d}\zeta, \tag{6.33c}$$

其中

$$\tilde{\Pi}_0(\zeta, \lambda_0) = \Pi_{\mathrm{t}0}(\zeta, \lambda_0) - \Pi_{\mathrm{l}0}(\lambda_0, \lambda_0). \tag{6.33d}$$

如果压强场在空间是连续的, 则厚度 λ_0 可以取为无限大, 且 $\Pi_{\mathrm{l}0}(\lambda_0, \lambda_0) = 0$, 对应于远离膜处压强为零的边界条件. 如果压强仅在有限区域 (例如, 位于有限厚度两壁之间的液体或气体) 为非零, 则关于方程 (6.33) 中压强差的依赖关系保证了: 在 $\Pi_{\mathrm{t}} = \Pi_{\mathrm{l}}$ 为常数的各向同性液体系统中不存在弯曲能. (在此情形中, 我们的表达式与参考文献 [5], [6] 中的有些不同.) 然而, 关于固体系统的剪切响应会导致非零的曲率模量, 即使对各向同性的弹性介质也是这样[4]. 我们注意到, 组合 kc_0 和鞍形 – 展曲模量 $\bar{k}$ 与平直膜的压强分布矩之间存在简单关系, 而曲率模量本身则要求源于曲率的压强变化应计算到 H 的线性项. 对于一个给定的微观模型 (如带电的膜, 界面上的聚合物), 这就需要我们知道在弯曲几何构形中关于密度分布形态的解以及由此导出的自由能与压强. 然而, k 和 $\bar{k}$ 常常以相同方式随微观参数 (如电荷密度, 膜的厚度) 而变化; 因此可以相当容易地求出 $\bar{k}$ 并推断出 k 以类似形式变化. 最后我们注意到, 对于在 $\zeta = \lambda$ 处为无应力边界的膜 (即, 对于所有 λ 值, 有 $\Pi_{\mathrm{l}}(\lambda, \lambda) = 0$), k 的表达式可以简化.

6.4.2 例子: 静电压强与弯曲能

在每单位面积电荷为 σ_0 的带电表面的周期性叠层中, 结合电荷的熵和静电能, 计算出量 kc_0 和 $\bar{k}$ 作为层间距离的函数. 每个固定电荷给溶液贡献出一个可溶于中间电解质的异号离子, 我们考虑无外加盐的情形 (见第 5 章). 叠层中的表面间距为 $2D$. (尽管 k 较难计算, 我们还是期望它会像 $\bar{k}$ 那样变化, 只是取正值.) 假定所有表面同相地弯曲.

对于一个周期性叠层, 为了考虑所有膜都同相弯曲的模式, 我们仅需要考虑一个单胞内的弯曲. 我们考虑的单胞包含一个位于 $\zeta = 0$ 的带电平面, 其被位于 $\zeta = \pm D$ 之间的异号离子气体围绕. 因此, 弯曲中心就位于此平面. 方程 (6.33) 中弯曲模量的表达式包括压强分布的各矩 —— 即, 含 ζ 各幂次的积分. 因此, $\zeta = 0$ 处的 Π_i $(i = \mathrm{t}, \mathrm{l})$ 对弯曲系数没有贡献, 我们需要的是关于异号离子的压强分布. (如果取别处为弯曲中心, 我们同样必须把由固定电荷层产生的压强包括进去.) 在第 5 章中, 我们对于固定电荷位于 $z = \pm D$ 而中线平面位于 $z = 0$ 的平直薄膜计算了横向和纵向压强. 为了从这个坐标系变换到那个通常用于计算弯曲的坐标系, 我们把弯曲表面上方的区域记作 $z = \zeta - D$, 把下方的区域记作 $z = \zeta + D$. 同样在第 5 章中, 我们证明了压强是电荷密度

的简单函数, 而电荷密度随空间的变化为

$$\bar{n} = \frac{n_0}{\cos^2 k_0 z}, \tag{6.34}$$

这里边界条件确定了

$$k_0^2 = 2\pi n_0 \ell \tag{6.35}$$

及

$$n_0 = \frac{k_0 \sigma_0}{2\tan k_0 D}, \tag{6.36}$$

其中 σ_0 是膜上每单位面积的固定电荷 (共离子电荷) 而 $\ell = e^2/(\epsilon T)$ 是 Bjerrum 长度. 在高电荷极限, $k_0 D \approx \pi/2$; 而在低电荷极限, 异号离子是近均匀气体, $k_0 D \ll 1$.

为了由方程 (6.33) 计算出弯曲系数, 我们首先回忆一下, 它们仅是 $\tilde{\varPi}_0$ 的函数, 而 $\tilde{\varPi}_0$ 就是由方程 (6.33) 确定的. 因此, $\varPi_0$ 中与 ζ 无关的部分对 $\bar{k}, k, c_0$ 没有贡献. 利用第 5 章中关于 $\varPi_{\mathrm{t}0} = \varPi_{xx}$ 及 $\varPi_{\mathrm{l}0} = \varPi_{zz}$ 的表达式, 我们得到

$$\tilde{\varPi}_0 = 2T\left[n(z) - n(0)\right], \tag{6.37}$$

这里我们注意到, 体系在单胞内是中性的. 由方程 (6.33)(对坐标 ζ 求积分) 我们看到 $c_0 = 0$; 体系的对称性要求不存在自发曲率. 鞍形 – 展曲常数 $\bar{k}$ 由方程 (6.33) 给出, 利用对称性我们得到

$$\bar{k} = -4Tn_0 \int_0^D \mathrm{d}\zeta \zeta^2 \left[\sec^2\left(k_0(\zeta - D)\right) - 1\right]. \tag{6.38}$$

对于很高电荷密度及很大分隔情形, $k_0 D \approx \pi/2$, 故积分可以近似写成

$$\bar{k} = -4Tn_0 D^3 \int_0^1 \mathrm{d}x x^2 \left[\csc^2\left(\frac{\pi x}{2}\right) - 1\right]. \tag{6.39}$$

由关于 n_0 的方程 (6.36) 及 $k_0 D \approx \pi/2$, 我们得到 $n_0 \approx \pi/(8D^2\ell)$, 所以

$$\bar{k} \approx -T\frac{\beta\pi D}{2\ell}, \tag{6.40}$$

其中 $\beta \approx 0.23$ 是方程 (6.39) 中的无量纲积分. 因此高斯弯曲模量为负数, 表明其倾向于形成各向同性的曲率. 量 $\bar{k}$ 随着层间距离而线性增加. 弯曲模量的类似标度在参考文献 [7] 讨论过. 弯曲模量与压强分布之间的关系可以极大地简化计算, 在更复杂体系中已证明是很有用的.

6.5 液体膜的涨落

6.5.1 高度与简正涨落

我们考虑自发曲率为零的单膜, 由弯曲自由能 (6.22) 式描述. 在蒙日度规中, 如果取小曲率近似, 每单位面积自由能可以写成 (见第 1 章):

$$f_{\mathrm{c}} = \frac{1}{2}k\left(h_{xx} + h_{yy}\right)^2, \tag{6.41}$$

这里 $h(x,y)$ 描述膜的高度, 而 $h_x = \partial h/\partial x$. 在傅里叶空间 ($\boldsymbol{q} = (q_x, q_y)$), 上式变成

$$f_{\mathrm{c}} = \frac{1}{2A}k\sum_{\boldsymbol{q}} q^4 |h_q|^2, \tag{6.42}$$

其中 A 是 xy 平面中的面积. 注意到, 每个模式自由能正比于 q^4, 在长波长时比表面张力涨落所对应的自由能 (如第 3 章中所示, 其能量正比于 q^2) "柔软"得多. 于是我们期望, 与存在表面张力时的热粗糙化问题相比, 热涨落在这些膜上的效应甚至更重要.

严格说来, 当考虑了膜是由固定数目两亲分子组成的事实之后, 此自由能应该组合一个拉格朗日乘子, 对应于分子数固定, 这可以很好地近似等价于占覆一个固定的总面积. 因此, 我们可以想象应该有一个额外的类表面张力项以计入此面积守恒关系. 然而, 拉格朗日乘子或此情形中的类表面张力项, 在面积变为无限大时必须消失, 故在此极限下这个约束条件是不重要的 (见第 8 章中关于微乳液的讨论, 在那里这些约束确实变得很重要). 此外, 对于有限尺度的膜, 如果它小于持续长度 (将在下一节中定义), 则由源于热涨落的 "褶皱" 而引入的额外面积很小. 对于第 2 章中讨论的固体或液体表面 —— 不存在使界面稳定的两亲分子 —— 则表面张力与分子在体中和在界面上的自由能之差有关, 是材料的一个微观性质, 且与表面尺寸无关. 在我们的情形中, 表面活性剂倾向于在体上方占覆界面, 故会形成大量界面. 在前面讨论过, 两亲分子实际上会选择其每个分子占覆面积以使自由能为极小. 于是可以取有效表面张力为零, 因为对于平直界面, 饱和意味着 (作为每个分子平均面积函数的) 每个分子自由能变化为零:

$$\frac{\partial F}{\partial A} \sim \frac{\partial F}{\partial \Sigma} \sim 0. \tag{6.43}$$

只有面积整体守恒这一微弱限制会给出一个正比于面积的自由能项. 对于大的面积可以忽略此限制, 因此在这里我们考虑无限大的近平直膜涨落的热力学极限.

由均分定理,

$$\left\langle |h_q|^2 \right\rangle = \frac{T}{kq^4}. \tag{6.44}$$

高度的方均涨落随着系统尺寸而成代数增加;

$$\langle h(\boldsymbol{r})^2\rangle = \frac{1}{A}\sum_{\boldsymbol{q}}\langle |h_q|^2\rangle \sim \frac{T}{k}L^2, \tag{6.45}$$

对于表面张力占优的二维界面,它仅是对数发散的. 对于膜,一个有意义的量是法线–法线关联函数:

$$g_n(\boldsymbol{r}) = \left\langle (\hat{n}(\boldsymbol{r}) - \hat{n}(0))^2 \right\rangle, \tag{6.46}$$

对于小曲率,法线与高度的联系为

$$\hat{n} \approx \hat{z} - h_x\hat{x} - h_y\hat{y}. \tag{6.47}$$

正是此关联函数定义了膜的曲率,因为它描述了当沿着膜走过一段距离 $\boldsymbol{r}$ 时,法线是如何弯曲的. 关联函数由

$$g_n(\boldsymbol{r}) = \frac{2}{A}\sum_{\boldsymbol{q}} q^2\left\langle |h_{\boldsymbol{q}}|^2\right\rangle (1 - \cos \boldsymbol{q}\cdot\boldsymbol{r}) \tag{6.48}$$

给出,其中 A 是膜的面积. 当 $r \to \infty$,积分以对数发散; 利用关于角度积分的式子

$$\int_0^{2\pi} \cos(qr\cos\theta)\,\mathrm{d}\theta = 2\pi\,\mathrm{J}_0(qr) \tag{6.49}$$

(其中 J_0 是零阶贝塞尔函数),并对剩余积分作近似,可以算出其值. 结果为: 对于大的距离,有

$$g_n(\boldsymbol{r}) \approx \frac{\alpha T}{4\pi k}\log\frac{r}{a}, \tag{6.50}$$

这里 a 是微观距离,而 α 是量级为 1 的常数.

6.5.2 持续长度与面积重正化

可以用法线–法线关联函数来定义膜的持续长度[8] 为,由于热涨落而使法线变为退关联的距离: 使得 $g_n(r)$ 的量级为 1 的距离 r 就是持续长度 ξ_k,定义为

$$\xi_k = a\exp\left[\frac{4\pi k}{\alpha T}\right]. \tag{6.51}$$

注意 ξ_k 与曲率模量成指数关系. 关于持续长度的另一个解释是,对于小于 ξ_k 的长度标尺,膜是局域平的,而对于较大的长度尺寸,它在空间进行无规行走,很像聚合物的二维类比. 在持续长度量级的长度标尺上,弯曲能可以与膜的构型熵竞争. 这个效应已经用[9–10](作为长度尺度函数的) 膜有效弯曲模量来表

示. 参考文献 [9], [10] 的作者证明了, 有效弯曲模量 k_{e} 依赖于斑片的长度尺寸 L, 即

$$k_{\mathrm{e}}(L)=k\left[1-\frac{\alpha T}{4\pi k}\log(L/a)+\cdots\right], \tag{6.52a}$$

其中 α 是量级为 1 的常数. 当 $L\approx\xi_k$ 时有效模量变得很小. 这些效应与膜面积由于热涟漪而大于其投影之事实相联系. 类似的计算给出 (由于热涟漪而产生的) 投影面积为 $A=L^2$ 的膜斑片中的剩余面积 ΔA 为:

$$\frac{\Delta A}{A}\approx\frac{T}{4\pi k}\log(L/a). \tag{6.52b}$$

6.5.3 持续长度与外势

有些情形中膜会受到外势作用, 其强度由 V_0 表征, 并与薄膜位置相耦合. 这可能发生在一个多膜体系中, 那里外势就是膜间相互作用的有效 "平均场"; 另一个例子为重力. 在此情形, 前面描述过的涨落不再是发散的 (见第 3 章中关于重力作用下粗糙界面的讨论). 自由能中增加形式为 $V_0\int\mathrm{d}\boldsymbol{r}h^2(\boldsymbol{r})$ 的一项, 而涨落谱满足

$$\langle|h_q|^2\rangle=\frac{T}{k}\frac{1}{\left(q^4+\xi_0^{-4}\right)}, \tag{6.53}$$

其中小 q 涨落被截断的长度由 $\xi_0\sim(k/V_0)^{1/4}$ 给出.

6.6 液体膜的相互作用

6.6.1 溶胀膜

一个薄片状的溶致液晶可以用普通溶剂中液体膜的叠层来描述 —— 例如, 水中的双层膜. 在有些系统中, 膜之间的平均距离 d 可能很大 —— 几千 Å, 而在另一些系统中, 平均间距的最大值仅为几十 Å, 通过加入溶剂试图使系统进一步溶胀会导致一个膜相与过剩溶剂的相分离. 显然, "不受约束的" 系统能够溶胀到很大距离外, 其吸引相互作用可忽略, 而被紧束缚的系统则受到范德瓦尔斯相互作用的影响, 倾向于以 $1/d^4$ 减小 (见第 5 章). 尽管低盐浓度的带电系统可以具有很强的静电排斥作用, 以至于那些 d 值很大的相能够稳定下来, 但所有的膜叠层还受到另一个来源于熵限制的排斥相互作用, 它是长程的, 有时称为 "黑尔弗里希" 相互作用[11].

6.6.2 膜的空间排斥

为了计算多膜体系中熵限制的效应, 我们考虑一个体系, 其中各膜的平均位置位于沿着 $\hat{z}$ 轴的一维格点上, 晶格间距 d 如图 6.5 所示. 一个给定膜的绝对高度为 $Z_n=nd+h_n(x,y)$, 其中 n 是标记各格点位置的整数, 而 $h_n(x,y)$ 为膜对于其平均位置 $\langle Z_n\rangle=nd$ 的局域偏离 (即, 其可在 xy 平面上变化). 如果

各膜没有涨落, 则 $h_n(x,y)=0$. 由于涨落, 这些膜会碰撞, 而在碰撞中损失一些熵. 如果考虑膜之间存在硬核排斥的情形, 这点可以理解; 相邻膜的排斥体积限制了任意给定膜的构型, 因此其熵减少. 这个熵的限制意味着多膜叠层中的每个膜自由能必定大于单个的自由薄膜.

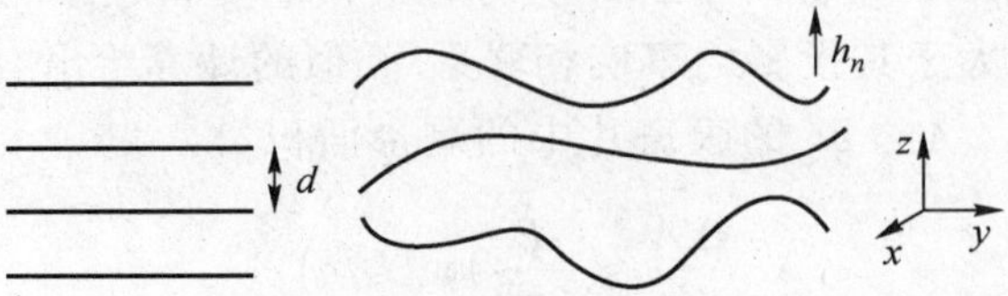

图 6.5 平均间距为 d 的膜叠层, 由于涨落导致间距呈现随机性.

按照黑尔弗里希[11], 我们假定这些碰撞的净结果为, 每个膜受到与其最近邻的一个有效相互作用, 其周期性构型即为最低能量态, 其中

$$Z_{n+1}-Z_n=d. \tag{6.54}$$

此相互作用由 $(Z_{n+1}-Z_n)-d$ 与零的偏离值 (或者等价为 $h_{n+1}(x,y)-h_n(x,y)$) 平方项来表示. 此外, 每个膜都有弯曲能. 因此哈密顿量 H 写成:

$$H=\int \mathrm{d}x\,\mathrm{d}y u(x,y), \tag{6.55a}$$

$$u=\frac{1}{2}B\sum_n\left(h_n-h_{n+1}\right)^2+\frac{1}{2}k\sum_n\left(h_{n_{xx}}+h_{n_{yy}}\right)^2. \tag{6.55b}$$

这里 k 是弯曲模量, 下标 xx 和 yy 代表膜位置变量的两个微商 —— 即, $\frac{1}{2}(h_{n_{xx}}+h_{n_{yy}})$ 是第 n 个膜的平均曲率. 对于具有柔和波动 ($\nabla h\ll 1$) 的膜, 此表达式是正确的; 其他情况下关于曲率的简单表达式是不正确的, 还必须重新考虑面积约束. 压缩弹性常量 B 代表膜之间的有效排斥, 可以自洽地计算出来. 注意, 如果把所有膜均匀移动, 则此哈密顿量不变, 表示体系的一个平庸平动. 在 $\hat{z}$ 方向作傅里叶变换 (由于周期性, 傅里叶波矢 Q 的上截止为 $\pm\pi/d$) 并在 xy 平面内作傅里叶变换 (傅里叶波矢 $\boldsymbol{q}=(q_x,q_y)$) 我们得到

$$H=\sum_{\boldsymbol{q},Q}|h(\boldsymbol{q},Q)|^2\left[B(1-\cos Qd)+\frac{1}{2}kq^4\right]. \tag{6.56}$$

6.6.3 起伏自由能与排斥相互作用

对应于哈密顿量 (6.56) 式的玻尔兹曼因子是高斯型的, 所以自由能 F 可以很容易地由

$$F=-T\log\left[\prod_{\boldsymbol{q},Q}\int \mathrm{d}h(\boldsymbol{q},Q)\ \mathrm{e}^{-H/T}\right] \tag{6.57}$$

计算出来. 通过计算积分, 我们求出多膜体系与单膜 (其中 $d \to \infty$ 并且我们预期 $B \to 0$) 之间的每单位体积自由能之差 Δf 由

$$\Delta f = \frac{T}{2(2\pi)^3} \int \mathrm{d}\boldsymbol{q}\,\mathrm{d}Q \log\left[\frac{B(Q)+kq^4}{kq^4}\right] \tag{6.58}$$

给出, 其中 $B(Q) = 2B(1-\cos Qd)$. 首先对 $\boldsymbol{q}$ 积分, 把上截止设为 ∞, 得到

$$\Delta f = \frac{T}{16\pi} \int_{-\pi/d}^{\pi/d} \mathrm{d}Q \sqrt{\frac{2B(1-\cos Qd)}{k}}. \tag{6.59}$$

此积分可以写成

$$\Delta f = \frac{T}{2\pi d}\sqrt{\frac{B}{k}}. \tag{6.60}$$

现在, 模量 B 与自由能对平均层间距的二阶微商相联系; 即, 想象体系经历一个均匀膨胀或压缩. 回复力就是 B 的有效值, 正比于体系的宏观压缩率. 因此, 按照黑尔弗里希[11], 我们可以得到一个自洽的方程, 即由

$$B = \frac{\partial^2(\Delta f d)}{\partial d^2} \tag{6.61}$$

来确定 B. 把方程 (6.60) 用到方程 (6.61) 中, 我们得到

$$B = \frac{9T^2}{\pi^2 k}\frac{1}{d^4}, \tag{6.62}$$

而每单位 (投影) 面积的自由能之差 $\Delta f_{\mathrm{a}} = \Delta f d$ 为

$$\Delta f_{\mathrm{a}} = \frac{3T^2}{2\pi^2 k}\frac{1}{d^2}, \tag{6.63}$$

表示一个随着 d 增大而缓慢衰减的有效排斥作用. 如果我们把 (6.59) 式近似为其小 Q 值展开, 就得到每单位面积的自由能表达式, 它与 (6.63) 式的标度相同, 但是系数值为 $3\pi^2/128$ (与参考文献 [11] 中一样). 此长程的熵排斥作用存在于所有的多膜体系中. 除了此排斥作用之外, 源于电荷效应的特定库仑排斥和/或源于范德瓦尔斯相互作用的吸引可能会导致有效吸引阱, 把膜 “约束” 在一个特定距离处. 不存在此类吸引的情形中, 膜可以溶胀至大距离处. 然而, 对于很大的溶胀, 一维叠层序可能 “熔化”, 而膜可以形成一个无序、双连续的海绵状相.

6.7 问题

6.7.1 固体与液体薄膜的弯曲

固体薄膜也会对弯曲给予抵抗, 因此其能量可以写成曲率展开的形式. 关于一个固体薄膜的弯曲能表示为其压缩和剪切弹性常量的推导, 见参考文献 [4].

解释为什么在剪切模量为零的极限下弯曲弹性常量也为零. 在你的解释中应包括为什么我们预期小分子液体 (即, 没有诸如正文中考虑过的那些类弹簧链分子) 中的 k 和 $\bar{k}$ 为很小的考虑.

在参考文献 [4] 中, 证明了弯曲模量随固体薄膜厚度的立方而变化. 由本章中的一般讨论可以得到类似结果, 因为模量以横向压强分布二阶矩的积分为标度. 然而, 在一个固体薄膜中, 多层不连贯弯曲的可能性还是存在的 —— 即, 在贯穿整个薄膜厚度的范围内, 应力是不连续的. 在此情形, 可以预期弯曲模量与层厚度成线性关系. 如果固体不连贯地弯曲, 则必须付出的能量值是多少? 当你预期一个固体薄膜可能出现连贯和不连贯弯曲时, 其极限条件如何?

怎样的物理性质会在固体薄膜中产生一个自发曲率?

6.7.2 各向异性固体薄膜的弯曲

对于由面内对称性为六角形的 "多层" 构成的一个各向异性固体薄膜 (利用参考文献 [4] 中, 关于各向异性介质的压缩与剪切能量展开的形式), 在面内剪切弹性常量为零的极限下, 求出其曲率模量 k 和 $\bar{k}$. 假定薄膜及其弹性常量在整个薄膜厚度中是均匀的. 把此情形与剪切模量为零的各向同性固体薄膜进行比较.

6.7.3 中性表面

基于正文中的讨论, 关于相对于中性平面的形变, 计算弯曲模量 g_2, 用描述另一些表面 (如极性 - 非极性界面) 弯曲的参数 f_1, f_1', f_0'' 来表示.

6.7.4 双层弯曲能

推导出双层的弯曲弹性自由能表达式, 用单层的弯曲弹性常量来表示. 处理两个单层为相同、且无互穿的情形, 故只需对弯曲能求和, 但需注意到每个单层的厚度为有限, 故其曲率不相同. 与黑尔弗里希形式进行比较, 并讨论有效鞍形曲率作为每个单层自发曲率的函数.

6.7.5 一个带电膜的弯曲

对于存在有高浓度电解质, 以至于势的梯度总是很小, 而且其静电学能够在德拜 - 休克尔近似中求解的情形, 考虑每单位面积表面电荷为 σ 的带电单

膜 (见第 5 章末的问题). 利用压强分布方程, 计算此系统中的积 $\bar{k}c_0$ 与鞍形 – 展开的弯曲弹性常量. 对这些量关于屏蔽长度的标度作出评论.

6.7.6 一个聚合物的持续长度

对于一个具有弯曲弹性的聚合物链 —— 即, 埋置在三维空间中的一维膜, 求出其切向 – 切向关联函数以及持续长度. 这可应用于有热涨落的柔性杆. 把此结果与那些二维膜的结果作对比.

6.7.7 聚合物刷子的曲率弹性

在溶剂不渗入链的情形 (干的或熔化的刷子), 考虑以化学方式把一组聚合物链植于一个表面上, 其平均面积密度为 σ_0 (植于表面的聚合物刷子如图 6.6 所示). 用刷子高度来描述刷子, 刷子高度 L 与 σ_0 以及每个链的聚合度 N 有关, 其约束条件为: 单体密度是常量. 这会导致一个把 L, σ_0 与 N 联系起来的守恒关系. 在溶剂不渗入链的这种情形, 每个链的自由能 f 由链的伸展所决定, 在简单的平均场理论中由

$$f = \frac{3T}{2}\frac{L^2}{L_0^2} \tag{6.64}$$

给出, 其中 L_0 是在体熔化时链的回转半径: $L_0 = N^{1/2}a$, 其中 a 是分子尺寸, 在体熔化时 (即, 链并非限制在表面上) 链进行理想化的随机行走[12]. 证明守恒限制会导致 (与其理想大小相比) 链的高度伸展 —— 至少当接枝密度与 $1/N$ 相比为相对大的时候.

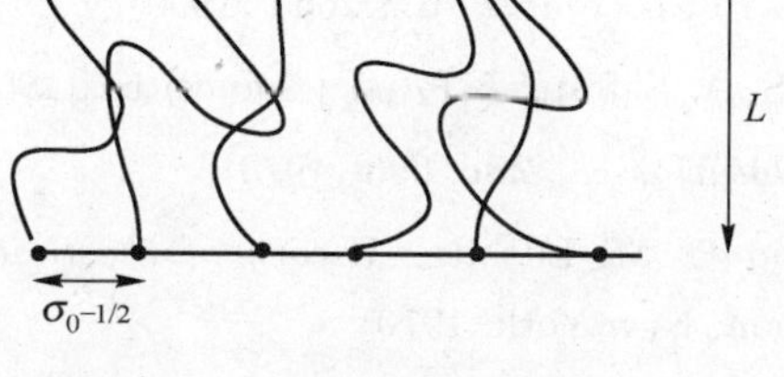

图 6.6　植于一个表面的聚合物, 链之间的平均距离正比于 $\sigma_0^{-1/2}$. 刷子的高度为 L.

现在考虑植于一弯曲表面上、熔化的刷子. 伸展能量具有相同形式, 但是守恒约束必须把弯曲几何构形考虑进去. 对于柱形与球形弯曲, 计算每个链的自由能. 从这些结果出发求弯曲模量作为分子量的函数.

6.7.8 膜的释放

考虑膜的叠层, 其平均间距为 d, 且仅有熵性 (黑尔弗里希) 相互作用. 如果体系中加入更多的溶剂, 会发生什么情况? 现在, 考虑同样的叠层, 但是各膜

之间有额外的吸引相互作用. 如果此吸引足够强, 你们预期会发生什么? 如果我们试着加入更多溶剂以稀释膜, 这种吸引会如何影响将会发生的事情? (有关的复习见参考文献 [13].)

6.7.9 两壁之间的膜

考虑一个膜, 其物理由一个包含 (自发曲率为零的) 弯曲能的哈密顿量描述, 此膜被限制在位于两个相距 D 的硬壁之间. 位于两壁之间的中线平面取为 $z=0$, 用膜相对于此平面的高度 $h(x,y)$ 来描述膜的构型. 假设壁的效应是给哈密顿量中加入一项有效谐振子势: $\frac{1}{2}\gamma h^2$, 它与弯曲能 (假定自发曲率为零, 而鞍形 – 展曲能量可以忽略) 都是作用在膜上的.

确定 γ 以使得膜在 xy 平面中任意点的方均涨落都等于 μD^2, 其中 μ 是一个量级为 1 的数, 假定为已知. 当 $D\to\infty$ 时 γ 为多少?

利用此哈密顿量来计算体系自由能作为两壁间距的函数. 一个具有两壁的膜与一个自由膜的自由能之差为多少? 它是比一个孤立膜的自由能更高还是更低? 为什么?

此结果能否从量纲分析中预测出来? 为什么能? 或为什么不能?

6.8 参考文献

1. See, for example, the articles by Y. Kantor and D. Nelson, *Statistical Mechanics of Membranes and Surfaces*, eds. D. Nelson, T. Piran, and S. Weinberg (World Scientific, Teaneck, NJ, 1989) pp. 115 and 137 respectively. Simulations of self-avoiding surfaces are discussed in F. F. Abraham and D. R. Nelson, *Science*, **249**, 393 (1990) and *J. Phys.* (*France*) **51**, 2653 (1990).
2. Z. G. Wang and S. A. Safran, *J. Phys.* (*France*) **51**, 185 (1990).
3. W. Helfrich, *Z. Naturforsch.* **28c**, 693 (1973).
4. L. D. Landau and E. M. Lifshitz, *Theory of Elasticity*, 2nd ed., revised and enlarged (Pergamon, New York, 1970).
5. W. Helfrich in *Physics of Defects*, Les Houches, Section XXXV, eds. R. Balian *et al.* (North Holland, Amsterdam, 1981).
6. I. Szleifer *et al., J. Chem. Phys.* **92**, 6800 (1990).
7. P. G. Higgs and J. F. Joanny, *J. Phys.* (*France*) **51**, 2307 (1990).
8. P. G. de Gennes and C. Taupin, *J. Phys. Chem.* **86**, 2294 (1982).
9. W. Helfrich, *J. Phys.* (*France*) **46**, 1263 (1985).
10. L. Peliti and S. Leibler, *Phys. Rev. Lett.* **54**, 1690 (1985).
11. W. Helfrich, *Z. Naturforsch.* **33a**, 305 (1978).

12. P. G. de Gennes, *Scaling Concepts in Polymer Physics* (Cornell University Press, Ithaca, NY, 1979).

13. R. Lipowsky, *Nature* **349**, 475 (1991).

第 7 章

胶体悬浮体系

7.1 引言

前两章聚焦于平直界面或近平直膜的性质及它们之间的相互作用. 在这些体系中, 基本自由度与界面或膜之间的距离有关, 我们讨论了相互作用能量或自由能是如何依赖于这个间距的. 这里, 我们将讨论胶体悬浮体系的统计热力学, 胶体悬浮体系由固体或液体“颗粒”分散在溶剂中而形成. 这些颗粒的典型尺寸远大于溶剂分子的尺寸, 因此把这些悬浮体系与所有成分都具有大致相同尺寸的分子溶液区别开来. 胶体悬浮体系中有两个重要的长度: (i) 胶体颗粒之间的距离, 以及 (ii) 颗粒的尺寸. 我们将聚焦于胶体稳定性的问题, 以及静电相互作用和空间相互作用是如何使此类悬浮体系稳定下来的问题. 本章首先给出关于胶体的描述及其应用, 接着继续讨论吸引相互作用的效应, 吸引相互作用会导致胶体聚集与不稳定. 将给出由硬球间吸引相互作用引起的相分离的讨论并表明: 相互作用能量对于小球尺寸的依赖关系是确定胶体溶液稳定性的一个重要量. 因为表面相互作用在平板的几何构形中非常容易计算, 我们给出与平界面和球界面间相互作用相联系的 Derejaguin 近似. 接着我们通过静电相互作用讨论关于胶体稳定性的所谓 DLVO 理论, 并通过讨论“聚合物刷子”来概述聚合物涂层是如何成为排斥的一个额外来源的. 尽管本章内容多半聚焦于胶体悬浮体系的平衡性质, 但是当悬浮体系不稳定时考虑胶体聚集体结构的动理学也是很有意义的, 因此, 我们可讨论胶体聚集体分形结构的有趣 (非平衡) 现象.

7.2 胶体悬浮体系

7.2.1 胶体悬浮体系的类型

关于界面和膜的许多简单物理性质可以通过聚焦于单个近平直系统, 或近平直系统的一维叠层来研究, 而具有宏观数量的界面、由有限尺寸 “颗粒” 组成的体系 —— **胶体** —— 也是相当重要的. 膜的一维叠层是在第 6 章末已经讨论过的胶体的一种特殊类型, 而这里我们着重于由球形或柱形颗粒散布于液体中形成的各向同性体系. 当这些颗粒远大于分子尺寸时, 其相互作用可以与其界面性质相联系. 关于一个种类在另一个种类中所形成的分散体系, 当其中描述分散相特征的尺寸标尺为分子长度时, 可以用分子溶液来很好地描述; 关于胶体的有趣之处是其超分子特质. 第 5 章中讨论过的平界面间相互作用, 提供了理解此类体系的一个出发点, 以及下面要讨论的几点修正. 本节中, 我们讨论不可变形的体系 —— 即胶体颗粒保持其完整性, 而重点在于其相互作用, 它会导致关联, 并可能导致相分离. 一类重要的可变形胶体悬浮液为溶液中的聚合物; 大分子会改变其作为溶剂品质和/或聚合物浓度函数的构型. 在下一章中, 我们讨论自组装胶体, 诸如胶团、囊泡与微乳液, 其中甚至构成 “颗粒” 的分子数 (及其尺寸和形状) 也是可以变化的, 即是浓度、化学条件或温度的函数.

7.2.2 胶体的应用

胶体系统在自然界中和工业中都存在, 可以由固体或液体分散在液体或气体中所构成. 血液是红血球 (类似于自组装胶体) 在血清中的悬浮体系, 而乳液或微乳液 (见第 8 章) 是油在水中或水在油中的悬浮体系. 雾、灰尘和烟是小颗粒在气体中的悬浮体系, 而污染控制处理的是固体颗粒在空气中的悬浮体系. 泡沫 (具有相对高体积分数的液体在气体中的悬浮体系) 是大家非常熟悉的, 包括牙膏和啤酒等. 许多工业过程利用固体颗粒在液体中形成的胶体悬浮体系, 以调节液体的流体力学性质, 或者有时候为了催化用途而生产具有大量内部表面的系统.

7.2.3 胶体的稳定性

诸如金或聚乙烯球在水中, 或者硅颗粒在油中所形成的胶体悬浮液最突出和有用的性质是其稳定性. 那就是, 当体积分数 ϕ 在一定范围内, 颗粒会留在溶液中. 当体系变得越来越浓, 这一点可以通过乳白度增强来证实 (由于光散射增强), 颗粒会趋于聚集. 这种聚集过程称为**絮凝**; 颗粒的密集相倾向于从溶剂中分离出来, 形成一种类固体的沉淀[1]. 对于颗粒间存在强吸引作用 (如, 由色散力产生的) 的不带电系统, 聚集体可以是 “硬球” 固体或玻璃, 其颗粒间平均距离与颗粒直径接近. 如果吸引相互作用是极其 “黏性的”, 聚集体的非平衡结构可能被扩散效应支配 (扩散受限的聚集体), 在本质上可能是分形的[2–3]; 颗粒倾向于黏附在生长簇的外侧而绝不会填充到 “洞” 里. 这些分形簇可以具有很低的密度, 以致在溶液中保持为相对高的体积分数. 另一方面,在颗粒间排斥作用比吸引作用占优的体系中, 颗粒可以形成胶体晶体[4]. 特别是, 如果排斥是相对长程的, 这些晶体可以具有远大于真实颗粒直径的晶格间距. 因此, 这些系统中的有序 - 无序相变可以发生在相对小的体积分数情形; 在纯硬球体系中, 有序 - 无序相变发生在体积分数[5] $\phi = 50\%$ 处. 由于胶体颗粒尺寸可以在几十 Å 到 μm 级的范围, 有些胶体晶体的晶格间距可以与光波长相比拟. 结果从这些晶体发出的布拉格反射发生在可见光的区域, 肉眼可以看见在试管中出现的彩虹带. 晶体非常 "柔软", 因为颗粒间距很大, 故很小的剪切 (轻微的摇晃) 也会破坏长程序并导致出现彩虹.

7.2.4 以排斥相互作用使胶体稳定

在胶体悬浮液中, 重要的基本性质是其阻止絮凝的稳定性. 由于范德瓦尔斯力倾向于在不同类液体分散剂中的同类粒子间产生吸引力, 我们会预期大多数足够大颗粒的胶体悬浮液会发生絮凝. 这是因为每个颗粒的吸引力随着粒子的尺寸而增加; 当每个粒子的净吸引力远大于弥散熵 (即平动熵, 每个粒子大致为 $k_{\mathrm{B}}T\log\phi$), 我们预期系统会发生相分离, 以达到一个高密度胶体颗粒相与一个低密度胶体相共存的平衡态. 如果颗粒表面未经处理的话, 这种情况确实经常发生. 对于许多胶体悬浮液, 由范德瓦尔斯力产生的吸引远大于每个粒子的弥散熵 $k_{\mathrm{B}}T\log\phi$, 为了使此类悬浮液在适当的浓度达到稳定, 必须对颗粒表面进行处理以使粒子之间互相排斥. 为了实现这个 (见图 7.1), 可以在表面上引入带电类物质 (如离子型表面活性剂), 其异号离子可溶于溶剂中. 在此情形, 静电排斥作用在长距离处可以产生大的能量壁垒以阻止聚集. 另一个引入排斥的方法是给颗粒植上聚合物; 当两个粒子靠近时其聚合物层互相 "碰撞", 由于链损失了熵, 故会抵抗压缩. 因此, 它们会阻止聚集. 后面将给出对这些效应的一个定量描述; 在此我们先给出理解相互作用胶体的热力学稳定性的一个普遍图像.

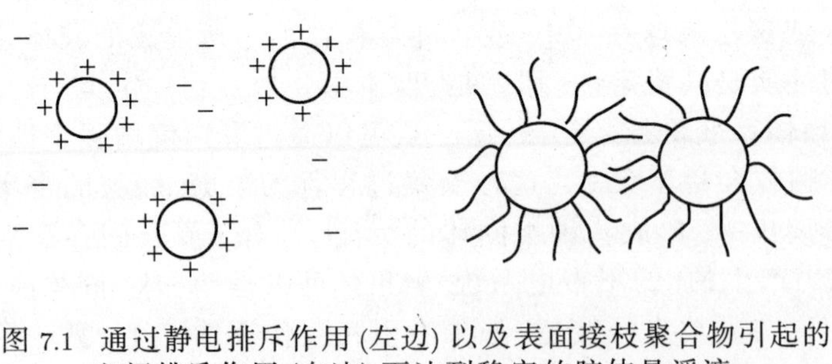

图 7.1 通过静电排斥作用 (左边) 以及表面接枝聚合物引起的空间排斥作用 (右边) 而达到稳定的胶体悬浮液.

7.3 相互作用颗粒的悬浮体系

7.3.1 平衡行为

胶体稳定性一般可以用非平衡的不可逆絮凝过程来描述, 而其蕴含的大部分物理可以通过聚焦于相互作用粒子的平衡系综相行为来理解. 如果吸引相互作用强度与 $k_{\mathrm{B}}T$ 可比, 则这些体系可以通过平衡考虑来理解; 如果吸引相互作用的强度远大于 $k_{\mathrm{B}}T$, 则两个颗粒碰到后再分开的时间会比实验时间尺度长得多, 故体系就不能看做是处于平衡. 对于排斥相互作用, 则不能用这种考虑, 而用热平衡的描述方法是更普适的.

7.3.2 硬球悬浮体系

最简单的胶体悬浮体系是硬球体系, 对 $r < d$ 以势

$$V_d(\boldsymbol{r}) = \infty \tag{7.1a}$$

相互作用, 而对 $r > d$ 以势

$$V_d(\boldsymbol{r}) = 0 \tag{7.1b}$$

相互作用, 其中 d 为粒子直径. 此类系统的性质已经作为稀有气体原子系统的模型研究过了, 为了处理此类系统的统计力学已经发展出许多近似方法[5]. 当体积分数 ϕ 很低, 可以对每个粒子自由能 f_{s} 作位力展开 (见第 1 章):

$$f_{\mathrm{s}} = T\left[\phi(\log nv_0 - 1) + 4\phi^2 + 5\phi^3 + v_4\phi^4 + v_5\phi^5\right], \tag{7.2}$$

这里第四和第五位力系数分别取值[5] $v_4 = 6.12$ 和 $v_5 = 7.06$. 浓度 n 与粒子直径和体积分数的关系为 $n = \pi d^3\phi/6$, 而 v_0 为单原子体积. 在较高体积分数情形, 对系统的一个精确描述由分子动力学和蒙特卡罗模拟给出, 其预测出: 液相中的渗透压 $\Pi = -\partial F/\partial V$(其中 F 是总自由能, V 是体积) 在体积分数 $\phi \approx 0.64$ 处发散, 这就是随机密堆的体积分数. 然而, 此发散被从无序液体到 $\phi = 0.50$ 的面心立方固体的一级相变所取代; 在 $0.50 < \phi < 0.55$ 范围内, 液相和固相共存. 因此, 在足够高的体积分数处, 胶体晶体甚至能在硬球体系中存在. 在带电系统中, 晶化可以发生在小得多的体积分数处, 由于存在长程排斥相互作用其可以低至 $\phi \approx 10^{-3}$.

7.3.3 吸引相互作用

在位力展开中, 通过给自由能 (7.2) 式加上一项

$$f_{\mathrm{a}} = -\frac{T}{2}\phi^2 b(d,T), \tag{7.3}$$

$$b(d,T) = n_0\int \mathrm{d}\boldsymbol{r}\left[\mathrm{e}^{-\tilde{V}(\boldsymbol{r})/T} - 1\right], \tag{7.4}$$

可以计入更长程的排斥和/或吸引作用, 其中 $n_0 = (\pi d^3/6)^{-1}$ 为每个球体积的倒数, d 是出现在互作用势中的粒子直径, 而互作用势 $\tilde{V}$ 包括了除硬核之外的所有相互作用. 方程 (7.4) 中的积分是对硬核排斥所允许的所有粒子间隔 $\boldsymbol{r}$ 取值来计算的. 一般地, $\tilde{V} < 0$ 中所包括的吸引相互作用也会导致 ϕ 的更高阶项. 然而, 如果吸引势的力程比粒子半径小 (或者等价地, 即使当两个粒子间距小于 d 时, 其吸引强度也远小于 $k_{\mathrm{B}}T$), 那么与来自于硬球项的贡献相比, 这些更高阶项可以忽略. 取至 ϕ^3 阶, 我们写出每个粒子的总自由能, $f = f_{\mathrm{s}} + f_{\mathrm{a}}$, 为

$$f = T\left[\phi(\log nv_0 - 1) + \frac{1}{2}a\phi^2 + 5\phi^3\right] \tag{7.5}$$

其中位力系数:

$$a(d,T) = 8 - b(d,T) \tag{7.6}$$

对于小的吸引相互作用为正, 对于大的吸引相互作用为负.

重要的是注意到, 位力系数对于粒子直径的依赖关系来源于相互作用 $\tilde{V}$ 对 d 的依赖关系. 一般来说, 我们会想到, 粒子尺寸越大, 两个相邻粒子上的分子间 “接触” 数就越大. 因此, 举例来说, 对于吸引相互作用 (其 $\tilde{V} < 0$, $b > 0$) 我们预期 $\tilde{V}$ 以至 $b(d,T)$ 项是随 d 递增的函数. 与吸引相互作用对 d 的这种依赖关系相反, 来源于硬球相互作用 (方程 (7.2) 中 ϕ^2 的系数, 其导致方程 (7.6) 中的因子 8) 对总位力系数 $a(d,T)$ 的贡献显示出其与粒子尺寸无关. 这是因为源于排斥体积的熵损失为每个粒子 $k_{\mathrm{B}}T$; 每个粒子的吸引相互作用表示成 $b(d,T)$, 它确实随着粒子尺寸而增加. 正是这两种效应的竞争决定了 $a(d,T)$ 的总体符号, 并因此确定了体系是趋于相分离还是保持为均匀的单相. 所以我们会预期, 随着粒子尺寸增加, 会有一个点使得 $a(d,T)$ 变得足够负并发生相分离 (絮凝). 于是, 足够大的胶体颗粒体系总是会表现出絮凝, 因为在某些粒子尺寸, 它们之间的范德瓦尔斯吸引作用必定会克服体斥排斥作用.

因此, 估计出吸引相互作用 $b(d,T)$ 对小球尺寸的依赖关系是很重要的. 对于小球之间相对短程的相互作用, 每个球的吸引作用可以由两个平板之间的相互作用来近似地得到. 我们现在要表明, 此近似导致小球之间存在有效吸引作用, 其随着球半径而线性增加. 一旦每个球的相互作用能量为已知, 位力系数可以由方程 (7.4) 计算出来, 而体系趋于相分离的稳定性与此系数值有关. 因此, 一般的方案是 (i) 求出两个平板之间的有效相互作用, (ii) 把此相互作用能量通过 Derejaguin 近似与小球间相互作用联系起来, (iii) 为了估计单相胶体悬浮体系的稳定性, 计算出球的位力系数.

7.3.4 关于球的 Derejaguin 近似

基于平板能量的相互作用是对我们理解胶体稳定性的一个有用指导, 而

知道每个球的相互作用能量同样很有意义 —— 因为此能量与每个球的熵贡献 k_BT 竞争, 对确定胶体稳定性很重要. 对于长程相互作用, 相关长度尺度远大于球的尺寸, 故可以用点粒子近似. 对于较短程相互作用, 几何效应可以导出相互作用能量对小球尺寸的依赖关系, 即为首先由 Derejaguin 提出的普遍形式.

注意到: 当球之间距离 D 小于相互作用力程 (对于相关几何构形的描述见图 7.2) 时, 通过把平板势对小球间空隙距离范围的积分可以算出互作用势, 并可由此计算出有效相互作用. 在柱极坐标系 (坐标 r 与 z 正交) 中, 空隙中表面到表面的间隔为

$$z(r) = D + 2R\left[1 - \sqrt{1 - \frac{r^2}{R^2}}\right] \approx D + r^2\frac{1}{R} + \cdots \tag{7.7}$$

这里略掉的项为 D/R 的阶, 其中 R 是球的尺寸. 因此,

$$\mathrm{d}z = \frac{2r}{R}\,\mathrm{d}r, \tag{7.8}$$

通过把每单位面积相互作用能对所有球的各个类 "盘" 部分面积分布求积分, 可以得到在面积为 $2\pi r\,\mathrm{d}r$ 的两个薄层之间的总有效相互作用 V_e. 于是我们得到

$$V_e = 2\pi\int_0^\infty W(z)r\,\mathrm{d}r. \tag{7.9}$$

这里, W 是两个平板每单位面积上的相互作用能量作为平板间距的函数, 由 z 局域地给出. 把方程 (7.8) 用到 (7.9) 中, 我们得到

$$V_e = \pi R\int_D^\infty W(z)\,\mathrm{d}z. \tag{7.10}$$

每个球的相互作用能量关于球半径为线性的. 如果平板相互作用 W 有特征作用程 λ, 则每个球的相互作用能量将以 λRW 标度. 这使得我们预期它为球尺寸的函数. 进一步, 方程 (7.10) 允许对于两个球之间的力 $\boldsymbol{F}$ 作一个简单估计, 其大小由

$$F = -\frac{\partial V_e}{\partial D} = \pi RW(D) \tag{7.11}$$

给出, 而其方向沿着两球中心的连线. 所以此近似使我们能预测出相互作用势对球尺寸与间隔的依赖关系; 正是这个有效势被用于方程 (7.4) 中来计算位力系数.

7.3.5 液 – 气相分离

给 (7.2) 式中增加一个短程吸引项, 即得硬核体系的自由能 (7.3, 7.4) 式, $f = f_s + f_a$, 它显示出不稳定性, 即体系相分离成低密度 (气体) 和高密度 (液

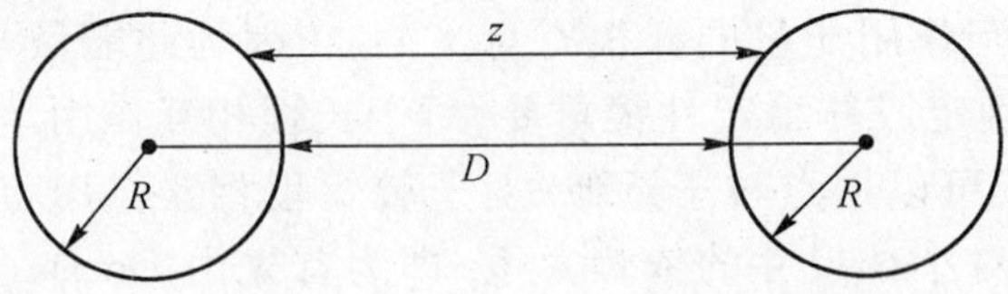

图 7.2　关于 Derejaguin 近似的几何构形.

体) 共存的两相. 为了确定共存曲线 (即, 两个密度 ϕ_1 与 ϕ_2 处于平衡的点的轨迹), 必须解出化学势相等的平衡条件

$$\mu = \left(\frac{\partial f}{\partial \phi}\right)_1 = \left(\frac{\partial f}{\partial \phi}\right)_2 \tag{7.12}$$

以及渗透压相等的平衡条件

$$f(\phi_1) - f'(\phi_1)\phi_1 = f(\phi_2) - f'(\phi_2)\phi_2, \tag{7.13}$$

其中 $f' = \partial f/\partial \phi$. 在此平均场方法中, 通过考察方程 (7.12, 7.13) 处于 $\phi_1 \to \phi_2$ 的情形 (即两相之间的差别消失), 我们可以得到在首次发生相分离的临界点上, 位力系数的临界值 $b_{\rm c}$, 以及体积分数的临界值 $\phi_{\rm c}$. 我们求出 $\phi_{\rm c}$ 和 $b_{\rm c}$ 由

$$\frac{\partial^2 f}{\partial \phi^2} = 0, \tag{7.14a}$$

$$\frac{\partial^3 f}{\partial \phi^3} = 0 \tag{7.14b}$$

确定. 利用前面描述过的位力展开 (对于势的硬球部分取至第五位力系数项, 而对于吸引部分仅取至第二位力系数项), 我们得到 $b_{\rm c} \approx 21$ 和 $\phi_{\rm c} \approx 13\%$. 此相分离的存在是絮凝过程的一个信号, 也表明胶体将不稳定且不会在处于此两相区域的溶液中分散开来.

7.3.6　硬球加上更长程的排斥相互作用

多球体系通常由一个直径为 d_0 的硬核势加上一个较长程的 “较软” 排斥部分 $V_{\rm r}(\boldsymbol{r})$ 来描述. 这些较软的势通常可以用参考文献 [5] 第 6 章中详细介绍的各种微扰方案来处理. 此类方案之一就是利用第 2 章中讨论过的变分方法, 并把硬球体系的有效直径 d 选为变分参数.

利用第 2 章中描述的变分原则, 近似自由能 F 由

$$F = F_d + \langle V(\boldsymbol{r}) - V_d(\boldsymbol{r})\rangle_d \tag{7.15}$$

给出, 其中下标 d 表示粒子直径为 d 的有效硬球体系, 其势为 $V_d(\boldsymbol{r})$, 其性质由一系列近似方案给出. 真实的排斥势为 $V(\boldsymbol{r})$, 在 $r < d_0$ 可能有硬核, 而我们总

是选择 $d_0 < d$ —— 即, 有效硬核直径总是大于纯排斥势的真实硬核直径. 微扰项包括势在硬球模型体系概率分布下的热平均. 因此, 如果我们记 $g_d(\boldsymbol{r})$ 为对关联函数 (即, 如果在 $\boldsymbol{r}=0$ 处有一个粒子, 则在距离 $\boldsymbol{r}$ 处找到另一个粒子的概率), 那么对于直径为 d 的硬球体系,

$$\langle V(\boldsymbol{r}) - V_d(\boldsymbol{r})\rangle_d = \int \mathrm{d}\boldsymbol{r}\; g_d(\boldsymbol{r})\,[V(\boldsymbol{r}) - V_d(\boldsymbol{r})]\,. \tag{7.16}$$

尽管对于把此类微扰理论应用到硬核相互作用 (其势为无限大) 的做法可能会有质疑, 但是在这里我们注意到 $g_d(\boldsymbol{r})\,[V(\boldsymbol{r}) - V_d(\boldsymbol{r})]$ 项绝不发散, 因为 (i) $d_0 < d$, 所以由 V 中的真实硬核产生的发散会被有效势的硬核 V_d 消减掉, 以及 (ii) 当 $r < d$ 时对关联函数 g_d 为零.

于是把自由能 F 对 d 取极小值, 可以求得能最好地描述真实体系的硬球直径 d. 取至首阶, 真实体系的所有性质都是由具有有效直径 d 的相应硬球性质给出的. 关于不同近似方案的详细比较在参考文献 [5] 中讨论, 这些方案都是关于硬球势的微扰.

这个程序定义了有效体积分数 $\phi^* = \phi(d/d_0)^3$, 其中 d_0 是真实体系的硬核直径. (排斥) 势的较软部分定义了有效直径 $d > d_0$, 故有效体积分数可能比真实体积分数 ϕ 大得多. 因此, 诸如晶体化之类的相变将发生在 $\phi^* = 0.50$ 处; 而如果由于软核排斥作用使 d 增大, 则真实体积分数 ϕ 可能远小于此值; 由于有效体积分数以 $(d/d_0)^3$ 标度, 所以这个增加是特别有效的.

7.4 胶体相互作用: DLVO 理论

7.4.1 相互作用的平衡

关于胶体聚集的标准理论被称为 DLVO 理论 (Derejaguin-Landau-Verwey-Overbeek), 它描述了胶体颗粒的范德瓦尔斯吸引与静电排斥之间的平衡. 在高盐浓度情形, 当静电力受到足够的屏蔽, 则吸引色散力会导致絮凝作用. 对于平衡体系, 我们可以分析相互作用的平衡, 并得到前面描述过的临界位力系数 b_c. 然而, 当存在一个强的短程吸引作用 (由于色散力), 以及一个较长程的排斥作用 (由于被屏蔽的静电相互作用), 聚集过程可能变成非平衡的. 虽然整体最小自由能态可能是完全聚集的胶体, 但还可能存在自由能的第二极小点 (见图 7.3), 其为粒子间距的函数, 可以产生非常长寿的亚稳态 (其中胶体不聚集, 即, 粒子相互之间存在有限距离). 这些状态可以通过一个能量势垒与聚集态极小分开, 此势垒由总势能的最大高度确定. 如果能量势垒远大于 $k_\mathrm{B}T$, 粒子的布朗运动不能越过它; 故它们绝不会感受到近程的极强范德瓦尔斯吸引作用. 在此情形不会发生絮凝过程. 当越来越多的盐加入体系中, 排斥相互作用的力程减小, 而体系在相对小的体积分数处就发生絮凝作用了.

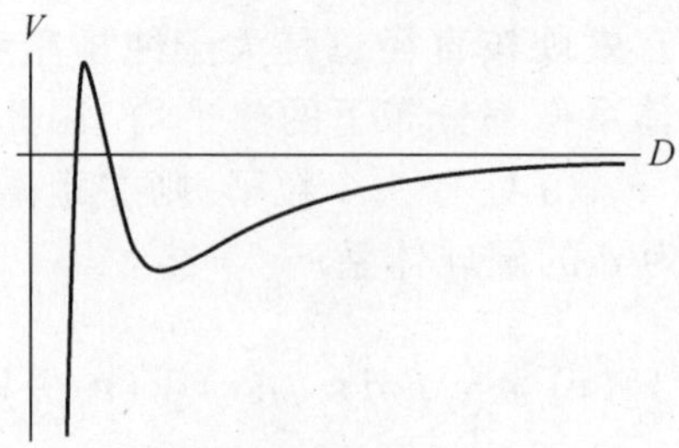

图 7.3 范德瓦尔斯吸引与静电排斥作用相结合的示意表示 —— DLVO 势, 在小间隔 D 处有一个陡峭的吸引势阱, 以及一个阻止到达此吸引阱的势垒. 还存在一个第二吸引极小点.

7.4.2 平板的相互作用

我们首先考虑有关平板的相互作用平衡. 一旦理解了此相互作用, 就可以在 Derejaguin 近似中求出两球之间的相互作用; 于是可以确定位力系数并进而确定体系实现相分离的稳定性.

由第 5 章, 两个间隔 D 的平板的吸引色散力会导致每单位面积的能量:

$$v_{\mathrm{a}} = -\frac{A}{12\pi D^2}, \tag{7.17}$$

其中 A 为 Hamaker 系数. 对于短程排斥 (加盐) 情形, 两板之间的屏蔽库仑排斥作用会导致每单位面积能量为距离 D 的函数, 具有形式

$$v_{\mathrm{r}} = \frac{\beta T n_0}{\kappa}\,\mathrm{e}^{-\kappa D}, \tag{7.18}$$

这里屏蔽长度 κ^{-1} 满足: $\kappa^2 = 8\pi n_{\mathrm{s}}\ell$, 其中 n_{s} 是体盐浓度, $\ell = e^2/(\epsilon T)$ 是 Bjerrum 长度 (见第 5 章) 而 β 是无量纲的且与 D 无关. 这个表达式来自于当盐与体库处于平衡时线性化泊松 – 玻尔兹曼方程的解. 在此极限, 两个界面通过短程排斥力相互作用, 因为在高盐浓度情形, $\kappa D \gg 1$. (在不加盐的极限, 相互作用能量是幂律, 可以更容易地超过范德瓦尔斯吸引作用.) 总势能 $V = v_{\mathrm{a}} + v_{\mathrm{r}}$ 示于图 7.3 中. 其特征是在小距离处有一个很强的极小, 一个排斥壁垒, 以及在较大距离处有一个浅的极小; 后一个极小会导致前面讨论过的 "气 – 液" 相变, 而当排斥壁垒不足以阻止粒子相互靠近时, 强的极小会导致絮凝作用.

7.5 长程静电相互作用

7.5.1 带电胶体

有关带电胶体的典型实验是处理在 1 μm 量级上带有 100 至 1 000 个带电基团的粒子. 如果只加入很少的盐 (低离子强度), 则静电排斥力强到足以使

有序结构稳定下来. 这些体系可以当做经典的固体模型. 有许多实验可以探测这些体系的晶性, 比如作为离子强度函数的熔化, 结构 (fcc-bcc) 相变, 以及剪切熔化. 我们要考虑在不加盐的极限下球形胶体粒子的相互作用, 因为在这个状态能观察到长程相互作用的最富戏剧性的效应. 在此情形中, 由于长程排斥力, 当胶体粒子的体积分数很小时, 胶体晶体是稳定的. 对于加入大量盐 (与异号离子密度比较) 情形, 体系通过屏蔽库仑力发生相互作用, 如前面描述的那样.

7.5.2 异号离子电荷密度

为了分析带电球周期性阵列的静电相互作用, 我们应该在体系的单位原胞内解出泊松 – 玻尔兹曼方程, 它反映了周期性. 在此 "维格纳 – 塞茨" 原胞的边界上没有电场, 因为由于对称性, 在原胞围住的体积中, 异号离子电荷密度与固定电荷处于平衡. 关于这个方法有两个困难: (1) 一个典型胶体晶体的 "维格纳 – 塞茨" 原胞的形状很复杂; 以及 (2) 即使对于一个球形 "维格纳 – 塞茨" 原胞, 在无盐极限下泊松 – 玻尔兹曼方程关于球对称情形也没有解析解. 在粒子间距很大的极限下 (在稀疏晶体中有意义), 近平直界面的近似失效.

然而, 利用关于电荷密度的自由能变分解可以理解许多物理[6–7]. 基于第 5 章中讨论过的平直带电层阵列的结果, 我们假定大部分电荷局域在非常靠近位于固定电荷附近的球形表面区域, 而其余 (总电荷中的一小部分) 均匀地分布在空间中. 由一维解 (对于接近球表面的距离是正确的) 可知, 大部分电荷被局域化的特征距离是 $\lambda = 1/(\pi\sigma_0\ell)$ (见第 5 章), 其中 σ_0 为电荷密度, 而 $\ell = e^2/(\epsilon T)$. 我们假定粒子半径 $a \gg \lambda$. 如图 7.4 所示, 我们在每个半径为 R 的球形维格纳 – 塞茨原胞内取可变的电荷分布为: 电荷 $(Z - Z^*)$ 均匀分布在内部区域 $a < r < a + \lambda$, 而一个附加电荷 Z^* 则均匀分布在整个区域 $a < r < R$. 于是, 对于内部区域 $a < r < a + \lambda$, 我们写出:

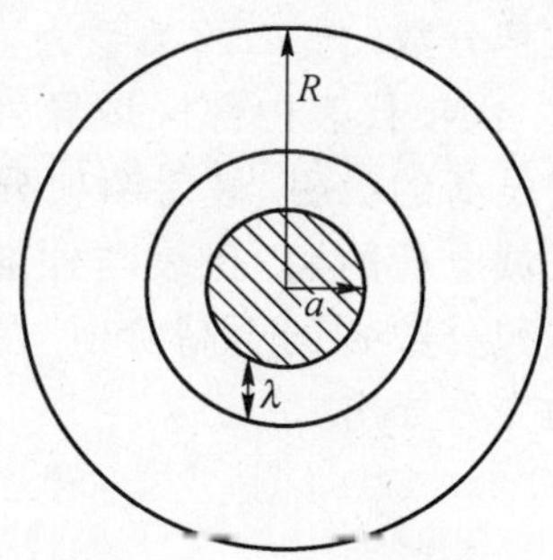

图 7.4 关于球形构形的变分近似中所用到的电荷分布几何构形.

$$n_i(r) = \frac{(Z - Z^*)}{V_i} + \frac{Z^*}{V}, \tag{7.19}$$

其体积为

$$V_i = \frac{4\pi}{3}\left[(a + \lambda)^3 - a^3\right]. \tag{7.20}$$

外部体积为

$$V = \frac{4\pi}{3}\left[R^3 - a^3\right]. \tag{7.21}$$

在外部区域 $(a+\lambda) < r < R$, 电荷密度写成:

$$n_0(r) = \frac{Z^*}{V}. \tag{7.22}$$

变分参数为有效[6]自由电荷 Z^*; 在更精致的处理中, 距离 λ 也可以变化, 故密度均匀的假设可以放松一些.

7.5.3 自由能变分

我们考虑小球的稀疏悬浮体系的极限, 即 $R \gg a$. 此外, 我们考虑高电荷密度极限, $\lambda \ll a$. 利用关于电荷密度的变分假设[7], 在这些极限下每个电荷的平均自由能 F/Z (见第 5 章) 可以写成

$$\begin{aligned} f = f_0 &+ T\alpha\left[(1-\beta)^2 - 2(1-\beta)\right] + T\beta\log[\phi\beta] \\ &+ T(1-\beta)\log\left[\frac{(1-\beta)a}{3\lambda}\right]. \end{aligned} \tag{7.23}$$

在方程 (7.23) 中, $\alpha = 2\pi\sigma_0\ell a$. 这里变分参数为 $\beta = Z^*/Z$, 假定其是小量; ϕ 是体积分数, 与 R 的关系为 $\phi = (a/R)^3$. 方程 (7.23) 中的首项是与 β 无关的常数. 次项代表内部区域异号离子的库仑排斥, 而正比于 $(1-\beta)$ 的项是其对固定电荷的吸引. 最后两项分别是外部区域 "自由"(非束缚) 电荷的熵以及内部区域电荷的熵. 代表与外部区域非束缚电荷相联系的库仑能量项会给出关于体积分数 ϕ 的更高阶项, 在 $R \gg a$ 的极限可以忽略. 自由能对 $\beta = Z^*/Z \ll 1$ 的变分导出

$$\beta = \frac{Z^*}{Z} \approx -\left(\frac{1}{2\alpha}\right)\log\left[\frac{3\lambda\phi\beta}{a}\right]. \tag{7.24}$$

退定域或自由电荷分数近似为一个常量, 当小球的体积分数减少时, 其以对数增加. 当 ϕ 较小时异号离子的熵变得更重要, 故发生此现象, 并因此使自由电荷稳定下来. 自由或非束缚的电荷分数远大于一维情形, 在那里熵受到更多的限制, 再做变分计算或者精确结果 (方程 (5.72)) 都表明 β 随着 ϕ 线性减少: $\beta = (Z^*/Z) = 1/(\ell\sigma_0 D) \sim \phi$. 关于电荷重正化行为的这个定性差别来源于小球情形中的熵增加. 如同第 5 章中讨论过的, 两个平表面之间的力与位于 $z=0$ 处对称边界上的电荷密度具有简单的联系:

$$\Pi_{zz} = Tn(0).$$

对于小球的阵列, 此关系不是精确成立的. 然而具有启发性的是, 我们可能会预期, 对于稀疏的排列, 两球之间的单位面积上力可以与 $Tn(\boldsymbol{r}_{\mathrm{b}})$ 联系起

来, 其中 $\boldsymbol{r}_{\mathrm{b}}$ 代表维格纳 – 塞茨原胞的边界. 由于在边界上电场为零, 因此仅剩下异号离子的渗透压, 故而导致压强的这个简单形式. 由前面的讨论可得, $n(R) \sim Z^*/R^3 \sim \beta Z\phi/a^3$, 仍然足以使晶体稳定, 即使有效电荷与 Z 相比是小的.

7.6 空间相互作用: 聚合物吸附

7.6.1 空间排斥相互作用

除了胶体的静电稳定性以外, 被吸附之聚合物或表面活性剂的空间排斥作用是防止胶体粒子聚集的另一种方法. 虽然此类溶质的平衡溶液与表面的相互作用通常会导致这些壁之间的有效吸引相互作用 (见第 5 章), 但非平衡体系可以表现出排斥相互作用. 这是因为在平衡情形, 有一个溶液库与两壁之间的溶液处于平衡, 当两壁间的距离变化时, 溶质浓度可以调节. 如果两壁间距变得比溶质的关联长度 (或者分子尺寸, 回旋半径) 小, 在近壁区域或壁上可能会有溶质的排空作用; 溶质就逃逸到库中. 然而, 当这些分子以强化学键吸附到壁上 (脱附的时间尺度远大于观察的时间尺度), 溶质分子不可能从近壁区域逃逸, 两壁间的有效相互作用可能是排斥的. 此效应会发生在以下两种情形之任一个中: (i) 组成聚合物分子的所有单体都被吸引在壁上 (聚合物吸附)[8], 或者 (ii) 聚合物一端经过化学方式的修改, 故被强烈地吸引到壁上 (接枝的聚合物链). 在吸附情形中, 即使每个单体被吸引到壁上的能量分别都是小的, 但是因为所有单体都被吸引到壁上, 所以每个聚合物链的束缚能可以是 $k_{\mathrm{B}}T$ 的许多倍. 在接枝链的情形中, 通常在链端单体与壁之间存在强化学作用以保持接枝状态. 接下来我们处理接枝情形; 而吸附情形在参考文献 [8], [9] 中讨论.

在链接枝到表面上的情形中, 两个被如此处理过的表面之间的排斥力与密度变化有关, 也与把聚合物层压缩到每个胶体粒子上引起的聚合物伸展变化有关. 为简单起见, 我们考虑粘在平表面上固定位置处的长链聚合物 (所谓的接枝聚合物刷子), 并通过计算把这些刷子压缩到一个小于其平衡高度之处所需的能量, 来估计这些刷子间的排斥作用. 由于存在一个近邻胶体粒子就会出现此压缩, 它可以被看成固体势垒; 来自于两个相邻表面的聚合物交错接合可以忽略.

和以前一样, 我们考虑被接枝聚合物层覆盖的两块平板间相互作用. 一旦两个平表面间的相互作用为已知, 就可以用 Derejaguin 近似和位力展开来确定球形胶体悬浮体系的稳定性, 如前面描述的那样.

7.6.2 聚合物刷子

关于聚合物刷子 (见图 7.5) 的物理已经在几种近似中讨论过了. 在最简

单的方法中, 假定所有的聚合物[10]终止于同一个表面 $z = h^*$, 而一种更准确的描述则把末端在从接枝表面到刷子顶端之间区域内的分布以自洽方式考虑进来[11]. 为简单起见, 我们考虑居间方法[12], 其中找到一个聚合物末端的概率正比于密度 $c(z)$. 我们考虑在**良溶剂**中的聚合物, 由表示单体 – 单体相互作用特征的正的第二位力系数确定 (此项在自由能中正比于 c^2). **不良溶剂**由负的第二位力系数表示, 它倾向于引起链的坍缩 (即, 偏向于取局域大值 c). 此效应由更高阶的正位力系数稳定下来. **θ 溶剂**的特征由二阶位力系数趋于零来表示.

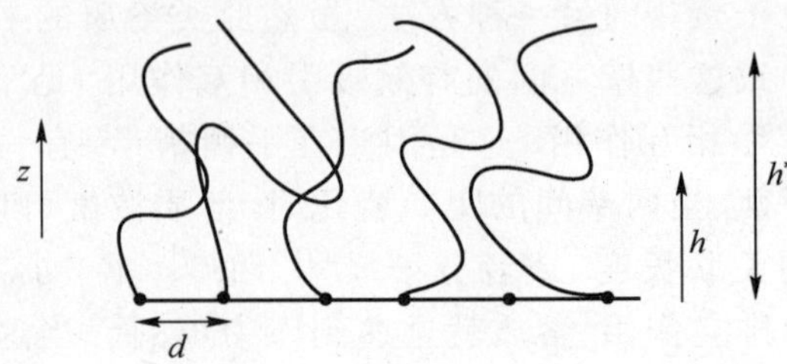

图 7.5 接枝到一个表面上的聚合物, 其平均间距为 d, 高度为 h^*.

因此, 对于良溶剂, 描述聚合物层的自由能包括来自于两个聚合物片段之间体斥相互作用的贡献; 正比于片段密度 $c(z)$, 来源于位力展开的每单位体积相互作用强度 $Tv > 0$, 而 v 是一个片段的排斥体积. 把聚合物伸展到高度 z 的能量就是 $\frac{1}{2}kz^2$ 乘以在高度 z 处找到一个末端的概率 $P(z)$. 以 T 为单位, "弹簧常量" $k \approx 1/(Na^2)$, 其中 Na 是一条完全伸展的聚合物链长度. 伸展自由能的此形式来源于伸展链的熵减少; 一条进行无规行走的链其端至端的长度 $R_{\rm G}$ 以 $R_G \sim N^{1/2}$ 变化, 而在良溶剂中, $R_{\rm G} \sim N^{3/5}$. 另一方面, 在刷子中, $R_{\rm G}$ 随着 N 以线性变化. 关于这些项的更严格讨论见参考文献 [10], [11].

7.6.3 刷子密度

于是, 刷子每单位面积的自由能 γ 写成:

$$\gamma = T\int_0^h \mathrm{d}z \left[\frac{1}{2}vc(z)^2 + \frac{1}{2}kz^2P(z)\right]. \tag{7.25}$$

关于端点概率的一个粗糙近似是取 $P(z) = c(z)/N$; 即, 假定端点在 $0 < z < h$ 的区域内均匀分布. 已经证明这在刷子外部附近是合理的, 但在表面附近并非一个好的近似. 然而, 由于被聚合物覆盖的表面间相互作用对于其外侧聚合物层最敏感, 此近似仍是有用的. 而且, 伸展能量以 z^2 标度, 故靠近刷子外部的贡献占了最大权重, 这种情况下取近似 $P(z) = c(z)/N$ 就更合理了. 在每个链

含有 N 单体的限制下对自由能求极小, 我们考虑 $\partial g/\partial c(z)=0$, 其中

$$g=\gamma-\mu\int_0^h \mathrm{d}zc(z). \tag{7.26}$$

拉格朗日乘子 μ 由 $d^2\int c(z)\,\mathrm{d}z=N$ 来确定, 而 d^2 是表面上每个链的面积. 我们得到

$$c(z)=\frac{1}{v}\left[\mu-\frac{1}{2}\left(\frac{z}{Na}\right)^2\right], \tag{7.27}$$

其中 $\mu=[(3/2\sqrt{2})(v/d^2a)]^{2/3}$, 而刷子平衡高度 h^* 由 γ 对 h 求极小来确定, 可以导出

$$h^*=Na[3v/d^2a]^{1/3}. \tag{7.28}$$

与其在溶液中的长度 (那里它们的尺寸小得多, 以 $N^{3/5}$ 标度) 相比, 聚合物强烈地伸展开 ($h^*\sim N$), 虽然当 $d^2a\gg v$ (即, 每个链的面积很大) 时, 链并非完全伸展开的 (即, 尽管有 $h\sim Na$, 但 h 也可以远小于 Na, 如同在 $d^2a\gg v$ 的极限下方程 (7.28) 所指示的那样).

假定一个表面向另一个表面推进, 其高度从平衡值 h^* 变为 h, 则可以估计出两个被聚合物覆盖的此类表面间的排斥力. 对于小的压缩, 自由能变化以分子量 N 与压缩分数的幂次来标度; 对于大 N, 此排斥能可以超过由于范德瓦尔斯作用产生的吸引, 从而使胶体悬浮体系稳定. 对于这里描述的简化模型, 每条链的自由能改变 Δf 是 $\varDelta=(h^*-h)/h^*$ 的函数, 以

$$\Delta f\sim TN\left(\frac{v}{d^2a}\right)^{2/3}\varDelta^2 \tag{7.29}$$

来标度. 关于端点分布的更准确讨论[11] 会给出相似的结果, 除了有一点不同, 即自由能变化正比于 $\varDelta^3$, 意味着一个 "更软" 的势.

7.7 胶体聚集体的结构

7.7.1 紧致与纤细的簇

虽然胶体悬浮体系中的静电与空间排斥作用有时可以阻止由胶体粒子间短程范德瓦尔斯吸引作用所导致的聚集, 但情况并非总是这样. 例如, 静电性稳定的胶体可以通过加入盐而解稳, 因为它能屏蔽排斥力并促进絮凝过程. 类似地, 太短的聚合物链可能不足以产生空间稳定性. 因此, 考虑在粒子间存在强的短程吸引作用极限下由胶体聚集形成的结构类型是有意义的. 我们要考虑聚集体的两种类型, 如图 7.6 所示: (i) 当体系能够动态地达到平衡时, 形成紧致的聚集体; (ii) 当簇的形状由动理学确定时, 形成纤细, 或分形的[2,3,13] 聚集体. 紧致聚集体的特征由以下事实表示: 每个粒子有大量的最近邻 (如,

对于简单立方堆积为 6 个, 对于面心立方堆积为 12 个). 它们是具有强吸引相互作用体系中的最低自由能态. 纤细或分形聚集体的特征由以下事实表示: 每个粒子仅具有少数最近邻 (如 2 个), 并且在本质上为 "弦形的" 局域结构. 更加量化地看, 分形结构由标度不变性表征, 这意味着在尺度为 R 的区域内粒子数 $N(R)$ 以幂律关系标度: $N(R) \sim R^{d_{\mathrm{f}}}$, 其中 d_{f} 称为分形维数, $d_{\mathrm{f}} < d$, 这里 d 为空间维数. 当然, 紧致结构会导致 $N(R) \sim R^d$, 故区域内的粒子数密度 $n \sim N/R^d$ 为常数; 分形的特征是: 在尺度为 R 的区域内粒子数密度以 $1/R^{d-d_{\mathrm{f}}}$ 减小. 如果存在一个特征长度尺度 (除了单个胶体粒子尺寸之外), 则此尺度会出现在 $N(R)$ 随 R 变化的关系式中, 而简单的幂律标度就失效了.

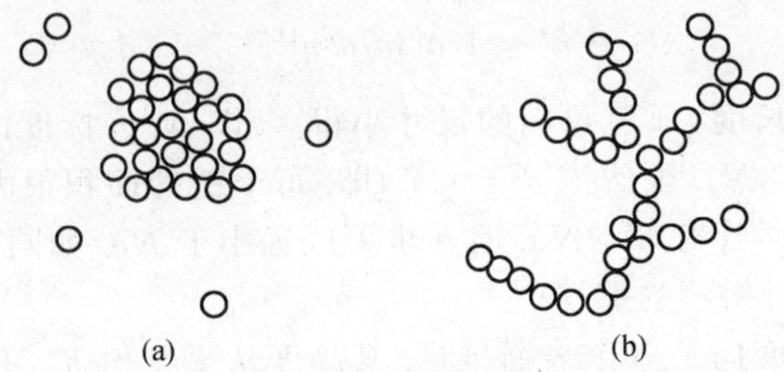

图 7.6 (a) 与稀薄的胶体悬浮液处于平衡的紧致聚集体. 随着时间推演, 聚集体会生长, 而在平衡时, 低密度与高密度相之间有一个宏观相分离. (b) 一个分形聚集体的示意图.

7.7.2 聚集动理学

首先考虑具有吸引相互作用的胶体悬浮体系, 在某个临界温度 T_{c} 之上体系以单相存在, 而在 $T < T_{\mathrm{c}}$ 的温度会相分离为两个共存相 —— 一个为胶体粒子密度较高的相, 另一个为胶体粒子密度较低的相. 如果我们先准备一个 $T > T_{\mathrm{c}}$ 的均匀单相体系, 然后迅速降温至 $T \ll T_{\mathrm{c}}$ 处, 则粒子就开始聚集, 形成高密度区域并随时间生长. 这些聚集体包括了胶体粒子簇. 如果关于两个粒子黏附与分开的时间尺度小于实验的时间尺度, 则这些簇就类似于平衡高密度相, 并包含具有很高粒子密度的紧致区域. 这些簇在平衡时为紧致的原因是, 在 $T \ll T_{\mathrm{c}}$ 的温度, 簇的熵与吸引作用相比可以忽略, 当每个粒子与大量近邻发生相互作用, 此作用会达到极大. 体系类似于经历液 – 气相分离, 而高密度簇类似于液态 "小液滴", 当体系朝着液 – 气两相平衡态演化时在气体中成核.

然而, 当吸引相互作用比 $k_{\mathrm{B}}T$ 强得多, 把两个粒子分开的时间尺度为黏附能量的指数函数, 这个时间尺度可能太长了. 在此情形中, 那些簇不会取其平衡紧致形状, 因为构成这些聚集体的粒子是静止的, 不能移动位置来产生最低自由能的紧致簇. 任何时候当这些粒子碰上, 它们都会有效地 "黏附". 由此导致的聚集体结构通过其弦状外观反映出这一点, 它是由随机黏附过程产生的, 也源于以下事实: 粒子最可能在簇的边缘找到其他粒子. 这就导致不太可能发生向簇内的穿透, 因此这些簇不会达到其平衡紧致形状. 实验和计算机模拟两者都显示出[2-3] 这些聚集体在本质上是分形的. 分形维数的精确值 d_{f} 依赖于聚集体的动理学. 如果簇是由那些首次碰撞就会立刻、不可逆地相互黏附的粒子所构成, 则簇的生长速度仅受到簇扩散的限制. 这称为扩散置限聚集 (DLA), 而 $d_{\mathrm{f}} \approx 1.8$. 另一类聚集体称为反应置限聚集 (RLA), 在那里粒子仍然会发生不可逆的黏附. 然而, 在此情形中, 有一个动理学势垒把无相互作用态与强吸引态 (假设 $\gg k_{\mathrm{B}}T$) 分开; 因此速度限制的步骤就是 "反应"—— 即, 由于存在此势垒, 两个粒子可以互相靠近, 但并不会粘结在一起. 在此情形中分形指数更大, 这是不足为奇的; 当粒子相互接近时, 它们并非总是吸引的, 所以它们有更多的机会 "填充" 进聚集体, 比通过 DLA 方式所形成的更紧致.

7.8 问题

7.8.1 带电胶体颗粒之间的力

请解释: 为什么带电胶体粒子周期性阵列内部的力与维格纳 - 塞茨原胞边界处的电荷密度仅为近似相关 —— 即, 证明第 5 章中关于带电平板关系式的推导在小球阵列中是如何失效的. 它何时会成为一个特别好的或差的近似?

7.8.2 杆的电荷重正化

对于厚度 a、每单位长度带电荷 λ_0 的刚性直杆的周期性阵列, 其电势与电荷密度作为径向极坐标 r 的函数是什么? 为了简化数学, 考虑处于其 "维格纳 - 塞茨" 原胞中的单个杆, 近似为半径 D 的圆柱, D 与杆的平均间距有关. [提示: 为了解出微分方程, 利用变换 $v = -\ell V + \log r^2$ 和 $u = \log r$, 并把微分方程用 $\mathrm{d}v/\mathrm{d}u$ 与 v 的函数表示出来, 然后就能够求解了.] 尽可能解析地解出此问题; 至少要讨论其极限情形. 在 $D \gg a$ 的极限, 讨论杆上有效电荷对 D 的依赖关系, 此有效电荷是从距离杆很远的电荷看到的 —— 即, 作为 D 的函数的电荷重正化 (函数 Z^*/Z), 并与正文中讨论过的平面情形比较. 此模型曾被用于描述聚合电解质链.

7.8.3 分形聚集体

由 $N(R) \sim R^{d_{\mathrm{f}}}$ 表征的聚集体的密度是什么? 其中 $N(R)$ 为尺寸 R 的区域内粒子数. 此聚集体的实空间密度 - 密度关联函数 $c(\boldsymbol{r})$ (如果在 $\boldsymbol{r} = 0$ 处有一个粒子, 则在位置 $\boldsymbol{r}$ 处存在另一个粒子的概率) 是什么? 由此导致的散射结构因子 (正比于密度 - 密度关联函数的傅里叶变换式) 对于波长的依赖关系是什么?

在参考文献 [14] 中曾建议, 具有有限范围 L 的分形可以用实空间关联函数

$$c(\boldsymbol{r}) = \delta(\boldsymbol{r}) + A\, r^{-\alpha}\, \mathrm{e}^{-r/L} \tag{7.30}$$

唯象地描述. 其中第一项来源于粒子的自关联. 讨论第二项的来由, 把 α 与 d_{f} (分形维数) 和 d (空间维数) 联系起来. 由此物体散射的结构因子是什么, 并讨论其在小波长、中等波长及长波长极限情形的表示.

7.8.4 θ 溶剂中的聚合物刷子

一个 θ 溶剂, 就是第二位力系数 (方程 (7.25) 中的系数 v) —— 其平衡了硬核排斥与聚合物 - 聚合物吸引 —— 为零. 对于许多溶剂, 这只发生在温度的一个特定值处. (当第二位力系数变为负, 溶液就不稳定而发生相分离, 最终, 各链都分别坍缩为一团紧致物体.) 因此 θ 溶剂中的刷子每单位面积自由能不包括浓度的任何二次项, 可写成:

$$\gamma = T \int_0^h \mathrm{d}z \left[\frac{1}{3} v_3 c(z)^3 + \frac{1}{2} k z^2 P(z)\right], \tag{7.31}$$

其中第三位力系数 v_3 为正.

找出 θ 溶剂中聚合物刷子的特性 —— 即, 浓度分布和自由能. 它们与那些处于第二位力系数为正的良溶剂中的刷子有何区别?

7.9 参考文献

1. See Refs. 9, 10 of Chapter 1 and R. J. Hunter, *Foundations of Colloid Science* (Oxford University Press, Oxford, 1986).
2. T. A. Witten and L. M. Sander, *Phys. Rev. Lett.* **47**, 1400 (1981).
3. D. A. Weitz, M. Y. Lin, and J. S. Huang, in *Complex and Supramolecular Fluids*, eds. S. A. Safran and N. A. Clark (Wiley, New York, 1987), p. 509.
4. C. G. de Kruif, J. W. Jansen, and A. Vrij, in *Physics of Complex and Supermolecular Fluids*, eds. S. A. Safran and N. A. Clark (Wiley, New York, 1987), p. 315.
5. J. P. Hansen and I. R. McDonald, *Theory of Simple Liquids* (Academic Press, New York, 1990), p. 95.
6. S. Alexander, P. M. Chaikin, P. Grant, G. J. Morales, P. Pincus, and D. Hone, *J. Chem. Phys.* **80**, 5776 (1984).
7. S. A. Safran, P. A. Pincus, M. E. Cates, and F. C. MacKintosh, *J. Phys.* (*France*) **51**, 503 (1990).

8. See the review by P. Pincus, in *Lectures on Thermodynamics and Statistical Mechanics, XVII, Winter Meeting on Statistical Physics*, eds. A. E. Gonzalez and C. Varea (World Publishing, Singapore, 1988).

9. P. G. de Gennes, *Macromolecules* **15**, 492 (1982).

10. S. Alexander, *J. Phys.* (*France*) **38**, 983 (1977).

11. S. T. Milner, T. Witten, and M. Cates, *Macromolecules* **21**, 2610 (1988); A. M. Skvortsov *et al.* Vysokomol. Soedin. Ser. A30, 1615 (1988).

12. P. Pincus in *Phase Transitions in Soft Condensed Matter*, eds. T. Riste and D. Sherrington (Plenum, New York, 1989).

13. B. B. Mandelbrot, *The Fractal Geometry of Nature* (Freeman, San Francisco, 1982).

14. S. K. Sinha, T. Freltoft, and J. Kjems, in *Kinetic Aggregation and Gelation*, eds. F. Family and D. P. Landau (Elsevier, Amsterdam, 1984), p. 87.

第 8 章

自组装界面

胶团, 囊泡, 微乳液

8.1 引言

有关诸如胶团, 囊泡, 微乳液的自组装悬浮体系的分析比关于刚性胶体粒子悬浮体系的研究更复杂. 自组装悬浮液通常由两亲分子在溶液中的聚集体形成, 其尺寸和形状可随体系物理性质如浓度和温度的变化而改变. 因此, 浓度的变化不仅会改变溶液中聚集体的数目 (就像在刚性粒子胶体系统中那样), 而且会改变其尺寸和形状. 在溶液中自组装聚集体或膜之间相互作用的能量标度常常可以与确定单个聚集体结构的能量标度相比拟. 这将导致材料具有种类丰富的结构与相, 从而可用于诸如悬浮液、清洁以及微囊化等很多应用中. 最近, 研究人员把那些用于探测固体、液晶与聚合物中相变的概念和实验方法应用到自组装表面活性剂悬浮体系中, 使得此领域的活力剧增[1]. 本章中, 我们聚焦于这些体系的自组装, 以及有关这些聚集体尺寸和形状的问题. 我们首先考虑胶团、囊泡与微乳液的稀溶液, 其中聚集体之间的相互作用可以忽略. 最后以一个关于随机微乳液及其相关的海绵状相的简短讨论作为结尾, 其中考虑了两亲薄膜间的体斥相互作用. 而关于更复杂相互作用与聚集体形状的交互作用则是目前在研的一个问题[1].

8.2 胶团

8.2.1 自组装

当两亲分子分散到单一溶剂如水中, 则碳氢链的疏水作用会驱使分子自组装成以下结构: 由于疏水尾部与极性溶剂间的不利 (排斥) 相互作用, 这些尾部被亲水的极性头部基团所挡住. 这些结构具有的典型特征尺寸可能远大

于单分子大小 (见图 8.1). 这些结构不是由共价键连结的, 而是被较弱的疏水作用稳定下来; 其尺寸和形状可以作为温度、盐度和/或表面活性剂浓度的函数而变化. 当表面活性剂界面的自发曲率 (见第 6 章中关于弯曲弹性的讨论) 为两亲分子尺寸的量级时, 倾向于形成胶团聚集体. 对于很小的自发曲率, 平直双层或者也可能是囊泡会比胶团更稳定. 对于非常稀薄的体系, 双层不一定以一维薄片状按序堆积起来, 而更倾向于形成海绵状的无规双连续结构.

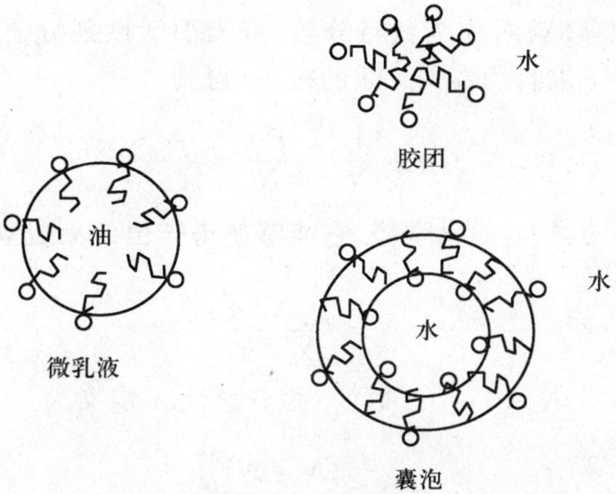

图 8.1　胶团 —— 在单一溶剂中的表面活性剂聚集体; 微乳液 —— 被表面活性剂单层所包围的水在油中 (或油在水中) 的区域; 以及囊泡 —— 被表面活性剂双层所包围的水在水中 (或油在油中) 的区域.

8.2.2　胶团

在考虑诸如薄片、囊泡与微乳液等可以用弯曲自由能很好描述的大尺度结构之前, 我们聚焦于胶团 —— 表面活性剂在单一溶剂中的悬浮液, 其中聚集体的至少一个维度 (例如圆柱半径, 盘的厚度) 可与分子尺寸相比拟. 我们考虑每个胶团具有 N 个表面活性剂分子的聚集体体系 (N 为聚集体数目). 一般地, 聚集数目为 N 的聚集体能量记为 $E_N = TN\epsilon_N$, 故 ϵ_N 是以 k_BT 为单位的每个表面活性剂分子能量. 疏水作用有利于聚集, 所以我们考虑在 $N = 1$ 附近 ϵ_N 为 N 的单调递减函数情形; 它可能在 $N > 1$ 的某个较大值处有极小点. 考虑稀薄极限下的聚集体系综 (即, 总的表面活性剂体积分数 $\phi_s \ll 1$), 我们考虑每个 (水和表面活性剂) 分子的自由能. (如果水和表面活性剂分子具有相同的分子体积, 这正比于每单位体积的自由能.) 此自由能记为 f, 是各个 "种类" 的能量与理想气体熵之总和 (具有不同 N 的聚集体是可分辨的):

$$f = \sum_N \frac{P_N}{N}\left[T\left(\log\frac{P_N}{N} - 1\right) + E_N\right]. \tag{8.1}$$

这里 P_N 是聚集数为 N 的胶团中所包含的表面活性剂分子分数 (即, 表面活性剂/ (表面活性剂＋水)). 因此尺寸为 N 的聚集体体积分数正比于 P_N/N. 为了简单起见, 我们考虑表面活性剂和溶剂分子体积相同的情形, 故体系中表面活性剂分子的分数 $\sum_N P_N$ 也可以写成

$$\sum_N P_N = \phi_{\mathrm{s}}. \tag{8.2}$$

或者, 我们可以把 ϕ_{s} 就看作为数目分数 (或表面活性剂分子的摩尔分数). 在方程 (8.2) 的限制下求自由能对 P_N 的极小, 得到

$$\epsilon_N + \frac{1}{N}\log\frac{P_N}{N} = \mu, \tag{8.3}$$

其中 μ 是以 $k_{\mathrm{B}}T$ 为单位 的化学势, 它能够使得守恒约束成立. 胶团的平均尺寸 $\bar{N}$ 由

$$\bar{N} = \frac{\sum NP_N}{\sum P_N} \tag{8.4}$$

给出, 其中求和是对 $N = 1\cdots\infty$ 取的. 多分散性 σ 定义为

$$\sigma^2 = \frac{\left\langle\left(N-\bar{N}\right)^2\right\rangle}{\bar{N}^2} \tag{8.5}$$

其中

$$\langle N^2\rangle = \frac{\sum N^2P_N}{\sum P_N}. \tag{8.6}$$

8.2.3 临界胶团/聚集体浓度

注意到 ϵ_N 和化学势两者都是无量纲的, 方程 (8.3) 说明在一个聚集数为 N 的胶团中两亲分子分数可以写成

$$P_N = N\,\mathrm{e}^{N(\mu-\epsilon_N)}. \tag{8.7}$$

当 $\mu < \min\{\epsilon_N\}$ (对应于小的 ϕ_{s} 值) 时, 对于大 N 值, P_N 是指数小量. 最概然聚集体是尺寸 $N=1$ 的单体. 然而, 由于守恒条件的约束, 当 μ 增大时, 这些单体数目不能无限地增加. 当差值 $\mu-\epsilon_N$ 变小, 更有可能出现较大的聚集体. 这是因为有利于小聚集体的混合熵变得不太重要. 临界胶团浓度 (CMC) (或临界体积分数 ϕ_{c}) 由条件

$$\phi_{\mathrm{c}} - P_1 = P_1 \tag{8.8}$$

定义 (多少有些任意), 即, $N>1$ 的胶团中两亲分子分数等于单体中两亲分子的分数. 对大于 ϕ_{c} 的 ϕ_{s} 值, 单体数目保持为近似常数, 而聚集体的数目增大. 此过程的细节与能量 ϵ_N 对聚集体数目的依赖关系有关.

类似的考虑可以应用于诸如微乳液、薄片及囊泡等其他聚集体的自组装. 当表面活性剂体积分数很小时, 找到这些聚集体的概率也小; 大部分表面活性剂被纳入到小物体里 (比如孤立表面活性剂分子或小胶团). 在临界聚集体浓度 (CAC) 之上, 找到大聚集体的概率为 1 的量级; 当表面活性剂数量增加时, 小物体的体积分数保持不变, 而大聚集体的数目 (例如, 薄片、囊泡及微乳液的畴数目) 增加. 第 6 章中所讨论的近似仅考虑大尺度聚集体的局域界面能, 故对于这种较高浓度状态是合适的, 其中的小物体可以忽略.

8.2.4 球形胶团

一个简单例子是, 疏水相互作用使得 $\epsilon_N < \epsilon_1$ 对所有 $N > 1$ 都成立, 但关于链和头部基团的堆积约束会导致能量在 $N = M$ 的一个有限值处取极小 (即, 对于 $N \neq M$, 有 $\epsilon_M < \epsilon_N$). (下面讨论一个弯曲能模型; 此模型同样可用于对薄片尺寸和形状的研究, 但并不需进行详细计算.) 如果此极小很深 (即, 与 $k_{\rm B}T$ 相比, ϵ_N 在 $N = M$ 附近急剧上升), 胶团分布将是近似于单分散的. 在此近似中, 我们可以仅考虑单体与聚集体数目为 M 的胶团. 在 $\phi_{\rm s}$ 取较小值时 (或等价地, 在 μ 取较小值时), $P_1 \gg P_M$ $(M > 1)$; 几乎所有表面活性剂都以单体存在, 而胶团数目为指数小量. 在平衡时所有两亲分子具有相同化学势的要求, 方程 (8.2) 以及 CMC 的定义 (其中 $P_1 = P_{1_{\rm c}}$, $P_M = P_{M_{\rm c}}$, $\mu = \mu_{\rm c}$, $\phi = \phi_{\rm c}$), 以上这些使我们能够计算出在 CMC 处的胶团与单体数目, 于是我们得到

$$P_{1_{\rm c}} = {\rm e}^{\mu_{\rm c} - \epsilon_1} = \frac{1}{2}\phi_{\rm c}, \tag{8.9}$$

类似地,

$$P_{M_{\rm c}} = M\,{\rm e}^{M(\mu_{\rm c} - \epsilon_M)} = \frac{1}{2}\phi_{\rm c}. \tag{8.10}$$

从这些方程中消去化学势, 就给出关于 CMC 的表达式:

$$\phi_{\rm c} = 2\,(M)^{1/(1-M)}\left[{\rm e}^{\epsilon_1 - \epsilon_M}\right]^{M/(1-M)} \sim {\rm e}^{\epsilon_M - \epsilon_1}. \tag{8.11}$$

因此, 如果首选的堆积有利于 $M \gg 1$ 的一个值, 则 CMC 本质上由单体中每个两亲分子与聚集体中每个两亲分子的能量之差确定. 具有强疏水性的体系呈现出很小的 CMC 值, 典型的体积分数为 $10^{-8} - 10^{-4}$. 对于 $\phi_{\rm s} > \phi_{\rm c}$ 的值 (或等价地, $\mu > \mu_{\rm c}$ 的值), 胶团数目随着 $\phi_{\rm s}$ 增大而增加, 而单体数目保持为近似不变, 如图 8.2 中所示.

8.2.5 圆柱形胶团

如果说有利于球形聚集体的分子受到几何堆积的限制, 而组装成对应于 $N \approx M$ 的一个固定值的胶团 (对于 $N \approx M$, 堆积约束迫使 ϵ_N 具有一个很深的极小), 那么有利于圆柱形聚集体的两亲分子则具有很宽的尺寸分布. 这是

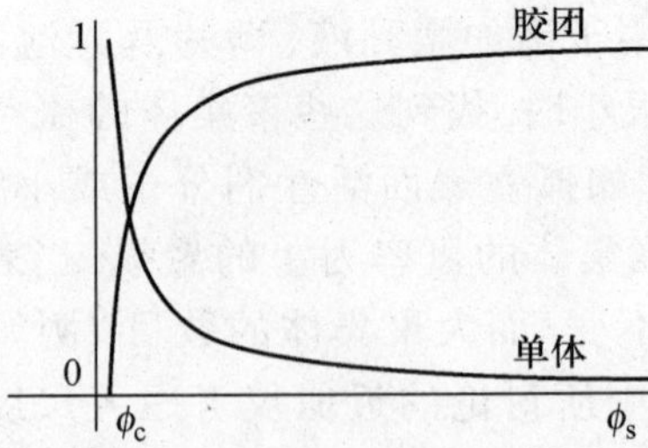

图 8.2 对于 $N \neq M$ 时仅有一个首选尺寸 $\epsilon_M \ll \epsilon_N$ 的模型, 在单体中的表面活性剂分数 (P_1/ϕ_s) 与在胶团中的表面活性剂分数 (P_M/ϕ_s). 临界胶束浓度记为 ϕ_c, 而表面活性剂体积分数是 ϕ_s.

因为能量仅依赖于诸如圆柱形端帽的端点效应; 在圆柱形内部的每个两亲分子平均能量与 N 无关. 在一个关于圆柱形胶团的简单模型中, 我们考虑每个两亲分子能量具有形式:

$$\epsilon_N = \epsilon_\infty + \alpha/N, \tag{8.12}$$

其中 α 为以 k_BT 为单位的每个表面活性剂分子的末端能量. 我们考虑在能量上有利于形成圆柱的情形, 故 $\alpha > 0$ 代表了端帽中材料的额外能量. 假设此形式对于所有 N 都成立, 我们消去有利于量 P_1 的化学势 (见方程 (8.7)) 而得到

$$\phi_s = \sum_N P_N = \sum_N N\left(P_1 e^\alpha\right)^N e^{-\alpha}. \tag{8.13}$$

利用关系式:

$$\sum_N N x^N = \frac{x}{(1-x)^2}, \tag{8.14}$$

可以得到

$$P_1 = \frac{(1+2\phi_s e^\alpha) - \sqrt{1+4\phi_s e^\alpha}}{2\phi_s e^{2\alpha}}. \tag{8.15}$$

在较低体积分数情形, $\phi_s e^\alpha \ll 1$, 几乎所有的表面活性剂分子都以单体存在, $P_1 \approx \phi_s$. 因此, CMC 由 $\phi_c \approx e^{-\alpha}$ 确定. 当浓度远大于 ϕ_c 时, 我们得到 $P_1 \approx e^{-\alpha} \approx \phi_c$, 而聚集体的分布由

$$P_N = N(1-\phi_s^{-1/2} e^{-\alpha/2})^N e^{-\alpha} \tag{8.16}$$

确定. 聚集体数目的最概然值 (其 $\partial P_N/\partial N = 0$) 确定为

$$M = \sqrt{\phi_s e^\alpha}. \tag{8.17}$$

对于大 N, 其分布近似为

$$P_N \sim N e^{-N/M}. \tag{8.18}$$

与 $N = M \pm m$ 时概率降为 0 的球形情形相反 (这里 m 典型值是量级为 1 的数), 对于 $N \leqslant M \gg 1$, 分布为多分散的, 即具有很多种类的聚集体. 这种多分散性, 以及最概然尺寸对浓度平方根的依赖关系, 都与聚集体的一维性质 (8.12) 式相联系. 如果有限尺寸修正趋于零的速度比 $1/N$ 慢得多 (比如对于圆盘, 为 $1/\sqrt{N}$), 则在 N 很大时只有很少的聚集体; 体系分成单体和无限大平直双层, 而非形成大盘的多分散分布. 当然, 如果有特别的堆积约束 (见参考文献 [2]) 以利于形成一个特殊尺寸的盘, 则分布会在此尺寸附近达到峰值, 与球形情形相似.

8.3 囊泡

8.3.1 平衡囊泡

单薄层囊泡包括表面活性剂双层, 它把内部流体 (通常是水) 区域与同一流体的连续相分开. 诸如清洁、催化与药剂输运的微型封装等工业与生物应用, 依赖于产生具有明确平均尺寸囊泡的一个简单可控方法. 此外, 囊泡也常被当做生物膜的模型来研究. 尽管囊泡常常在活的有机体内自发形成, 它们却很少形成为简单的表面活性剂 – 水体系的平衡结构. 通常, 一些非平衡方法, 诸如薄层液晶相的声处理, 对于得到囊泡的亚稳相是必需的, 此亚稳相会平衡回去形成多薄层的液晶结构. 然而, 最近有一些关于产生具有受控尺寸囊泡平衡相的普遍方法的报道[3−5]. 在简单表面活性剂以带相反电荷的头部基团, 或/和以不同链长度混合的过程中, 会自发形成囊泡. 这里, 我们将考察由单一表面活性剂组成的囊泡的稳定性. 我们会看到, 它们是熵性稳定的, 最低弯曲能态 (见第 6 章) 为一个平直薄片双层. 关于混合表面活性剂所形成囊泡的罕见稳定性的理论讨论可以在参考文献 [6] 中找到.

8.3.2 囊泡中的弯曲能与抑止

我们考虑球形囊泡的弯曲能. 作为第一近似, 我们假定在组成囊泡双层的两个单层中每分子平均面积是相同的; 因此我们只要把两个单层的弯曲能相加即可. 组成双层的两个单层间中线平面的每单位面积总弯曲能可以由方程 (6.15) 求出. 注意到对于球, 其两个曲率为 $\kappa_1 = \kappa_2 = c$, 我们写出:

$$f_{\mathrm{c}} = 2k[(c + c_0)^2 + (c' + c'_0)^2] + \bar{k}[c^2 + {c'}^2], \tag{8.19}$$

其中 c_0 和 c'_0 分别为内、外单层的自发曲率, 而 c 和 c' 分别为内、外单层的真实曲率. 我们将依惯例把囊泡的内单层曲率取为正, 而把外单层曲率取为负. 一个好的近似是 (见第 1 章中关于平行表面的讨论), $c \approx -c'$, 其中忽略了阶 $c\delta$ 的项 (δ 为单层厚度). 对于单一表面活性剂体系情形, 在小曲率极限下, 双层的化学性质相同, 因此其内、外层的自发曲率相等 ($c_0 = c'_0$). 在此情形, 方

程 (8.19) 中的曲率线性项变为零, f_c 对 c 的极小值意味着 $c=0$ —— 即, 平直双层是最低弯曲能态. 囊泡失稳变成平直双层的物理根源是在球形状态中弯曲能的抑止; 举例来说, 如果曲率的选择使得其外层具有自发曲率, 则内层受抑止, 反之亦然. 因此, 体系能够达到其弯曲能极小的唯一途径就是形成平直双层.

当然, 双层的两个层每分子面积不是精确相等的, 其曲率也不是相等而反号的; 在平衡时其面积会自动调节[7]. 这将导致一个比平直薄片双层更稳定的囊泡, 因为具有弯曲倾向的层 (如外层) 其每分子面积较小, 故比内层具有更多的分子. 然而, 此类修正仅对于自发曲率很大的体系是重要的[7], 会导致囊泡的尺寸可与分子长度相比拟. 因此, 能够证明胶团可能比囊泡或薄片都稳定得多. 接下来, 我们将考虑尺寸远大于表面活性剂分子尺寸的大囊泡自发形成过程, 故这些效应可以忽略.

8.3.3 熵稳定囊泡的稳定性边界

我们已经看到, 对于同类两亲分子构成的大囊泡, 层状相具有比囊泡更低的弯曲能. 然而, 由于囊泡为有限尺寸, 它们的混合熵远大于层状相. 作为囊泡相稳定性的一个边界, 我们考虑囊泡体斥作用可以忽略的稀薄极限. 于是我们计入平动熵, 并通过对每单位体积的总自由能 f 求极小来计算囊泡尺寸的分布, f 为

$$f = T\left(\sum_N n_N\left[\log(n_N v) - 1\right] + n_N k_t + n_N N\mu\right). \tag{8.20a}$$

其中, v 是截止体积, n_N 是聚集数 N ($N \sim c^{-2}$) 的每单位体积囊泡数, $k_t = 8\pi(2k+\bar{k})/T$ 是以 $k_{\mathrm{B}}T$ 为单位的每个囊泡能量, 而 μ 是考虑了表面活性剂分子守恒而出现的拉格朗日乘子, 并由

$$\sum_N v n_N N = \phi_{\mathrm{s}} \tag{8.20b}$$

确定, 其中 ϕ_{s} 为表面活性剂体积分数.

8.3.4 囊泡分布

我们把自由能 (8.20) 式对 n_N 求极小, 推导出囊泡分布为

$$n_N = \frac{1}{v}\mathrm{e}^{-k_t-\mu N}. \tag{8.21}$$

由守恒约束可计算出拉格朗日乘子 μ 正比于 $\left[\phi_{\mathrm{s}}\mathrm{e}^{k_t}\right]^{-1/2}$. 此分布不是关于某个平均尺寸 (通常由能量极小确定) 的高斯分布, 因为最小能态是一个曲率 $c=0$ 的囊泡, 其对应于聚集数无穷大的平直双层. 囊泡平均尺寸 $\bar{R}=$

$\sum N^{1/2}n_N/\sum n_N$ 正比于 $1/\mu^{1/2}$, 并随着弯曲劲度系数增大而成指数发散. 当然, 在表面活性剂体积分数为有限时, 平均尺寸是有限的. 不过, 能使这些囊泡仍然保持为稀薄的 $\phi_{\rm s}$ 值是指数小量. 为了看出这一点, 我们确定被囊泡包围的体积分数 $\varPhi$, 其大小为

$$\varPhi \sim \sum_N N^{3/2}n_N \sim \phi_{\rm s}\bar{R}. \tag{8.22}$$

由于 $\bar{R} \sim \left[\phi_{\rm s}{\rm e}^{k_t}\right]^{1/4}$, 我们看到, 除了 $\phi_{\rm s}$ 为指数小量的情形之外, 囊泡均为过度堆积的 (即 $\varPhi > 1$). 对于刚性膜, 其 $k_t \gg 1$, 这意味着当表面活性剂体积分数 $\phi_{\rm s} \ll {\rm e}^{-k_t}$ 时囊泡只能以稀溶液存在; 而对于较大体积分数, 最低自由能态很可能是薄层. 如果把弯曲模量重正化效应包括进来以降低由长波长涨落引起的自由能值 (见第 6 章), 则分布会从一个简单的指数形式 (8.21) 变成 N 幂次律与一个指数的乘积[8].

因此, 我们得出结论: 对于单一表面活性剂, 层状相通常比球形囊泡相稳定得多. 此行为的例外情况可能发生在 (i) 小囊泡与表面活性剂分子尺寸相当的情形, 其中精细的能量竞争可以使体系稳定 —— 尽管最终胶团相可能是更稳定的, 或者 (ii) 表面活性剂体积分数极小的情形, 或弯曲能比 $k_{\rm B}T$ 小的情形, 其中混合熵可能使大囊泡的多分散分布稳定下来. 与单一表面活性剂的趋向相反, 混合表面活性剂能够形成具有明确平均尺寸的大囊泡相, 此尺寸由相互作用体系的弯曲能确定[6]. 在混合体系中, 两个种类间相互作用可以导致一个混合层的自发曲率与每类薄膜的自发曲率都相差很大. 如果在组成双层的两个单层中混合是不同的, 则这两个单层的自发曲率之差可能足够大, 从而减少由单一表面活性剂种类形成的囊泡中所存在的曲率抑止.

8.4 微乳液

8.4.1 微乳液 vs 溶液

两亲分子的混合物、水和油可以形成[9−11] 各成分间仅有微观关联的结构 (例如, 一个含三种成分的溶液), 也可以形成具有长程序的结构 (例如, 溶致液晶). 术语**微乳液**, 在其最普遍的应用中, 意味着一种热力学稳定的、流体的、油 – 水 – 表面活性剂混合物. 但实际上, 微乳液也包括具有中程关联的结构. 油域和水域被有组织的表面活性剂单层很好地分隔开来[12]. 在油分子和水分子之间有长程关联, 即它们在几百 Å 量级的长度尺度上被分开. 此外, 在表面活性剂分子间有长程关联, 它们会自组装成在许多内部水 – 油界面上的一个单层薄膜. 在这方面, 微乳液有别于三分量溶液. 然而, 形成微乳液的一组界面不会表现出 (与溶致液晶中所发现的可比的) 长程序.

正是由于这些原因, 理解微乳液既是有趣的又是困难的: 有趣, 是因为结构可以被理想化为一组界面, 而困难, 则是因为这些界面没有长程序. 尽管许多研究者[1,13,14] 含蓄地使用了 “唯象的” 方法来分析球状 (大多数为球形) 微乳液, 但把无规表面物理应用到微乳液中的方法仅在最近才发展起来[15−17]. 在构造双连续微乳液的热力学和空间关联模型时[20], 考虑了表面活性剂薄膜的热涨落[18−19]. 我们把油和水视为连续流体; 把界面表面活性剂层当做柔性薄片. 对于表面活性剂在凝聚液态中堆积的体系, 支配能量是单层的弯折能或弯曲能. 此能量可以被一个小液滴或一块具有给定曲率的畴极小化 (由界面处堆积的表面活性剂分子细节所确定), 而熵则倾向于使结构无规化.

8.4.2 微观格点模型

另一种等价方法是基于微观格点模型的构型, 其中每个格子仅包含少量分子[14,21]. 此观点聚焦于水、油与表面活性剂分子之间的微观相互作用, 很适于描述三分量溶液及其与微乳液的关系. 虽然微观方法具有重要的基本意义, 但它可能比唯象方法更难实现. 尤其是, 微乳液的微观模型必须能在远大于分子 (或格点) 尺寸的长度尺度上产生结构组织. 与此相反, 这里给出的界面观点被调整为聚焦于微乳液的微结构及其与相行为的关系. 这是因为, 对于那些表面活性剂在水和油中都是非常不易溶解的微乳液, 与微结构和散射问题相关的长度尺度可以在几十至几百 Å 的范围. 处理这些长度尺度的最好方法是用这里给出的连续理论; 而微观理论必须计入几千个分子间的关联, 才能精确模拟这些长度尺度上的许多界面. 反之, 这里给出的界面模型则假定: 为了在内部水 – 油界面处把表面活性剂分子自组装起来所需要的强关联总是存在的.

8.4.3 不同结构之间的竞争

我们首先考虑在一个水 – 油界面处主曲率半径为 κ_1 和 κ_2 (见第 1 章) 的表面活性剂弯曲单层的单位面积弯曲能:

$$f_{\mathrm{c}} = \frac{1}{2}k(2H - 2c_0)^2 + \bar{k}K, \tag{8.23}$$

其中平均曲率为 $H = (\kappa_1 + \kappa_2)/2$ 而高斯曲率为 $K = \kappa_1\kappa_2$; c_0 是自发曲率, k 是弯曲模量, $\bar{k}$ 是鞍形 – 展曲模量. 我们要找出最小弯曲能态, 它可以确定微乳液畴的形状. 其所对应的体系弯曲能 $k \gg k_{\mathrm{B}}T$, 故界面涨落可以忽略.

当 $\bar{k}$ 为负值时, 弯曲能取极小的形状是半径为 $\tilde{c}_0^{-1}$ 的单分散球, 其中

$$\tilde{c}_0 = c_0\left[1 + (\bar{k}/2k)\right]^{-1}. \tag{8.24}$$

然而, 由于前面讨论过的不可压缩假设, 此构型仅对于水、油及表面活性剂浓度的特定值为可能的. 这些约束要求体系中所有界面的总表面积由表面活

性剂浓度确定 (在一个单相体系中). 类似地, 被表面活性剂薄膜极性头部一侧所包围的总体积由水的总浓度确定. 简单的几何表明, 仅当表面活性剂/水的比率 (对水内部球状体而言) 满足 $\phi_{\mathrm{s}}/\phi_{\mathrm{w}} = 3\delta\tilde{c}_0$ 时才能得到球的理想曲率 $c = \tilde{c}_0$, 其中 δ 是分子尺寸. 浓度比率的任何其他值都会导致由许多单分散球组成的体系, 只是球的曲率有别于 $\tilde{c}_0$. 因此, 即使不存在热涨落, 由于使弯曲能取极小的倾向 (有利于产生曲率为 $\tilde{c}_0$ 的球) 与满足不可压缩约束的必要性两者之间的竞争, 产生大量不同结构也是可能的.

对于 f_{c} 在自由能中占主要地位的体系, 可以简单计算出源于弯曲能与不可压缩性之间竞争的形状相变. 假定有一组单分散的球状体, 不可压缩条件由

$$nA\delta = \phi_{\mathrm{s}} \tag{8.25a}$$

与

$$nV = \phi_{\mathrm{w}} \tag{8.25b}$$

给出, 其中 n 是球状体密度, δ 为表面活性剂的尺寸, 而 A 与 V 分别是球状体的表面积与体积. 计算出具有不同形状球状体的弯曲能, 通过其相互比较, 可以确定微乳液的形状. 把 (8.25) 式给出的约束用到单位面积弯曲能 f_{c} 的表达式中, 我们得到球的每单位面积相对弯曲能 (Δf^{s}), 无限大柱状的单位面积相对弯曲能 (Δf^{c}), 以及层状结构的单位面积相对弯曲能 (Δf^{l}) 的表达式分别为:

$$\Delta f^{\mathrm{s}} = 2\tilde{k}\tilde{c}_0^2\left[(1-1/r)^2 - 1\right], \tag{8.26a}$$

$$\Delta f^{\mathrm{c}} = 2\tilde{k}\tilde{c}_0^2\left[\frac{9}{16r^2}(1+\bar{k}/2k)^{-1} - \frac{3}{2r}\right], \tag{8.26b}$$

$$\Delta f^{\mathrm{l}} = 0. \tag{8.26c}$$

在方程 (8.26) 的各项能量中, 已经减去了一个与球的尺寸 —— 或浓度 —— 无关的常数, 故薄层的弯曲能为零. 结构的体积对表面的比率正比于 $\rho = 3\delta\phi_{\mathrm{w}}/\phi_{\mathrm{s}}$, 由约束条件决定. 两个特征长度之比记作 $r = \tilde{c}_0\rho$; 此两个长度是体积对表面的比率 ρ (由浓度确定), 以及自发曲率半径 $\tilde{\rho}_0 = \tilde{c}_0^{-1}$ (由弯曲能形式确定). 模量 $\tilde{k}$ 定义为

$$\tilde{k} = k + \bar{k}/2. \tag{8.27}$$

对于 $r > 1$, 能量在以下情形取极小化: 一个具有 $\rho = \tilde{\rho}_0$ 的球形球状体相, 与剩余内部相共存 (**乳化失效**), 或与一个稀薄层状相共存. 这是因为体系的最低能态就是球半径 $\rho = \tilde{\rho}_0$ 的态; 如果加入额外的水, 体系就排斥到另一个相中. 混合熵对于此不稳定性的效应可以很容易地实现, 即对自由能加上一项代表球形小液滴稀薄 "气体" 的熵, 并找出使自由能取极小的 ρ 值[14]. 此结果

将导出一个关于 $\rho/\tilde{\rho}_0$ 沿着乳化失效相边界的表达式, 其与小液滴体积分数有关:

$$\rho/\tilde{\rho}_0 = 1 + \frac{T}{8\pi\tilde{k}}\log(v_0 n), \tag{8.28}$$

其中 v_0 是截止体积, 而 n 为液滴的数密度. 当 r 由于比率 $\phi_\mathrm{w}/\phi_\mathrm{s}$ (对于水内部体系) 或者由于 c_0 的缩小而减少时, 一阶相边界把不同形状的区域分开. 具有最低弯曲能的不同形状 (球、柱状、薄层) 区域作为比率 $x = -\bar{k}/2\tilde{k}$ 和 $r = \rho/\tilde{\rho}_0$ 的函数示于图 8.3 中. 再次注意到, 这个简化的稳定性图像指示出稀薄极限下的结构, 其中忽略了微乳液小液滴间的相互作用. 而对于此类相互作用在其中很重要的体系, 只要不存在由于浓度或温度等参数变化所引起的形状改变, 我们就可以把体系视为胶体悬浮液.

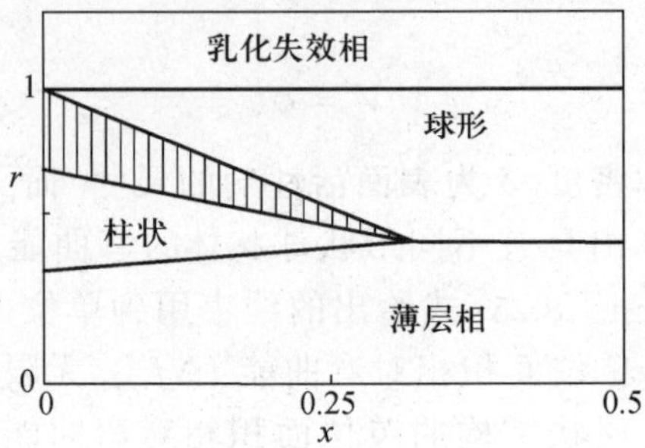

图 8.3　球形、柱状与薄层相的相稳定性. 为简单起见, 我们仅给出与薄层自由能的相交; 画有影线的区域是球与柱体的两相共存区. 参数 $r = 3\tilde{c}_0\delta\phi_\mathrm{s}/\phi_\mathrm{w}$, 其中 δ 是表面活性剂尺寸, $\tilde{c}_0$ 是正文中定义过的自发曲率, 而 ϕ_s (ϕ_w) 是水在油中体系的表面活性剂 (水) 的体积分数; $x = -(\bar{k}/2\tilde{k})$.

图 8.3 给出了关于形状稳定性的计算结果, 从中可以看出这些区域包括了 (如球与柱体的) 两相共存区. 此共存的细节也可能与自由能的熵性贡献有关. 然而我们应注意到, 把球与柱体的弯曲能相比较表明: 当 $\bar{k} = 0$ 时, 这两种形状是简并的, 即使是对 r 的不同值. 这意味着球与柱体在两相平衡中共存, 而 $\bar{k} = 0$ 时不存在球的单相 (见图 8.3). 因此, 球的单相仅当 $\bar{k}$ 为非零负值时稳定; 此单相区域的尺寸与 $\bar{k}$ 的大小有关. 柱状相在 r 与 $\bar{k}$ 的取值最适应体积与表面约束的区域内是稳定的, 并仍然维持其接近 $\tilde{\rho}_0$ 的平均曲率半径; 对于很小的鞍形 – 展开弹性模量 $\bar{k}$, 仅需很小的代价就能产生一个各向异性结构.

对于较大的鞍形 – 展曲模量值 ($x > 1/3$), 仅会出现具有相等的正交曲率半径 (球与薄层) 的形状. 最后, 在 $\tilde{c}_0$ 较小处, 对于所有 x 值, 稳定形状都是薄层状的; 球状体并不占先, 因为不存在向油或水弯折的能量趋势. 我们应该注意到, 由于熵效应一般能使较小物体稳定, 故把混合熵包括进来会扩大 (与柱体和薄层结构相比) 球形小液滴相的稳定区域.

8.4.4 微乳液涨落

对于弯曲能与 $k_{\rm B}T$ 可比拟的体系, 热涨落能够改变平衡微乳液畴的形状. 在热平衡时球状体发生任意形变的概率 P 正比于玻尔兹曼因子

$$P \sim \exp(-F_{\rm b}/T), \tag{8.29}$$

其中 $F_{\rm b}$ 是源于形变的总弯曲能变化. 于是, 尺寸 (多分散性) 和形状的热涨落值都可以计算出来. 对于球形球状体, 这些涨落对于名义上为球形小液滴系综的主要效应, 是引起尺寸和形状的多分散性[22–24]. 然而, 我们保留了把体系作为近似单分散性小球体系来描述的完整性. 但对于柱形[25–26] 与薄层[16] 结构, 情况并非如此, 因为它们至少有一个很长的长度尺度来支持表面活性剂薄膜的长波长波动. 这些波动的弯曲能值很小, 故具有很大的玻尔兹曼权重. 对于足够柔韧 (k/T 不太大) 和/或足够稀薄的体系而言, 这些涨落可以剧烈地改变无限大刚性柱体的零阶图像, 或者液晶状薄层序. 在柱状结构情形中, 这可以导致具有蠕虫状柔性管特征的无序相, 其性质很类似于溶液中的聚合物性质[25–26]. 在薄层结构情形, 熵涨落可以导致薄片 "熔化" 成一个无序的海绵状相.

8.5 海绵状和双连续相

在表面活性剂 – 水或表面活性剂 – 油体系中的海绵状相 (所谓 L3 相, 其中表面活性剂形成一个把海绵 "内侧" 与 "外侧" 分开的双层) 或微乳液中的**双连续相** (其中表面活性剂单层把油域和水域分开), 常常出现在相图中紧贴薄层相处. 于是, 比较合理的是假设在此类微乳液中单层的自发曲率 c_0 接近于零, 因为在较大 c_0 值处, 会预期得到球形或柱形结构. 对于由单一表面活性剂构成的双层, 对称性要求双层的自发曲率为零 (见前面关于囊泡的讨论). 因此, 对这些相的理解聚焦于自发曲率为零的两亲分子界面. 由于单一溶剂的结构, 各 L3 相, 以及双连续微乳液 (当 $c_0 = 0$ 时) 是相当类似的, 我们将聚焦于微乳液的特殊情形, 即海绵的内侧和外侧由水域和油域构成. 其示意表示见图 8.4.

尽管对于这些体系中结构与相的理解是目前仍然在研的内容, 但已经形成了三种主要的理论方法. 第一种方法[14,18,19,27] 聚焦于相图中海绵状相到薄层相附近的区域, 强调双连续结构中水域和油域混合熵的作用. 与有序薄层相比较, 它降低了双连续结构的自由能, 并使海绵状结构稳定. 在薄层相中的表面活性剂守恒, 意味着近平直表面活性剂薄片间距 d 随着表面活性剂体积分数 $\phi_{\rm s}$ 减少而增大: $d \sim 1/\phi_{\rm s}$. 当此间距增大为单层的天然持续长度尺寸 (见第

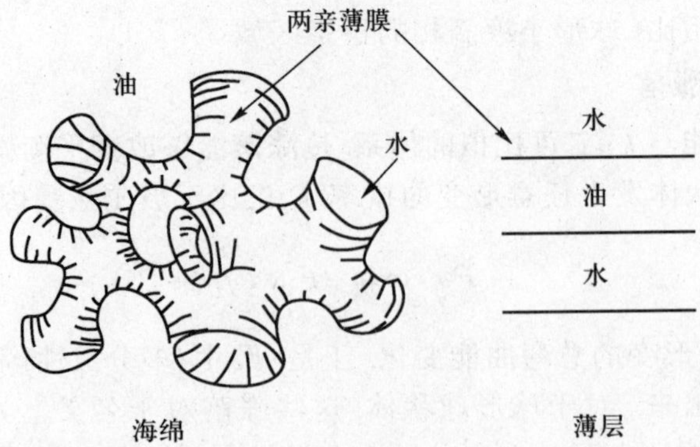

图 8.4　在水 – 油微乳液中海绵状双连续结构与有序薄层结构相比较的示意表示. 类似的图像可以应用于单一溶剂体系中, 把 “内侧” 与 “外侧” 的水域或油域分开的一个两亲双层 (各种 L3 相).

6 章) 时, 薄层结构 “熔化” 为无序、双连续的海绵状相. 海绵的弯曲能比近平直薄层的弯曲能高, 而热涨落对弯曲能的重正化 (见第 6 章) 会导致在表面活性剂体积分数较小处的有效弯曲模量较柔软; 仅在海绵 (或薄层相) 长度尺度接近持续长度时, 此重正化曲率模量为 $k_{\mathrm{B}}T$ 的量级. 正是在此表面活性剂浓度很低的区域里, 海绵状结构比有序薄层相稳定得多. 在此极限下, 无序的海绵状相中混合熵可以超过弯曲能 (其仅为 $k_{\mathrm{B}}T$ 的量级). 用于量化这些想法的理论基于一种平均场方法, 其中微乳液由通过表面活性剂守恒约束而得到的单一长度尺度表征. 此理论预测的相图与实验定性符合. 当其长度尺度与一个微微波动的薄片持续长度相当时, 微乳液是稳定的; 此持续长度大小为

$$\xi_k = a \exp\left[\frac{4\pi k}{\alpha T}\right], \tag{8.30}$$

其中 a 是分子尺寸, k 是弯曲模量, 而 α 是一个量级为 1 的数. 表面活性剂守恒意味着在微乳液区域中, $\phi_{\mathrm{s}} \sim 1/\xi_k$.

一个相关方法[28] 利用了高斯型无规表面的性质[29], 考虑弯曲能和熵, 并把前面的理论推广以允许长度尺度连续化. 微乳液由一个平均长度尺度表征, 但围绕此平均值的涨落可能会比较显著, 甚至导致局部各向异性的区域, 如图 8.5 所示. 弯曲能控制了此模型中的长度分布. 重要的是应注意到[28], 在此模型中控制结构的不是薄层的持续长度, 而是标度为 k/ϕ_{s} 的长度, 其中 k 为弯曲常量. 尽管此图像非常成功地描述了散射结构因子, 并给出了一个关于实空间结构的合理图像, 但其对于预测相图和界面张力的有效性仍是目前在研的内容.

理解这些海绵状相的第三个方法并非聚焦于[30–31] 无序结构的熵, 而是

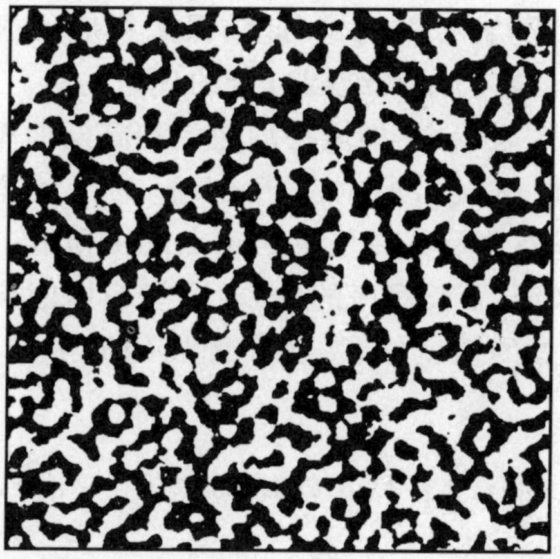

图 8.5 双连续微乳液包括被表面活性剂单层分开的水 (白色) 和油 (黑色), 此图为对其切出的一块二维区域. 同样的图像也可代表所谓 L3 海绵相的 "内侧" 与 "外侧", 其中表面活性剂双层把单一溶剂的内部区域与外部区域分开. 注意: 这些区域具有明确的长度尺度. 参考文献 [28] 中讨论了用于产生此表示的模型细节.

聚焦于由鞍形 – 展开曲率模量 $\bar{k}$ 引起的海绵稳定性 (见方程 (8.23)). 如同第 6 章中几个例子显示的, $\bar{k}$ 通常是负的 (因此有利于形成各向同性曲率, 如表征球与薄层的曲率值); 其值可以通过表面活性剂薄膜的化学变化来调整. 当 $\bar{k}$ 为显著正时, 则两个主曲率符号相反[32] 的鞍形区是更占优的, 体系稳定为海绵状结构. 当然, 在表面活性剂体积分数较高或温度较低处, 我们期待此方法会预测出一个有序的、周期性的鞍形结构[32]. 在此图像中, 控制结构和相的是鞍形 – 展曲模量 $\bar{k}$, 而非弯曲模量 k. 关于这些想法的一个更量化版本把弯曲能和涨落也考虑进来, 故在与实验比较时很有用.

例子: 无规表面

考虑 (在隐式表示中) 由 $\psi(\boldsymbol{r}) = \alpha$; 即, 由场 $\psi(\boldsymbol{r})$ 的一个确定轮廓 (水平截面) 定义的表面. 我们可以[28–29] 把 ψ 的负值和微乳液中的水域 (或者一个对称双层的海绵状 L3 相内侧) 联系起来, 而把 ψ 的正值和微乳液中的油域 (或者一个对称双层的 L3 相结构外侧) 联系起来. 因此, 一个含相同体积水和油的微乳液有 $\alpha = 0$.

如果 "无规" 场的傅里叶变换 $\psi(\boldsymbol{q})$ 由高斯型概率分布 $P[\{\psi(\boldsymbol{q})\}]$ 描述, 试计算关于表面的平均曲率 H, 方均曲率 H^2 以及高斯曲率 K 的热力学平均 (对表面平均). 对于不同波矢 $\boldsymbol{q}$ 为解耦合的情形进行计算, 我们可以写出单模的概率分布为

$$P[\psi(\boldsymbol{q})] \sim \exp\left[-G(\boldsymbol{q})|\psi(\boldsymbol{q})|^2\right], \tag{8.31}$$

其中比例常数由归一化给出. 并讨论: 此结果怎样应用于前面提及的各相, 并发展出一个关于它们的热力学及结构自洽的理论.

在关于表面的隐式表示中, 局域平均曲率和高斯曲率由方程 (1.105,1.107) 给出, 在我们的问题中, $F(x,y,z)$ 对应于 $\psi(\boldsymbol{r})$. 为了计算统计平均, 我们必须找出场 ψ 的概率分布函数及其在任意给定点的一阶和二阶导数, 因为曲率是这些量的局域函数. 对于无长程序的体系, 这些平均值与空间位置 $\boldsymbol{r}$ 无关, 故只要算出其在 $\boldsymbol{r}=0$ 处的值就够了. 关于此场的概率分布函数及其各阶导数可以利用关系

$$P\left[A\left[\psi(\boldsymbol{r})\right]=A_0\right]=\prod_{\boldsymbol{q}}\int \mathrm{d}\psi(\boldsymbol{q})\delta\left(A\left[\psi(\boldsymbol{r})\right]-A_0\right)P\left[\psi(\boldsymbol{q})\right] \tag{8.32}$$

由 (8.31) 式得到. 其中, $A\left[\psi(\boldsymbol{r})\right]$ 是 ψ 或其导数的任意函数, 而 (8.32) 式是此函数取给定值 A_0 的概率. 在我们的情形中, 需要对场及其一、二阶导数 ($\psi_i=\partial\psi/\partial r_i, \psi_{ij}=\partial^2\psi/\partial r_i\partial r_j$, 其中 $\boldsymbol{r}=(x,y,z)$) 的联合分布在由 $\psi=\alpha$ 确定的表面处取值:

$$P\left[\alpha,\boldsymbol{v},\beta_{ij}\right]=P\left[\psi=\alpha,\nabla\psi=\boldsymbol{v},\psi_{ij}=\beta_{ij}\right], \tag{8.33}$$

其中矢量 $\boldsymbol{v}$ 与矩阵 β_{ij} 是各导数值.
利用 (8.32) 式和进入 (8.32) 式中 δ 函数的自变量的实空间函数与其傅里叶模式的关系可以算出概率分布. 例如, 我们写出

$$\delta\left(\psi(\boldsymbol{r})\right)=\delta\left(\frac{1}{\sqrt{L^3}}\sum_{\boldsymbol{q}}\psi(\boldsymbol{q})\,\mathrm{e}^{\mathrm{i}\boldsymbol{q}\cdot\boldsymbol{r}}\right), \tag{8.34}$$

其中 L 为体系尺寸; 类似的表达式可应用于各导数项. 利用 δ 函数的指数形式

$$\delta(x)=\frac{1}{2\pi}\int_{-\infty}^{\infty}\mathrm{d}\omega\,\mathrm{e}^{\mathrm{i}\omega x} \tag{8.35}$$

可以计算出 (8.32) 式中的积分. 由于 δ 函数的自变量总是对 $\psi(\boldsymbol{q})$ 为线性的, 故包括 $G(\boldsymbol{q})$ 的、关于概率分布的积分是高斯型的, 并可以计算出来. 这在 $\boldsymbol{r}=0$ 处最容易算出. 此结果可以紧致地写成矩阵记号, 为

$$P\left[\alpha,\boldsymbol{v},\beta_{ij}\right]=P_0\exp\left[-\frac{v^2}{2\sigma_v^2}-\sum_{i<j}\frac{\beta_{ij}^2}{2\sigma_{ij}^2}-U\right], \tag{8.36}$$

其中 P_0 是归一化因子. 其协方差矩阵元由

$$\sigma_v^2=\frac{1}{3L^3}\sum_{\boldsymbol{q}}\frac{q^2}{G(\boldsymbol{q})}, \tag{8.37}$$

$$\sigma_{ij}^2 = \frac{1}{L^3}\sum_{\boldsymbol{q}}\frac{q_i^2 q_j^2}{G(\boldsymbol{q})}, \tag{8.38}$$

给出. (8.36) 式中的量 U 来源于二阶导数 ψ_{ij} 与函数 ψ 的耦合. 由

$$U = \frac{1}{2}\sum_{i=1,j=1}^{i=4,j=4}\left[\boldsymbol{B}^{-1}\right]_{ij} t_i t_j \tag{8.39}$$

给出, 其中

$$\boldsymbol{t} = (\alpha, \beta_{11}, \beta_{22}, \beta_{33}), \tag{8.40}$$

而 $\boldsymbol{B}^{-1}$ 是对称矩阵的逆, 其矩阵元由

$$B_{11} = \frac{1}{L^3}\sum_{\boldsymbol{q}}\frac{1}{G(\boldsymbol{q})}, \tag{8.41}$$

$$B_{1\ell} = \frac{1}{L^3}\sum_{\boldsymbol{q}}\frac{q_\ell^2}{G(\boldsymbol{q})}, \quad \ell = 2,3,4, \tag{8.42}$$

$$B_{kk} = \frac{1}{L^3}\sum_{\boldsymbol{q}}\frac{q_k^4}{G(\boldsymbol{q})}, \quad k = 2,3,4 \tag{8.43}$$

给出, 而

$$B_{k\ell} = \sigma_{k\ell}^2, \quad k \neq \ell, \quad k,\ell \neq 1. \tag{8.44}$$

矩阵 $\boldsymbol{B}$ 可以由体系对称性稍微简化, 对称性要求 $G(\boldsymbol{q})$ 为各向同性的, 故 q_x, q_y, q_z 的奇次方积分为零.

既然场 ψ 的局域梯度以及二阶导数的概率分布为已知, 我们就可以算出曲率. 这包括了如下类型的积分

$$\langle A|\boldsymbol{v}|\rangle = \tilde{P}\prod_{ij}\int \mathrm{d}\alpha\,\mathrm{d}\boldsymbol{v}\,\mathrm{d}\beta_{ij}P\left[\alpha, \boldsymbol{v}, \beta_{ij}\right]A[\psi]|\boldsymbol{v}| \tag{8.45}$$

其中 $A[\psi]$ 代表进入曲率表达式的 ψ 及其各导数项. $|\boldsymbol{v}|$ 项来源于表面平均, 而 $\tilde{P} \sim 1/\langle|\boldsymbol{v}|\rangle$ 是把此表达式除以平均表面积而得到的归一化因子. 曲率表达式中包含了诸如 $|\nabla\psi|$ 之类能在球坐标中算出积分的项.

问题的对称性 (对于 $\alpha = 0$) 意味着 $\langle H\rangle = 0$; 具有高斯型关联的此 "无规" 表面平均曲率为零. (这可以通过明确的计算证实.) 高斯曲率和方均曲率的平均值为

$$\langle K\rangle = \frac{1}{2}\sigma_v^2\left(\alpha^2 - 1\right), \tag{8.46}$$

$$\langle H^2\rangle = \langle K\rangle + \frac{1}{9\sigma_v^2}\left[\mathrm{tr}[\boldsymbol{B}] - \boldsymbol{B}_{11}\right], \tag{8.47}$$

其中 $\mathrm{tr}[\boldsymbol{B}]$ 是前面定义过的矩阵 $\boldsymbol{B}$ 的迹.

对于 $\alpha=0$ 的对称情形 (如, 对应于在微乳液中水和油的体积相等), 高斯曲率为负, 对应于一种平均意义上为鞍形的结构. 另一方面, 正如我们预期的, $\alpha^2>1$ 的值意味着正的高斯曲率, 即不相连的小液滴情形, 例如, 当水的体积远大于油的体积时. 通过要求水的体积分数 ϕ_{w} 由找到场 ψ 取负值的概率之和给出, 即

$$\phi_{\mathrm{w}}=\int_{-\infty}^{\alpha}\mathrm{d}\alpha' P[\psi=\alpha'] \tag{8.48}$$

可以得到参数 α. 因此, 这个模型预测了当体积分数改变时的一个拓扑变化. 曲率平均值可用于计算此 "无规" 表面的弯曲能作为关联函数 $G(\boldsymbol{q})$ 的函数. 正如第 3 章中讨论粗糙化相变那样, 通过计算体系的熵和弯曲能并对 $G(\boldsymbol{q})$ 求极小, 我们可以用变分方式来确定 $G(\boldsymbol{q})$. (在参考文献 [28] 中表明, 必须考虑额外的约束条件以使水、油及表面活性剂的数量守恒并避免对熵估计过高.) 于是, 我们可以自洽地确定出体系的结构 (通过关联函数)、自由能以及相行为作为浓度的函数[28]. 例如, 从油域和水域散射出来的结构因子都反比于 $G(\boldsymbol{q})$, 具有形式 $\left[q^4+bq^2+c\right]^{-1}$, 其中 b 和 c 是由浓度和弯曲模量计算而得的函数. 有很大的浓度范围对应于 $b<0$, 而结构因子显示出在具有明确区域尺寸的微乳液中观察到的特征峰.

8.6 问题

8.6.1 柱形胶团的生长

讨论胶团间相互作用会如何影响其生长作为两亲分子体积分数的函数形式. 对于水中两亲分子数固定的情形, 外加盐 (它会屏蔽极性头部的排斥作用) 会导致处于平衡的柱体更长还是更短?

8.6.2 乳化失效处的界面张力

对于水在油中的微乳液小液滴悬浮液与剩余水相共存的情形, 计算它们间界面张力作为液滴弯曲模量和自发曲率的函数. 利用以下事实: 在界面处有一个表面活性剂单层, 其被限制为平直, 而自发曲率意味着最低能态是一个弯曲界面.

8.6.3 吸引相互作用与微乳液

考虑一个水在油中的微乳液, 其自发曲率 $c_0=R_0^{-1}$, 并且体系可以相当好地描述成半径为 R 的球形小液滴的近似单分散集合. 如果 (见第 7 章中关于胶体吸引作用的讨论) 这些小液滴足够大, 如 $R>R^*$, 则它们之间的范德瓦尔斯相互作用会导致体系相分离为液滴高密度相与低密度相共存. 试概述此相图是如何随着水和表面活性剂浓度而变化的. 讨论在 $R^*<R_0$ 情形中会发

生什么, 以至于体系首先表现出液/气类相分离, 而且仅在大半径时会达到乳化失效. 在相反情形中会发生什么情况?

8.6.4 圆盘状的胶团

考虑由单一种类表面活性剂形成的一个**圆盘状**胶团系综. 与柱形胶团的计算类比, 求出可以找到给定尺寸圆盘作为表面活性剂体积分数的概率分布. 把圆盘胶团概率分布与柱形胶团概率分布 (其中存在尺寸的很宽分布) 作对比, 并对产生差别的原因作出评论.

当存在有另一种类表面活性剂时, 它会使一个大的、但非无限大的圆盘相稳定下来吗?

8.6.5 弯曲常量重正化与囊泡分布

把第 6 章中讨论过的重正化弯曲常量表达式用到本章推导的平衡囊泡分布公式中, 请指出: 弯曲模量的柔软化是如何改变囊泡分布的.

8.7 参考文献

1. A unified collection of articles describing the state of the field can be found in *Micelles, Membranes, Microemulsions, and Monolayers*, eds. W. M. Gelbart, A. Ben-Shaul, and D. Roux (Springer-Verlag, New York, 1994).
2. J. Israelachvili, D. J. Mitchell, and B. W. Ninham, *J. Chem. Soc. Faraday Trans. I* **72**, 1525 (1976).
3. E. W. Kaler, A. K. Murthy, B. E. Rodriguez, and J. A. N. Zasadzinski, *Science* **245**, 1371 (1989).
4. N. E. Gabriel and M. F. Roberts, *Biochemistry* **23**, 4011 (1984); W. R. Hargreaves and D. W. Deamer, *Biochemistry* **17**, 3759 (1978).
5. D. D. Miller, J. R. Bellare, T. Kaneko, and D. F. Evans, *Langmuir* **4**, 1363 (1988).
6. S. A. Safran, P. Pincus, and D. Andelman, *Science* **248**, 354 (1990); S. A. Safran, P. Pincus, D. Andelman, and F. MacKintosh, *Phys. Rev. A* **43**, 1071 (1991).
7. Z. G. Wang, *Macromolecules*, **25**, 3702 (1992).
8. W. Helfrich, *J. Phys. (France)* **47**, 321 (1986), and D. Morse and S. T. Milner, *Europhys. Lett.* **26**, 565 (1994).
9. M. Kahlweit, R. Strey, P. Firman, and D. Haase, *Langmuir* **1**, 281 (1985); *Ang. Chem. Int. Ed. Engl.* **24**, 654 (1985); *J. Phys. Chem.* **91**, 1553 (1987).
10. For a general survey see (a) *Surfactants in Solution*, eds. K. Mittal and B. Lindman (Plenum, New York, 1984), and ibid. 1987; (b) *Physics of Complex and Supermolecular Fluids*, eds. S. A. Safran and N. A. Clark (Wiley, New York, 1987).

11. For a survey of the physics of amphiphilic systems, see *Physics of Amphiphilic Layers*, eds. J. Meunier, D. Langevin, and N. Boccara, (Springer-Verlag, New York, 1987).

12. J. Meunier, *J. Phys. Lett. (France)* **46**, 1005 (1985).

13. Reviews of globular aggregates can be found in *Statistical Thermodynamics of Micelles and Microemulsions*, eds. S. Chen and R. Rajagopalan (Springer-Verlag, New York, 1990).

14. Colloidal aspects of microemulsions are discussed in *Structure and Dynamics of Strongly Interacting Colloids and Supramolecular Aggregates in Solution*, eds. S. H. Chen, J. S. Huang, and P. Tartaglia, NATO ASI series, Volume 369 (Kluwer, Boston, 1991).

15. Y. Talmon and S. Prager, *J. Chem. Phys.* **69**, 2984 (1978).

16. P. G. de Gennes and C. Taupin, *J. Phys. Chem.* **86**, 2294 (1982).

17. B. Widom, *J. Chem. Phys.* **81**, 1030 (1984).

18. D. Andelman, M. Cates, D. Roux, and S. A. Safran, *J. Chem. Phys.* **87**, 7229 (1987); D. Andelman, S. A. Safran, D. Roux, and M. Cates, *Langmuir* **4**, 802 (1988).

19. L. Golubović and T . C. Lubensky, *Phys. Rev. A* **41**, 43 (1990).

20. D. Huse and S. Leibler, *J. Phys. (France)* **49**, 605 (1988).

21. See the review by K. Dawson in Ref. 14; S. Alexander, *J. Phys. Lett. (France)* **39**, 1 (1978); B. Widom, *J. Chem. Phys.* **84**, 6943 (1986); G. Gompper and M. Schick, *Phys. Rev. Lett.* **62**, 1647 (1989).

22. S. A. Safran, *J. Chem. Phys.* **78**, 2073 (1983); *Phys. Rev. A* **43**, 2903 (1991).

23. S. T. Milner and S. A. Safran, *Phys. Rev. A* **36**, 4371 (1987).

24. B. Farago, D. Richter, J. Huang, S. Safran, and S. T. Milner, *Phys. Rev. Lett.* **65**, 3348 (1990).

25. S. A. Safran, L. A. Turkevich, and P. A. Pincus, *J. Phys. Lett. (France)* **45**, L69 (1984).

26. G. Porte, J. Appell, Y. Poggi, *J. Phys. Chem.* **84**, 3105 (1980); *J. Phys. Lett. (France)* **44**, L689 (1983); S. J. Candau, E. Hirsch, and R. Zana, *J. Colloid Int. Sci.* **105**, 521 (1985). A recent review can be found in M. E. Cates and S. J. Candau, *J. Phys. Conden. Mat.* **2**, 6869 (1990).

27. M. E. Cates *et al.*, *Europhys. Letts.* **5**, 73 (1988).

28. P. Pieruschka and S. A. Safran, *Europhys. Lett.* **22**, 625 (1993).

29. N. F. Berk, *Phys. Rev. Lett.* **58**, 2718 (1987); M. Teubner, *Europhys. Lett.* **14**, 403 (1991).

30. G. Porte *et al.*, *J. Phys. II (France)* **1**, 1101 (1991).

31. H. Wennerstrom and U. Olsson, *Langmuir* **9**, 365 (1993).

32. L. E. Scriven, *Nature* **263**, 123 (1976).

索引

与本书相关的图书

理论物理学教程 – 第五卷 – 统计物理学 I (第五版)

作者: Л. Д. 朗道 E. M. 栗弗席兹 著 束仁贵 束莼 译 郑伟谋 校

ISBN: 978-7-04-030572-2

本书是 Л.Д. 朗道和 E. M. 栗弗席兹著的十卷本《理论物理学教程》的第五卷, 根据俄文最新版翻译. 本书以吉布斯方法为基础讲述统计物理学. 全书论述热力学基础, 理想气体, 非理想气体理论, 费米分布与玻色分布, 固体统计理论, 溶液理论, 化学反应与表面现象, 高密度下物质的性质, 晶体的对称性, 涨落理论, 相平衡, 二级相变和临界现象. 本书可作为高等学校物理专业高年级本科生或研究生的教学参考书, 也可供相关专业的研究生、科研人员和教师参考.

理论物理学教程 – 第六卷 – 流体力学 (第五版)

作者: Л. Д. 朗道 E. M. 栗弗席兹 著

ISBN: 即将出版

本书是 Л.Д. 朗道和 E. M. 栗弗席兹著的十卷本《理论物理学教程》的第六卷, 根据俄文最新版翻译. 本书将流体力学作为理论物理学的一部分来阐述, 全书风格独特, 内容和视角与其他教材相比有很大不同. 作者尽可能全面地研究了所有对物理学有重要意义的问题, 尽可能清晰地描述了诸多物理现象和它们之间的相互关系. 主要内容除了流体力学的基本理论外, 还包括湍流、传热传质、声波、气体力学、激波、燃烧、相对论流体力学和超流体等专题. 本书可作为高等学校物理专业高年级本科生教学参考书, 也可供相关专业的研究生和科研人员参考.

理论物理学教程 – 第七卷 – 弹性理论 (第五版)

作者: Л. Д. 朗道 E. M. 栗弗席兹 著 武际可 刘寄星 译

ISBN: 978-7-04-031953-8

本书是 Л. Д. 朗道和 E. M. 栗弗席兹著的十卷本《理论物理学教程》的第七卷, 根据俄文最新版翻译. 本书是一本物理学家为物理学家撰写的弹性理论. 因此本书除系统地讲述了诸如弹性理论的基本方程、半无限弹性介质问题、固体接触问题的经典解法以及板和壳的问题、杆的扭转和弯曲、弹性系统的稳定性等传统弹性力学的基本内容之外, 还深入地阐述了一般弹性力学著作较少提及的弹性波以及振动的理论问题、晶体的弹性性质、位错的力学问题、固体的热传导和黏性以及液晶的弹性力学等问题. 本书叙述精练, 推演论证严谨, 着重所讨论问题的物理概念. 本书可作为高等学校物理及力学专业高年级本科生教学参考书, 也可供相关专业的研究生和科研人员参考.

毛细和润湿现象: 液滴, 气泡, 液珠和表面波

作者: Pierre-Gilles de Gennes, Françoise Brochard-Wyart, David Quéré

ISBN: 即将出版

毛细和润湿现象是物理、化学、生物和材料等学科相互交叉和渗透的一门重要学科, 是连接当前的材料技术、生物技术和纳米技术等前沿领域的桥梁. 本书由法国著名物理学家, 诺贝尔奖获得者 Pierre-Gilles de Gennes 和他的同行, 表面和界面科学领域中的著名科学家 Françoise Brochard-Wyart 和 David Quéré 共同编著, 原版为法文, 已被译成多种语言发行. 本书根据英译版翻译, 并与法文版校订了公式. 本书向读者介绍了毛细和润湿现象的专业术语, 阐述了日常生活中, 以及原著作者在与工业界合作交流中发现的, 与毛细和润湿现象相关的重要科学问题. 原著作者借助简单的物理体系, 并通过较少的数学工具, 向读者介绍了基本物理概念和方程; 其目的是阐述结论而非深入详细地推导, 更多地依靠物理化学而不是统计物理知识. 这种方法能使读者更清晰地抓住物理现象的本质和要点. 本书内容丰富、语言简洁、物理图像清晰, 涵盖了毛细和润湿现象的各个分支领域. 可以作为高等学校物理、化学、材料和生物专业的本科生和研究生教学参考书, 也可供教师及其他相关学科的科研人员参考.

范德瓦尔斯力: 一本给生物学家、化学家、工程师和物理学家的手册

作者: V. Adrian Parsegian

ISBN: 即将出版

本书详细介绍了范德瓦尔斯力的现代理论, 给出这些基本力的计算公式、算法, 及其在不同条件下所产生的结果. 由于范德瓦尔斯力理论的影响已经涉及全部基础科学和一些工程学科, 为了满足各层次读者的需求和兴趣, 本书内容按照深度分为三级. 作者致力于写出一本量子电动力学的通俗教科书, 所包含的内容既适合物理学家、化学家、生物学家和工程师了解相关知识, 也能帮助他们在此基础上进行自学, 从而理解更多的应用情况, 得以一窥宇宙的奥秘.

郑重声明